普通高等教育"十三五"规划教材（计算机专业群）

# 计算机网络原理与应用
# （第二版）

何小东　编著

中国水利水电出版社
www.waterpub.com.cn
·北京·

# 内 容 提 要

本书从计算机网络的基本理论和技术出发，全面讲述计算机网络的基本原理和应用技术。全书共 10 章，第 1 章至第 3 章主要内容包括计算机网络的基本概念、数据通信原理、计算机网络体系结构及协议等，该部分是后面各章的基础；第 4 章至第 7 章主要内容包括局域网原理、局域网组网技术、网络操作系统、网络互联原理与技术等；第 8 章至第 10 章主要内容包括广域网基础、Internet 原理及应用、网络管理与网络安全。

本书系统讲述计算机网络的基本理论及应用，同时跟踪最新发展前沿，介绍了新兴的网络技术及其应用。本书结构合理、概念准确、论述严谨，注重理论与实践的结合，并且每章后面都附有小结和习题，适合教学使用。

本书可作为高等院校计算机、通信工程、电子信息工程及相关专业的"计算机网络"课程的本科教材，也可供网络工程技术人员和网络爱好者学习参考。

**本书配有免费电子教案，读者可以从中国水利水电出版社网站以及万水书苑下载，网址为：http://www.waterpub.com.cn/softdown/或 http://www.wsbookshow.com。**

## 图书在版编目（C I P）数据

计算机网络原理与应用 / 何小东编著. -- 2版. --
北京：中国水利水电出版社，2017.11
普通高等教育"十三五"规划教材. 计算机专业群
ISBN 978-7-5170-6054-3

Ⅰ. ①计… Ⅱ. ①何… Ⅲ. ①计算机网络－高等学校
－教材 Ⅳ. ①TP393

中国版本图书馆CIP数据核字(2017)第284158号

策划编辑：石永峰　　责任编辑：封　裕　　加工编辑：王玉梅　　封面设计：李　佳

| 书　　名 | 普通高等教育"十三五"规划教材（计算机专业群）<br>**计算机网络原理与应用（第二版）**<br>JISUANJI WANGLUO YUANLI YU YINGYONG |
|---|---|
| 作　　者 | 何小东　编著 |
| 出版发行 | 中国水利水电出版社<br>（北京市海淀区玉渊潭南路 1 号 D 座　100038）<br>网址：www.waterpub.com.cn<br>E-mail: mchannel@263.net（万水）<br>　　　　sales@waterpub.com.cn<br>电话：(010) 68367658（营销中心）、82562819（万水） |
| 经　　售 | 全国各地新华书店和相关出版物销售网点 |
| 排　　版 | 北京万水电子信息有限公司 |
| 印　　刷 | 三河市铭浩彩色印装有限公司 |
| 规　　格 | 184mm×260mm　　16 开本　　15 印张　　364 千字 |
| 版　　次 | 2008 年 6 月第 1 版　　2008 年 6 月第 1 次印刷<br>2017 年 11 月第 2 版　　2017 年 11 月第 1 次印刷 |
| 印　　数 | 0001—3000 册 |
| 定　　价 | 32.00 元 |

# 第二版前言

随着 Internet 的全球化普及和增值应用的爆炸式增长，计算机网络已应用于各行各业，当前以网络为核心的信息化时代已经到来。人们在网络中交流，在网络中学习，在网络中工作，在网络中交易，世界上最遥远的距离就是没有网络。"计算机网络"课程已不仅是计算机、通信工程、电子信息工程等专业本科生的必修课程，也正逐渐成为理工科各专业本科生的公共课程。

为了使学生全面掌握计算机网络的基本原理及应用技术，编者在长期讲授"计算机网络"课程及第一版教材的基础上，根据最新的"计算机网络"课程教学大纲编写了第二版教材，本书以计算机网络中最基础和最关键的问题为核心知识点，以 Internet 和成熟流行的网络技术为实例，讲解和分析计算机网络的基本原理、方法和技术精髓，尽可能为学生提供"保质期"较长的知识，从而使其具备深度学习和研究相关技术的能力。

此次再版保持了第一版的主要结构，同时根据近年来计算机网络技术的发展和作者的教学体会，对各章都更新了一些内容，删去部分陈旧内容，调整部分结构，修改部分文字，使其更能体现计算机网络的新发展，更能满足理工科各专业本科生的学习需要，同时也更便于老师组织教学。

全书共 10 章，第 1 章至第 3 章主要介绍计算机网络的基本概念、数据通信原理、计算机网络体系结构及协议等，该部分是后面各章的基础；第 4 章至第 7 章主要介绍局域网原理、局域网组网技术、网络操作系统、网络互联技术；第 8 章至第 10 章主要介绍广域网基础、Internet原理及应用、网络管理与网络安全。本书图文并茂，语言简明流畅、通俗易懂，理论与实践相得益彰，而且各章后面都附有小结和习题，适合教学使用。

本书主要由何小东编写，参与大纲讨论及部分章节编写的还有廖桂平、陈伟宏、严杰、梁小丽、曾志强、许苗华、孙俊、陈文义、牛铭诚，最后由何小东统稿。

编者在准备和写作本书过程中认真阅读了大量优秀的中外教材和文献，从中获得了很多启示，在此向所引用教材和文献的作者表示感谢。

由于时间仓促及编者水平有限，书中疏漏和不妥之处在所难免，敬请各位老师和广大读者不吝指正，编者 E-mail：hxd2062@163.com。

编　者
2017 年 8 月于长沙
中南林业科技大学

# 第一版前言

当今信息时代，计算机网络技术已广泛应用于各行各业。Internet 的全球化普及和应用，"网络经济"、"网络就是计算机"等口号的流行和电子商务、电子金融等热潮的影响，使得大部分人都希望掌握一些计算机网络的知识。社会的信息化、数据的分布式处理、各种计算机资源的共享等应用需求推动着计算机网络的迅速发展，国家的信息化建设也需要大批掌握计算机网络理论和应用技术的专业人才。

计算机网络是微电子技术、计算机技术和通信技术相互渗透形成的一门交叉学科，它不仅是计算机专业、电子与通信专业学生必须掌握的知识，也是广大从事计算机和信息管理的人员应掌握的基本知识。为使读者全面地了解和掌握计算机网络的基本原理、方法和应用技术，作者在长期讲授计算机网络课程的基础上，根据"计算机网络"专业课程教学大纲编著了《计算机网络原理与应用》一书。

考虑到计算机网络技术概念多、涉及面广、知识体系跨度大，本书在内容选取上遵循"必需、够用"的原则，充分考虑学生的基础和能力，突出应用，理论联系实际，加重网络应用技术和技能的叙述。不仅讲述了计算机网络的基本原理、技术应用和配置方法，还对一些新型的网络技术，如高速局域网、广域网、无线局域网、Intranet 技术、VPN、NGI 等，以及网络管理与网络安全进行了全面讲述。本书结构合理、图文并茂、语言简明流畅、通俗易懂、理论与实践相得益彰。本书各章后面均附有思考题，适合教学使用。

全书共分 10 章。第 1 至 3 章主要是介绍计算机网络的概念及原理、数据通信的基础、网络体系结构和网络协议，该部分是后面各章的基础；第 4 至 7 章主要介绍新型局域网原理和组网技术、网络操作系统、网络互联技术与设备；第 8 至 10 章主要介绍典型 WAN 原理及应用、Internet/Intranet 构建与应用、网络安全和网络管理原理及应用。

本书凝聚了作者多年网络教学、科研的经验，适合作为计算机专业、信息专业、电子专业、电子商务专业或其他相关专业的网络、网络技术与应用等课程的教材，也可作为广大网络管理人员及技术人员学习网络知识的参考书。

本书由何小东、曾强聪编著，执笔编写 1、2、4、7、8、9、10 章，参加本书大纲讨论及部分章节编写的还有余绍军、阳博、刘臻、刘益平、夏永琳、刘灵犀、吴向东、李程蓉，全书最后由何小东教授负责统稿。本书在编写过程中参阅了许多优秀的中外教材及相关网站，从中获得了很多启示和帮助，在此对所引用文献的作者表示衷心的感谢。

由于计算机网络是一门内容丰富、不断发展的综合性学科，加之作者学术水平有限，书中的疏漏和不妥之处在所难免，敬请各位专家和广大读者不吝指正。作者的 E-mail：hxd2062@163.com。

编　者

2008 年 3 月

# 目　　录

# 第1章  计算机网络概论

 **本章导引**

本章从计算机网络的起源和演变入手，依次讲述计算机网络的定义、结构、分类、组成、拓扑结构、传输介质等基本知识。作为后续章节的基础，本章可使学生对计算机网络有一个基本了解。

随着计算机科学、微电子技术与通信技术的相互融合和相互渗透，计算机已从原来的单机使用发展到群机使用，越来越多的领域需要计算机在一定地理范围内联合起来工作，从而促成了计算机网络这一学科的诞生。它的诞生和兴起不仅提高了科学生产力，而且对推动人类社会的文明进步也做出了巨大贡献，同时促进了计算机理论本身的发展，给计算机体系结构带来了巨大变化。如今计算机网络的应用无处不在，为人们的工作、学习、生活和社交提供了一个新的平台。

## 1.1  计算机网络的起源和演变

计算机从原先的单机发展到群机使用，越来越多的应用需要计算机在一定的地理范围内互联起来工作，从而促成了计算机网络的诞生。计算机网络最早可以追溯到 20 世纪 60 年代（1969 年），它起源于美国国防部构建的一个名叫 ARPAnet 的网络，这个 ARPAnet 可以说是现代因特网（Internet）的雏形，它率先实现了计算机与计算机之间的直接通信，使计算机网络的发展进入了一个新纪元。

### 1.1.1  计算机网络的起源

ARPAnet 是由美国国防部高级研究计划局（DARPA）主持研制的，它最初基于分组交换技术，主要用于军事研究目的。当初它具有以下 5 个特点：

（1）支持资源共享。

（2）采用分布式控制技术。

（3）采用分组交换技术。

（4）使用通信控制处理机。

（5）采用分层的网络通信协议。

1972 年，ARPAnet 在首届计算机后台通信国际会议上第一次与公众见面，并验证了分组交换技术的可行性，由此 ARPAnet 成为现代计算机网络诞生的标志。作为 Internet 的早期骨干网，ARPAnet 试验奠定了 Internet 存在和发展的基础，较好地解决了异种机网络互联的一系列理论和技术问题。1983 年，ARPAnet 分裂为两部分：ARPAnet 和纯军事用途的 MILnet。此后，人们把这个以 ARPAnet 为主干网的国际互联网称为 Internet。

ARPAnet 最初建成时只有 4 个节点，到 1977 年已经有 111 个节点。节点（Node）也可称为结点或网点，在网络中，节点是网络任何支路的终端或网络中两个或更多支路的互联公共点。节点可以是工作站、客户机和网络用户，还可以是服务器、打印机和其他网络连接设备。

但随着科技的发展，特别是计算机网络技术和通信技术的融合发展，人们对开发和使用信息资源的重视使得连入这个网络的主机和用户数量急剧增加，并最终发展成为今天全球最大的互联网——Internet。

### 1.1.2　计算机网络的演变

计算机网络作为一门综合性交叉学科，是当今最活跃的学科之一。计算机网络经历了从简单到复杂、从单机系统到多机系统的演变，至今已有五十多年的时间。计算机网络的发展大致可分为三个阶段：第一阶段为具有远程通信功能的单机系统，此系统主机和终端设备之间具有主从关系，如图 1-1 所示；第二阶段为具有远程通信功能的多机系统，此系统只有中心计算机具备存储和处理功能，其余的终端设备都无此功能，虽然不是严格意义上的计算机网络，但是已构成了计算机网络的雏形，这一阶段的多机系统属于面向终端的计算机通信网，如图 1-2 所示；第三阶段为以资源共享为目的的"计算机－计算机"网络，这一阶段的计算机网络才是今天真正意义上的标准化计算机网络，用户可以通过终端共享主机和其他通信子网中主机上的软硬件资源，如图 1-3 所示。

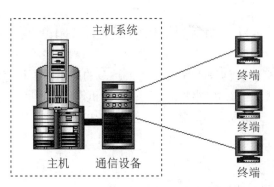

图 1-1　具有远程通信功能的单机系统

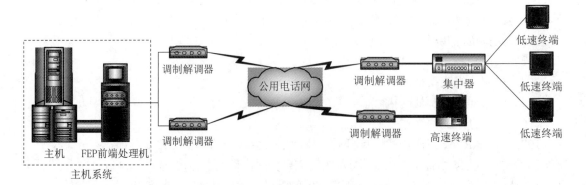

图 1-2　具有远程通信功能的多机系统

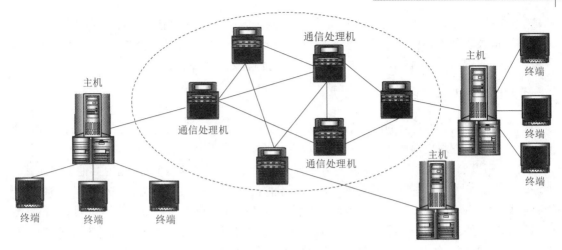

图 1-3　真正意义上的标准化计算机网络

# 1.2　计算机网络的基本概念

要给计算机网络下一个完整的定义并不是一件容易的事，从不同的角度理解可能有不同的定义，因此关于计算机网络的定义有多种版本。

## 1.2.1　计算机网络的概念

### 1. 计算机网络的定义

从现代计算机网络的角度来看，当今几乎所有计算机都连入了网络，可以说"网络就是计算机！"。我们可以认为计算机网络是一些自治计算机系统的互联集合："自治"这一概念排除了计算机网络中的主从关系，即每一台计算机在功能上都是独立的；"互联"不仅指计算机之间物理上的连通，而且指两台计算机能相互通信和相互交换信息。

一台主控机和多台从属机的系统不能称为网络，而一台带有远程打印机和终端的大型机也不是网络。因此，对计算机网络比较完整的定义是：通过通信设备和传输介质把地理上分散的、功能上自治的若干台计算机连接起来，以网络软件实现相互通信、资源共享和协同工作的系统。其中计算机可以是巨型、大型、小型、微型等各种类型的计算机，并且至少有两台以上的计算机才能构成计算机网络。现在的 Internet、企业网、校园网、实验室网络和网吧网络等都是典型的计算机网络。

### 2. 通信子网和资源子网

计算机网络主要具有网络通信和资源共享两种功能。因此，可将计算机网络看成是一个两层网络，即内层的通信子网和外层的资源子网。如图 1-3 所示，其中的通信处理机称为中间节点，与通信链路一起构成通信子网（即虚线框内的部分）；虚线框外的主机或终端构成资源子网。两级计算机子网是现代计算机网络结构的主要构成形式。

通信子网实现网络通信功能，包括数据的加工、传输和交换等通信处理工作，即将一台主计算机的信息传输给另一台主计算机。通信子网主要包括通信控制处理机（如网卡、调制解调器 Modem、中继器、集线器 Hub、网桥、交换机、路由器等）、通信线路等有关通信设备和通信软件（即网络中负责通信的部分）。资源子网实现资源共享功能，主要提供网络资源和网络服务。资源子网主要包括主计算机、终端机及其外设（如存储器、绘图仪等）、服务器、客户机、共享的网络打印机等以及相关的软件和数据资源（即网络中提供资源的部分）。

### 1.2.2　计算机网络的特点

计算机网络自 20 世纪 60 年代诞生以来，技术上突飞猛进，已广泛应用于各行各业。人们对计算机网络表现出前所未有的兴趣，原因就是计算机网络独有的特点。

（1）高度的可靠性。当计算机网络内某个子系统出现故障时，可由网内其他子系统代为处理，还可以在网内某些节点上设置应付非常事件的文件后备专用系统。另外，当网络中某段线路或某个节点出现故障时，信息可通过网内其他线路或节点传送到目的节点。因此，网络环境提供了高度的可靠性，这对军事、金融、证券、交通等包含重要信息的部门尤为实用和重要。

（2）相对独立的功能。在网络系统中各台计算机既是相互关联的又是相互独立的，各计算机之间既可以相互访问又可以各自相对独立地工作。

（3）具有可扩充性（可扩展性好）。在计算机网络中可以很灵活地接入新的计算机系统，如远程终端系统等，达到扩充网络系统功能和规模的目的。

（4）高效率。计算机网络系统摆脱了中心计算机控制结构的局限性，信息传递迅速，系统实时性强，并且促进了生产力，提高了工作效率，如网约车实现了精准接人。同时，它还可以把一个大型复杂的任务分配给多台计算机并行处理，呈现出高效率。

（5）资源共享。计算机网络的资源共享和资源调度功能使得普通用户也可享用到大型计算机才拥有的软硬件资源（如多 CPU、大容量硬盘、高速打印机、大型数据库等），避免了系统的重复建设和投资，降低了成本。

（6）对用户的透明性。对于网络用户来说，他们所关心的是如何利用计算机网络高效而可靠地完成自己的任务，而不用考虑网络涉及的技术和工作过程，因为网络涉及的技术和内部工作过程对用户来说是透明的。

（7）操作简便。现代计算机网络给用户提供了人性化、图形化的界面，使网络技术的使用简单快捷，大多数用户都会感到网络的使用方便。

总之，相互通信、交换信息和共享资源是人们热衷于使用计算机网络的主要原因和目的。其中，相互通信是信息交换和共享资源的基础，而信息交换在当今表现更多的是访问信息。

# 1.3　计算机网络的分类

经过 40 多年的发展，计算机网络已经形成一个"大家族"，有多种不同类型的成员，可按不同的标准分类。

### 1.3.1　局域网和广域网

计算机网络按照地理范围的大小，可以划分为局域网 LAN（Local Area Network）、城域网 MAN（Metropolitan Area Network）、广域网 WAN（Wide Area Network）和国际互联网（Internet）四种。

1. 局域网 LAN

所谓局域网是指在局部地区范围内的网络，其覆盖范围一般为十几米到几公里。由于它将有限范围（如实验室、大楼或校园）内的多台计算机互联起来，故又称本地网。局域网是最常见、应用最广泛的一种网络，几乎每个单位、部门都建有自己的局域网，甚至有的家庭中也建立了小型局域网。很明显，局域网在计算机数量配置上没有太多的限制，少的只有两台，多的可达上百台。局域网一般位于一个建筑物或一个单位内，不存在寻径（即寻找路径）问题，不包括网络层的应用。

局域网连接范围小、用户数量少、配置容易、速度快，目前局域网的速率可以达到 10Gb/s。IEEE 的 802 标准委员会已定义了多种 LAN 标准，如以太网 Ethernet、令牌环网 Token Ring、光纤分布式接口网 FDDI、ATM 网和无线局域网等，它们使局域网技术的应用和发展实现了规范化。

2．广域网 WAN

广域网也称远程网，它覆盖的地理范围从几十千米到几千千米，覆盖的范围比城域网（MAN）更广，可以覆盖一个国家或地区。因为距离较远，信息衰减比较严重，所以这种网络一般都要租用专线，通过 IMP（接口信息处理）协议和线路连接起来，并以网状结构解决寻径问题。这种网络因为连接的用户多，总出口带宽有限，所以用户的终端连接速率一般较低，通常为 9.6kb/s～45Mb/s。如中国公用网 CHINANET、中国教育科研网 CERNET 等就属于我国的广域网。

3．国际互联网 Internet

国际互联网因其英文单词 Internet 的谐音而被称为"因特网"。在互联网应用迅速发展的今天，无论从地理范围还是从网络规模来讲它都是最大的一种网络，它可以是全球计算机的互联。Internet 由全球范围内数以万计的 LAN 和几十个 WAN 互联而成，是全球最大的互联网，覆盖范围达到几千到几万千米。需要注意，Internet 一定是广域网，但广域网不一定是 Internet。

Internet 最大的特点就是它的不确定性，整个网络的计算机每时每刻随着人们网络的接入在不断变化。当用户连在互联网上时，用户计算机是互联网的一部分，而一旦用户断开与互联网的连接，用户计算机就不属于互联网了。当然它的优点也是明显的，就是信息量大、传播广，用户无论身处何地，只要连上互联网就可以与其他任何联网用户进行通信。

需要指出的是，局域网、城域网和广域网的划分只是相对的，随着计算机网络技术的发展，它们三者之间的界限已经变得越来越模糊。距离只是量的差异，不同网络交换信息和共享资源所采用的技术却有质的不同，因此以使用技术的差异来划分局域网与广域网会更恰当一些。

就目前来讲，应用最多的还是局域网，因为它可大可小，无论是在单位还是在家庭中实现起来都较为容易。

### 1.3.2　公用网和专用网

按应用和管理性质的不同，计算机网络可以划分为公用网和专用网。

1．公用网

公用网也称通用网，只要符合网络拥有者的要求就能使用这个网，也就是说它是为全社会所有人提供服务的一种网络。如中国电信的 CHINAPAC、校园网、广电网等都属于公用网。

2．专用网

专用网也称行业网，它为一个或几个行业或部门所拥有。专用网只为拥有者提供服务，不向拥有者以外的人提供服务，如银行网、铁路网、电力网、证券网和军用网等。

### 1.3.3　有线网和无线网

按网络所使用的通信传输介质，计算机网络可以划分为有线网和无线网。

1. 有线网

有线网是指采用同轴电缆、双绞线、光纤等有线介质来传输数据的网络。有线网又可以分为同轴电缆网、双绞线网和光纤网 3 种。同轴电缆网包括粗缆网、细缆网和 Cable 有线电缆网，其中粗缆网、细缆网已逐渐被淘汰，而 Cable 有线电缆网仍有用户在使用。双绞线网包括无屏蔽双绞线网和有屏蔽双绞线网，由于无屏蔽双绞线价格低廉，因此无屏蔽双绞线网比有屏蔽双绞线网更为常见。光纤网分为多模光纤网和单模光纤网，其中多模光纤网成本低，应用更广泛一些。

2. 无线网

无线网是指采用无线电波、微波、激光、红外线等无线介质来传输数据的网络，如卫星网、移动通信网等。其中卫星网络中数据的传输线用微波进行，而手机和微机上的红外接口（IrDA）也可以传输数据，这些都是无线网的应用实例。另外，利用一定频率的无线电波传输数据也是无线网的一种，如 WiFi 网、BlueTooth（蓝牙）等。

## 1.4　计算机网络的组成

从系统的角度来看，计算机网络由硬件和软件两大部分组成。但从逻辑功能的角度来看，计算机网络系统则由资源子网和通信子网两层网络组成，如图 1-4 所示。其中资源子网指网络中提供资源的部分，有服务器、客户机、存储器、相关软件等；通信子网指网络中负责通信的部分，包括各种通信设备（网卡、Modem、集线器、交换机、路由器等）和通信协议软件等。

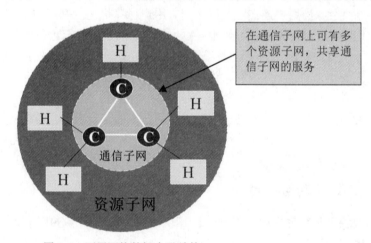

图 1-4　两层网络的概念及结构

### 1.4.1　网络的硬件组成

计算机网络系统通常由网络服务器（主机 Host）、终端、存储器、通信处理设备（交换机、路由器、网卡 NIC）、存储器和通信线路等几部分组成。

通信线路是传输信息的载体，也叫通信信道（Channel）或通信链路（Link）。计算机网络中的通信线路包括有线（如双绞线、同轴电缆、光纤等）和无线（如无线电波、微波、红外线和卫星等）两类。

### 1.4.2　网络的软件组成

在计算机网络系统中，每个用户都可以享用网络的各种资源，因此网络必须能按用户的请求为用户提供相应的服务，对所涉及的信息数据进行控制和管理。网络中的这些服务、控制和管理工作通常是由网络中的相关软件来完成的。

网络中的软件主要包括：网络操作系统、网络协议软件、网络通信软件、网络管理软件和网络应用软件等。

（1）网络操作系统。网络操作系统（Network Operating System，NOS）是网络环境下的操作系统，是各类网络软件的工作平台，与网络的硬件结构相联系，它与单机版的操作系统不同。虽然网络中各计算机都可以有自己的操作系统，但网络操作系统负责把它们有机联系起来，共享资源。目前常用的网络操作系统有 UNIX、Windows 2000 Server、Linux、Windows XP/7/8/10 等。

（2）网络协议软件。网络协议软件是计算机网络运行时必须遵守的通信规则，它定义了通信各实体之间交换信息时的顺序、格式和词汇，是网络通信必不可少的基础条件。典型的网络协议有 TCP/IP、IEEE802 标准系列协议和 X.25 协议等。

（3）网络管理软件。网络管理软件又称网络管理系统，它是软硬件结合而以软件为主的分布式网络应用系统，主要功能是管理和维护网络，使网络正常高效地运行。一个网络管理软件可提供性能管理、配置管理、故障管理、计费管理和安全管理五大功能。在不同类型和不同结构的网络中可选择不同的网络管理软件。管理的对象可以是路由器、交换机等。

（4）网络通信软件。网络通信软件控制自己的应用程序与多个站点进行通信，并对大量的通信数据进行加工和处理，使用户在不必详细了解通信控制规程的情况下进行通信。目前，主要的网络通信软件都能很方便地与主机连接，并具有完备的传真、文件传输和自动生成原稿等功能。

（5）网络应用软件。网络应用软件是在网络环境下直接面向用户的软件，可分为两类：一类是由网络软件厂商开发的通用应用工具软件，如 E-mail、QQ、微信等社交软件，以及 Web 服务器和搜索工具（如百度、Google）等；另一类是基于不同用户业务的软件，如金融业务、电信业务、交通管理和办公自动化等软件。

随着网络技术的发展，现有的各种应用软件几乎都是基于网络环境的。

## 1.5　计算机网络的功能与服务

### 1.5.1　计算机网络的功能

1．相互通信

在计算机网络中，通过通信线路可实现主机与主机、主机与终端之间数据和程序的快速传输。

### 2. 共享资源，交换信息

计算机网络中有各种资源，如硬件资源、软件资源和数据资源。其中，硬件资源包括存储器、打印机、绘图仪等设备；软件资源包括网络中的主机和客户机中的文件及软件等；数据资源包括网络中的大中型数据库。地理上分散的计算机通过网络可以共享以上全部或部分资源。

总之，计算机网络的资源共享和资源调度功能使得普通用户也可享用到大型计算机才拥有的软硬件资源（如多CPU、大容量硬盘、高速打印机、绘图仪、文件、各种软件、大型数据库等）。

### 3. 集中处理，并行工作

在计算机网络中运用软件系统可以对各联机用户实施实时集中管理，使整个网络系统或一部分主机协同、并行工作，提高系统的处理能力。

### 4. 均衡负荷

计算机网络本身是一个复杂的系统，其中各部分的通信流量及数据处理能力可能是不同的，有一定的负荷要求。当某部分负荷过重时，系统可把新的作业通过网络节点和线路分送给负荷较轻的部分去处理。

#### 1.5.2 计算机网络提供的服务

随着计算机网络技术的进一步发展，各种新的增值网络服务不断涌现。网络给人们的工作和生活带来了更多有效的服务，如 QQ 聊天、QQ 文件传输、FTP 文件传输、微信、微博、视频传输、QQ 微云存储、博客（Blog）等。

以上这些功能和服务都是单一的计算机系统难以实现的，无论是小型机、大型机还是超级计算机（如我国已经在多个城市建立了国家超算中心，还制造出了银河II机、银河III机）都必须依靠计算机网络系统来实现。

## 1.6 计算机网络拓扑结构

#### 1.6.1 网络拓扑结构的定义

计算机网络是由多个具有独立功能的计算机系统按不同的连接形式连接起来的，这些不同的连接形式就称为网络的拓扑（Topologies）结构，即网络中各节点及连线的物理连接形式或几何构型。

网络的拓扑结构也可以理解成是网络上的计算机、网线、交换机等设备的配置框架，即网络结构图解模型。网络的拓扑反映了网络中各实体间的结构关系，是实现各种网络协议的基础，对网络的性能、可靠性和通信费用等方面都有很大影响。另外需要注意的是，这里计算机网络的拓扑主要是指通信子网的拓扑构型。

#### 1.6.2 基本的网络拓扑结构

在计算机网络中，主要有以下五种拓扑结构或连接方式，即总线型拓扑、星型拓扑、环型拓扑、网状拓扑和树型拓扑。所有的网络结构都是由这五种基本拓扑结构派生出来的。

1. 总线型拓扑结构

在这种拓扑结构中，所有的计算机由一条总线（Bus）从头到尾串连起来，如图 1-5 所示。这条总线是由多条较短的网线串连而成的，在每个较短网线的分节点上连接的是计算机的网卡。总线型信道是一条广播信道，总线两端接有终端匹配器（Terminator），用来吸收发散到两端的信号，避免信号反射回去。

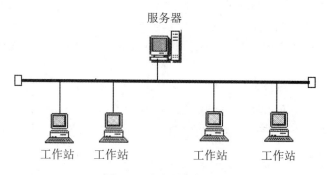

图 1-5　总线型拓扑结构

总线型拓扑结构是所有拓扑结构中最基本最简单的一种。总线型网络中的各节点计算机地位平等，无中心节点。其具有结构简单、扩充容易等优点，但缺点是访问控制复杂、受总线长度限制等。如使用同轴电缆（如 RG58，俗称"细缆"）组建的以太局域网就是典型的总线型拓扑结构。

2. 星型拓扑结构

星型拓扑结构的网络以集线器（Hub）或交换机（Switch）为中心节点，网线向外散射地连接到计算机上。也就是说，每一台计算机的网卡上都有一条专属的网线，将计算机集中连接到集线器或交换机的端口（Port）上，属于集中控制式网络，如图 1-6 所示。

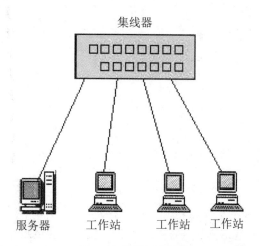

图 1-6　星型拓扑结构

需要注意，以集线器为中心节点组成的局域网，从物理结构上来看是星型的，但实际上，从逻辑结构而言仍然是总线型的，因为它的所有节点共享一个公共信道，只要以交换机为中心节点组网，无论是从物理结构还是从内部的逻辑结构来看，它都是星型的（详见第 5 章）。

中心节点具有数据处理和数据转发的双重功能，它与各自连到该中心节点的计算机（或终端）组成星型网络，沟通了各节点计算机或终端之间的联系。星型拓扑结构具有结构简单、便于管理、建网容易等优点，其缺点是可靠性差，中心节点负荷较重，易形成瓶颈，一旦中心节点发生故障就会造成整个网络瘫痪。

### 3. 环型拓扑结构

环型拓扑结构中，网线以绕成一圈的方式把各计算机节点连接起来，构成一个闭合环路（如图 1-7 所示），在环路中没有头尾之分，信息从一个节点传输到另一个节点。环型信道与总线型信道一样也是一条广播信道，但不需要像总线型拓扑结构那样用终结器（也称终端匹配器）来匹配阻抗。

就连接方式而言，环型网络与总线型网络类似，但环型拓扑网络上数据的传递方式与总线型拓扑网络不同（详见第 4 章）。环型网络具有路径选择简单（环内信息流向固定）、控制软件简单等优点，缺点是不易扩充、当网络中节点较多时时延大等，如 IBM 令牌环网就是一种环型结构网络。

### 4. 网状型拓扑结构

网状型网络也属于分布式网络，分为全网格型和部分网格型。无中心节点，每个节点都有多条（两条以上）线路与其他节点相连，从而增加了迂回通路，如图 1-8 所示。网状型拓扑的通信子网是一个封闭式结构，通信功能分布在各个节点上。网状型拓扑结构具有可靠性高、节点共享资源容易、可改善线路的信息流量分配及负荷均衡、可选择最佳路径、传输时延小等优点，但也存在控制和管理复杂、布线工程量大、建设成本高等缺点。网状型拓扑结构主要用于广域网中。

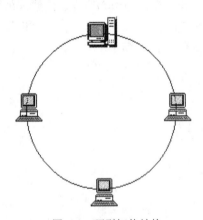

图 1-7　环型拓扑结构

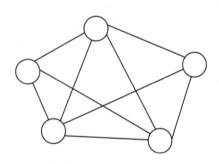

图 1-8　网状型拓扑结构

### 5. 树型拓扑结构

树型拓扑结构网络也称分级的集中式网络或多级星型网络，是星型结构的拓展，如图 1-9 所示。它实际上是由多层星型结构纵向连接而成的，就像一棵倒过来的树，树的每个节点都是计算机或网络转接设备。一般来说，越靠近树的根部，节点设备的性能就越好。与星型网络相比，树型网络线路总长度短、成本较低、节点易于扩充，但结构较复杂，传输时延较大。树型拓扑结构适用于分级管理的场合，如在企业网或校园网内。基于 TCP/IP 协议的 Internet 采用的就是这种树型结构。

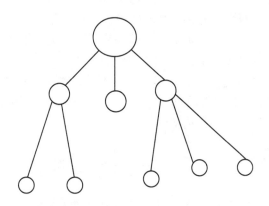

图 1-9　树型拓扑结构

　　以上介绍的是基本网络拓扑结构。局域网常采用总线型、星型、环型和树型拓扑结构，而广域网常采用树型和网状型拓扑结构。

　　在实际组建网络时，网络拓扑结构往往不是单一类型的，而是由几种基本类型混合而成，即所谓的混合型拓扑结构，这种结构有时可发挥各种拓扑结构的优势，如图 1-10 所示就是某高校校园网络的拓扑结构图。

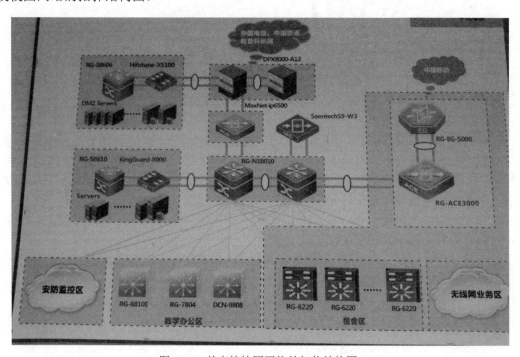

图 1-10　某高校校园网络的拓扑结构图

## 1.7　计算机网络的传输介质

　　要组建计算机网络，传输介质是必不可少的，介质是网络中传输信息的物理通道，是网络通信的物质基础。传输介质的特性直接影响通信的质量指标，如信道容量、传输速率、误码率和线路费用等。常用的网络传输介质有很多种，主要分为两大类：一类是有线传输介质，如双绞线、同轴电缆、光纤等；另一类是无线传输介质，如无线电波、微波、红外线和激光等。实际应用中需根据网络的具体要求选择合适的传输介质。

传输介质有两个主要特性：一是物理特性，即物理结构、形态尺寸、覆盖范围、价格、连通性和使用方便性等；二是传输特性，即可用的信号带宽、传输速率、传输损耗和抗干扰能力等。人们主要关心介质的各种传输特性。

### 1.7.1 有线传输介质

1. 双绞线

双绞线也称双扭线，是把两根绝缘铜导线并排放在一起拧成有规则的螺旋形，然后在外层再套上一层保护套或屏蔽套，是组网中最常用的一种传输介质。如果把若干对双绞线集成一束并用结实的保护外皮包住，就构成了"双绞线电缆"，而把多个线对扭在一起主要是为了把各线对之间的电磁干扰消除掉，如图 1-11 所示。

图 1-11　双绞线

按在外皮内是否有金属屏蔽层，双绞线可分为有屏蔽双绞线（STP）和非屏蔽双绞线（UTP）两种，其中非屏蔽双绞线比有屏蔽双绞线的抗干扰性能差一些，但具有价格低且易弯曲的优势，因此非屏蔽双绞线的使用量比较大一些。注意，计算机网络中使用的双绞线电缆一般由 4 对双绞线（即 8 芯 4 对）组成，在电话系统（PSTN）中也使用双绞线，但电话系统中使用的双绞线电缆由一对双绞线（即 2 芯 1 对）组成。

美国电子/通信工业协会（EIA/TIA）按绞距大小（即铜线缠绕的紧密程度）等参数的差异把非屏蔽双绞线分为以下 5 类：

- 1 类线（UTP-1）：用于模拟电话用户线，此类线没有固定的性能要求。
- 2 类线（UTP-2）：用于数字电话用户线、ISDN 和 T1 线路（1.544Mb/s）等，包括 4 对双绞线。
- 3 类线（UTP-3）：用于 4Mb/s 令牌环网、10Mb/s 以太网和 ISDN 话音线路等，包括 4 对双绞线。
- 4 类线（UTP-4）：用于 16Mb/s 令牌环网和 10Mb/s 大型以太网等，包括 4 对双绞线，其测试速度可达 20Mb/s。
- 5 类线（UTP-5）：又称 CAT5 线，用于 16Mb/s 以上令牌环网和 10/100Mb/s 大型以太

网等，包括 4 对双绞线。

还有一种超 5 类线（属 UTP-5 增强型），也称 CAT5e 线，性能较好，主要用于 100/1000Mb/s 的局域网或大型主干网等，包括 4 对双绞线。而有屏蔽双绞线（STP，150Ω）主要用于 16Mb/s 以上令牌环网、100Mb/s 以上大型以太网和 600Mb/s 以上的全息图像传输等场合。

此外，还有 6 类线和 7 类线，与低类线相比主要是缠绕度有所不同。目前最为常用的是 5 类线、超 5 类线和 6 类线。5 类线和 3 类线的主要区别是每单位长度的绞合次数不同，通过严格控制线对间的绞合度和线对内两根导线的绞合度，可使干扰在较大程度上得以抵消，提高线路的传输特性。表 1-1 所示是非屏蔽双绞线和有屏蔽双绞线的衰减特性比较。

表 1-1　非屏蔽双绞线和有屏蔽双绞线的衰减特性比较

| 频率/MHz | 每 100m 长的衰减（dB） | | |
|---|---|---|---|
| | 100Ω的 UTP-3 线 | 100Ω的 UTP-5 线 | 150Ω的 STP 线 |
| 1 | 2.6 | 2.0 | 1.1 |
| 4 | 5.6 | 4.1 | 2.2 |
| 16 | 13.1 | 8.2 | 4.4 |
| 25 | | 10.4 | 6.2 |
| 100 | | 22.0 | 12.3 |
| 300 | | | 21.4 |

5 类线的有效传输距离一般在 100m 左右。超 5 类双绞线与普通 5 类双绞线电缆比较，它的近端串扰、衰减和结构回波等主要性能指标都有较大提高。

（1）EIA/TIA-568 标准。

随着计算机网络的发展，计算机与通信系统之间的连接成为应用越来越普遍的工程项目。1985 年，美国电子工业协会（Electronic Industries Association，EIA）制定有关标准。1991 年 7 月，第一个版本的标准出现，这就是 EIA/TIA-568。现在的网线制作都要遵照这个标准。EIA/TIA 布线标准规定了两种双绞线的顺序，如表 1-2 所示。

表 1-2　EIA/TIA 布线标准两种线序的色线与脚位的对应关系

| 标准 \ 脚位 | 1 | 2 | 3 | 4 | 5 | 6 | 7 | 8 |
|---|---|---|---|---|---|---|---|---|
| 568A | 绿白 | 绿 | 橙白 | 蓝 | 蓝白 | 橙 | 棕白 | 棕 |
| 568B | 橙白 | 橙 | 绿白 | 蓝 | 蓝白 | 绿 | 棕白 | 棕 |

双绞线的制作通常分为直通网线和交叉网线两种，其中直通网线是其 8 根芯线一一对应，即两端采用同类型的接头（都是 TIA/EIA 568A 或都是 TIA/EIA 568B）；而交叉网线（或反绞线）也称跳线，需要按照如图 1-12 所示的连线制作（其中第 1 和第 3，第 2 和第 6 根芯线要对调），即两端采用不同类型的接头（一端是 TIA/EIA 568A，另一端是 TIA/EIA 568B）。

双绞线具体是选用直通还是交叉方式，关键是看其两端所连接的设备插座是否是同类型。两端插座是同类型则选交叉网线，两端插座是不同类型则选直通网线，目的是使一端的输出端口连接到另一端的输入端口。直通线、交叉线的排列线序和使用场合如表 1-3 所示。

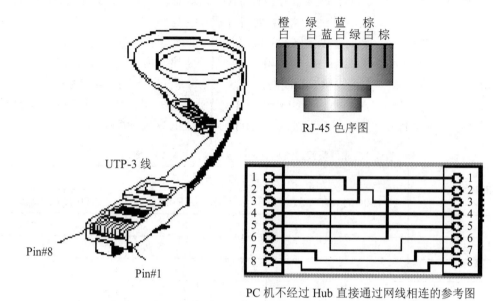

RJ-45 色序图

UTP-3 线

Pin#8

Pin#1

PC 机不经过 Hub 直接通过网线相连的参考图

图 1-12　交叉网线（反绞线）的制作

表 1-3　直通线、交叉线的排列线序和使用场合

| 线序 | 连接方式 | 使用场合 |
|------|----------|----------|
| 直通线 | T568B-T568B | 在异种设备之间，如计算机－集线器、计算机－交换机、路由器－集线器、路由器－交换机 |
| | T568A-T568A | |
| 交叉线 | T568B-T568A | 在同种设备之间，如计算机－计算机、路由器－路由器、集线器－集线器、交换机－交换机 |

（2）双绞线 RJ-45 接头（水晶头）。

RJ-45 是网络布线系统中信息插座（即通信引出端）连接器的一种，连接器由接头（水晶头）和插座组成，插头有 8 个凹槽和 8 个触点。RJ 是 Registered Jack 的缩写，意思是"注册的插座"。在 FCC（美国联邦通信委员会标准和规章）中，RJ 是描述公用电信网络的接口，计算机网络的 RJ-45 即是标准的 8 位模块化接口。在局域网中组网时常用 RJ-45 接头，如图 1-13 所示。

图 1-13　连接双绞线的 RJ-45 接头（水晶头）

RJ-45 水晶头由金属片和塑料构成。双绞线的两端要连接到 RJ-45 水晶头才可以连接网络

设备。将 RJ-45 与双绞线连接时也要遵照 EIA/TIA-568 标准。为此需要搞清其引脚序号，当金属片面对着人的时候从左至右引脚序号是 1～8。

（3）双绞线 RJ-45 接口。

RJ-45 接口是 8 芯线，如图 1-14 所示，而电话线的接口 RJ-11 是 4 芯的，通常只接 2 芯线（ISDN 网的电话线接 4 芯线）。图 1-15（b）所示是带 RJ-45 接口的网卡，网卡上带两个状态指示灯，通过这两个指示灯颜色说明网卡的工作状态，绿色表示工作正常，红色表示有故障。

图 1-14　RJ-45 接口

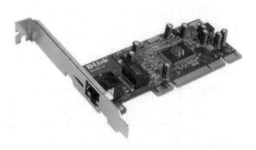

　　（a）RJ-45 接口连接器　　　　　　　　　　（b）带 RJ-45 接口的网卡

图 1-15

2. 同轴电缆

典型的同轴电缆由一根内导体铜质芯线外加绝缘层、密集网状编织导电金属屏蔽层和外包装保护材料组成，其结构如图 1-16 所示。内导体和外导体之间由绝缘材料隔离，外导体外还有外皮套或屏蔽物。由于外导体屏蔽层的作用，同轴电缆具有较好的抗干扰性能。在网络中使用的同轴电缆有两种：一种称为"细缆"，阻抗为 50Ω，传输速率可达 10Mb/s，在不加中继的情况下，有效传输距离为 185m；另一种称为"粗缆"，阻抗为 50Ω，传输速率可达 10Mb/s，在不加中继的情况下，有效传输距离为 500m。

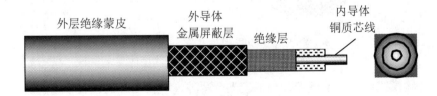

图 1-16　同轴电缆结构图

用同轴电缆组网，其网络拓扑结构为总线型，使用的接头、接口分别称为 BNC 接头和 BNC

接口，如图 1-17 所示，这是一种用于同轴电缆的连接器。由于其支持的数据传输速率只有 10Mb/s，所以在网速飞速发展的今天，同轴电缆已退出了局域网的历史舞台。

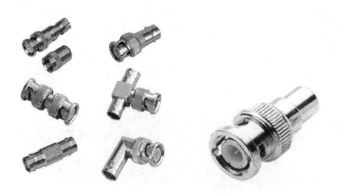

图 1-17    同轴电缆的 BNC 连接器

### 3. 光纤

射到光纤表面的光线入射角大于某一临界角度就可以产生全反射，并且可以存在许多条不同角度入射的光线在一条光纤中传输，这种光纤就称为多模光纤（Multimode Fiber），如图 1-18 所示。在多模光纤中，纤芯的直径是 50～100μm，与人的头发丝相当，由石英玻璃制成。

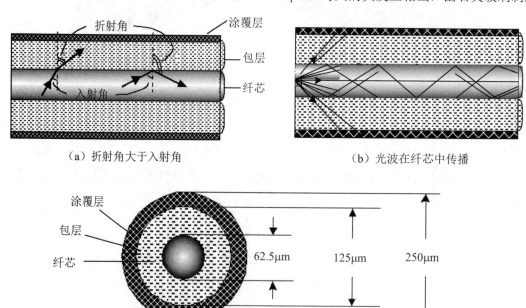

（a）折射角大于入射角                          （b）光波在纤芯中传播

（c）62.5/125μm 渐变增强型多模光纤

图 1-18    光纤传播原理及内部结构

光纤按传输模式可分为单模光纤和多模光纤两种。单模光纤的纤径小（8～10μm），以单一模式传输（如以单色激光作为光源），传输频带宽，容量大，传输距离远，但价格较高。多模光纤以多个模式传输（如以发光二极管作为光源），可传输多路信号，传输距离较近，但价格便宜，与单模光纤相比性能差一些。多模光纤还可按折射率不同分为：阶跃光纤和渐变光纤。

常用的多模光纤直径有 50μm 和 62.5μm 两种。

光缆包含一条以上（可达数百条）的光纤，其结构大致可分为缆芯和保护层两大部分，如图 1-19 所示为 4 芯光缆的剖面图。在光纤中，纤芯的直径是 8～100μm，与人的头发丝相当，由石英玻璃制成，光纤的纤芯及光缆实物如图 1-20 所示。

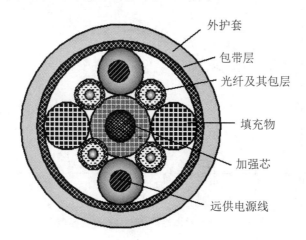

外护套
包带层
光纤及其包层
填充物
加强芯
远供电源线

图 1-19　光缆剖面图

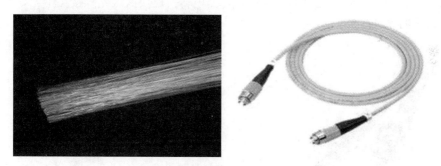

图 1-20　光纤的纤芯及光缆实物图

多模光纤和 5 类双绞线的衰减与频率关系如图 1-21 所示：当传输频率超过 100MHz 时，5 类双绞线随着频率的增加衰减越来越大，而光纤在 300MHz 以内衰减基本不变。

光纤有许多优良特性，使得它特别适合于远距离通信。光纤主要有以下优点：

（1）传输频带宽，通信容量大。

（2）传输速率高，已经获得 T 级（1000Gb/s）的传输速率。

（3）误码率低，传输衰减小，传输距离长。

（4）不受外界电磁波的干扰，不易被窃听或被截获数据，安全保密性好。

（5）体积小、重量轻。

总之，光纤的优势就是：大容量、高速率、长距离。但光纤也有以下不足：

（1）连接两根光纤时需要专用设备（如专用接头和接口、光纤焊接器等），保证对接的光纤端面平整，以便光能透过，安装要求高、操作难度大。

（2）由于光的传输是单向的，双向传输需要两根光纤或一根光纤上的两个频段。

（3）分支困难且需要有光电转换器，成本较高。

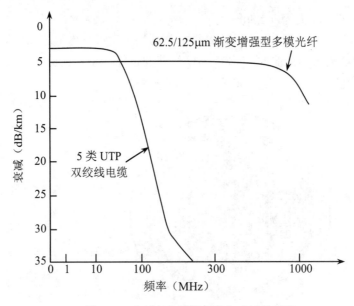

图 1-21　光纤与电缆的频率与衰减关系图

目前，光电接口（转换）器件的价格在逐年下降，各种光纤接头和接口层出不穷，种类繁多，如 LC、FC、SC 等，并且有的厂商已经将光电转换模块嵌入光纤接头中。如图 1-22 所示就是一些常用的光纤接头。

（a）FC 接头　　　　　　　　　　　　　　　（b）SC 接头

图 1-22　光纤专用的 FC 接头和 SC 接头

由我国武汉邮电科学研究院研制的光纤系统已采用单模 7 芯光纤（光缆），相当于 7 根普通光纤合而为一，它解决了多芯光纤间串扰的难题，把"车道"之间的干扰和影响降到最低，从而使该系统的传输总容量达到了 560Tb/s，每根纤芯为 80Tb/s，可实现 135 亿人同时通话，可谓超大容量。

### 1.7.2　无线传输介质

随着计算机网络各种增值应用的出现，以及智能手机和移动终端的普及，无线网络（移动网络）技术得到快速发展。而在无线网络中使用的是无线传输介质。在一些通信距离很远、对通信安全性要求不高、敷设电缆或光纤既昂贵又费时的地方，若采用无线传输介质在自由空间传播就会有较大的机动灵活性和抗自然灾害能力，可靠性也较高。无线传输介质一般指摸不着、看不到的介质，如各个波段的无线电波、微波、卫星微波，以及激光、红外线等。在这类传输介质中传输的信号主要是电磁波。

### 1.　中长波无线电波

中长波无线电波是电磁波的一部分，它是频率在 0～300MHz 频段的电磁波。根据频率电磁波可人为地划分为几个波段，而且不同的波段有不同的用途，如表 1-4 所示。

表 1-4　频段使用表

| 波段 | 频率 | 波长范围 | 频道名 | 使用情况 |
|---|---|---|---|---|
| 4 | 0～30kHz | 万米波 | 超长波 | 军用 |
| 5 | 30kHz～300kHz | 千米波 | 长波 | 军用 |
| 6 | 300kHz～3000kHz | 百米波 | 中波 | 无线电台 |
| 7 | 3000kHz～30MHz | 十米波 | 短波 | 短波电台 |
| 8 | 30MHz～300MHz | 米波 | 超短波 | 电视节目 |

人们很少用 0～300MHz 的中长波段来进行数据传输，原因有两个：一个是它们的带宽有限，所传输的数据量有限；另一个是此频段开发较早，大部分频段已经被占用，可利用频段较少。中长波无线电波主要用在广播通信中。

### 2.　特高频无线电波

特高频无线电波也称甚高频无线电波或甚超短波，简称 UHF，它是 ISM 波段的无线电波。在无线网络中常用 0.3GHz～3.0GHz 的特高频无线电波，常用在短距离或近距离无线通信中，如蓝牙技术（Bluetooth）和 Wi-Fi 通信。其中 Wi-Fi 使用的是 2.4GHz UHF 射频频段，频率范围为 2.4GHz～2.4835GHz，故带宽为 83.5MHz，属高频波段。需要注意的是，Wi-Fi 信号仍然是由有线网提供的。

蓝牙和 Wi-Fi 都属于在办公室和家庭中使用的短距离无线通信技术，都能在移动电话、PDA、无线耳机、笔记本电脑、传感器等无线设备之间进行无线数据交换。蓝牙使用 2.400GHz～2.485GHz 的 UHF 无线电波，它的无线电波覆盖半径大约为 15m，而 Wi-Fi 的半径则可达 100m，并且 Wi-Fi 传输速度快（可达 54Mb/s），但 Wi-Fi 的传输质量和数据安全性能比蓝牙要差。

蓝牙也是一种短距离无线通信技术，可实现固定设备、移动设备、楼宇局域网甚至家用电器之间的短程数据交换，蓝牙技术由爱立信公司于 1994 年研发。目前，蓝牙的最高传输速率是 1Mb/s，最高版本为 4.2。蓝牙设备与标识如图 1-23 所示。蓝牙提供点到多点的无线声音及数据传输，支持 723kb/s（不对称）和 432kb/s（对称）的速率，可以传输语音和数据，传输距离约为 10cm～15m。蓝牙还可连接多个设备，克服了数据同步的难题。

（a）蓝牙耳机　　　　　（b）蓝牙标识

图 1-23　蓝牙设备与标识

蓝牙技术采用无线接口代替有线电缆连接，具有很强的移植性，并且适用于多种场合。它支持多种设备，可穿过墙壁和公文包传输数据，全方向传输，内置安全。随着更多新型蓝牙产品（如蓝牙耳机、蓝牙音箱、蓝牙手机等）投放市场，蓝牙技术将会给人们的生活带来更多方便。

3. 微波

数字微波通信系统在长途大容量数据通信中占有极其重要的地位，其频率范围为300MHz～3000GHz，频带很宽。微波通信容量大、质量好并可传至很远的距离。

微波在空间中是直线传播的，并且能穿透电离层进入宇宙空间，它不像短波那样经电离层反射传播到地面上其他很远的地方，但由于地球表面是个曲面，其传播距离受到限制且与天线的高度有关，一般只有50km左右。因此，在用微波长途通信时必须建立多个中继站，中继站把前一站发来的信号经过放大后再发往下一站。微波通信主要有两种方式：地面微波接力通信和卫星微波通信。

（1）地面微波接力通信。

在地面建立若干微波中继站进行信号的接力传输。建在地面上的中继站间的距离一般为50km。为了避免地面上自然或人为的遮挡，地面中继站的天线架设比较高，如图1-24所示。

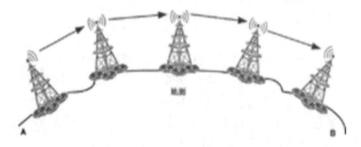

图1-24　地面微波中继站的天线架设

（2）卫星微波通信。

卫星微波通信利用位于36000km高空的人造地球同步卫星作为太空无人值守微波中继站，是一种特殊形式的微波接力通信系统。它克服了地面微波通信的距离限制，特点是通信距离远、通信容量大、频带比地面微波接力通信更宽、覆盖范围广、通信费用与通信距离无关而只与租用的卫星转发器个数及租用的时间长短有关，如图1-25所示。因此，卫星微波通信系统特别适合在全球通信、电视广播、恶劣环境中使用，例如，美国的全球定位系统（GPS）、中国的"北斗"卫星导航系统、欧洲的"伽利略"系统等。从理论上讲，在地球赤道上空相对于地球静止的卫星轨道上放置3颗间隔各120度的卫星就可以实现全球通信或全球广播。

图1-25　微波地面中继站天线和卫星微波通信系统

卫星微波通信的频带比地面微波接力通信更宽，通信容量更大，传输距离更远，信号受到的干扰更小，误码率也更低，通信比较稳定可靠，但其缺点是传播时延较长。

### 4. 红外线和激光

红外信号和激光信号在自由空间中通常是沿直线进行传播的，它们比微波具有更强的方向性，难以窃听、插入数据和进行干扰，如现在许多 PC 机和手机上都配置有 IrDA（红外线）接口。但红外线和激光对雨、雾和障碍等环境的影响特别敏感，只适合短距离传输，如各种遥控器大多是用红外线进行数据传输的。另外，激光硬件会有少量射线发出，需要特许批准。

### 5. 短距离无线电波（UHF）

UHF 是 ISM 波段的无线电波，短程无线通信技术——蓝牙（Bluetooth）就是使用 2.400GHz～2.485GHz ISM 波段的 UHF 无线电波。

## 1.8　计算机网络的发展

### 1.8.1　计算机网络在我国的发展

我国最早从 1980 年开始进行计算机联网的实验是铁道部的一个铁路调度运输管理系统，直到现在该网络还在运行。随后公安、银行、国防以及其他行业部门也相继建立了各自的计算机网络。

1989 年由我国当时的邮电部建成第一个公用分组交换网 CNPAC，1993 年 9 月该网被重建并更名为 CHINAPAC，主干网的覆盖面达到全国几乎所有城市和乡镇。另外，从 20 世纪 90 年代初起，各个单位也纷纷建立了便于管理维护、构建成本低的局域网，这对各行各业的信息化建设起到了积极的推动作用。

随着社会与科技的发展，我国陆续建立了基于 Internet 技术并可与 Internet 互联的四大计算机广域网，即中国公用计算机互联网（CHINANET）、中国金桥信息网（CHINAGBN）、中国教育和科研计算机网（CERNET）和中国科学技术网（CSTNET）。

近十年来我国又陆续建立了多个公用计算机网，如中国网通公用互联网（CNCNET）、中国联通数据网（UNINET）、中国国际经济贸易互联网（CIETNET）、中国移动互联网（CMNET）、中国长城互联网（CGWNET）、中国电信互联网（CTNET）等。

### 1.8.2　计算机网络的未来

计算机网络的发展速度超乎人们的想象，网络相关技术日新月异，从 IPv4 到 IPv6、从 Internet 到 Internet II，让人目不暇接。计算机网络未来的发展到底怎么样，将朝什么方向发展，这些确实难以预测。不过从计算机网络发展的现状来看，计算机网络未来有三种基本发展趋势：一是朝着低成本微机所带来的分布式计算和智能化方向发展；二是向适应多媒体通信、移动通信结构方向发展；三是网络结构向适应网络互联、扩大规模甚至建立全球网络方向发展。

计算机网络技术发展迅猛，各种异构网络之间的融合、互联、互通日渐凸现。目前计算机网、电话网和有线电视网已经实现了互联和互通。因此，最后一个现成的网络——电力网也将成为通信网络的媒体网。电力线载波（Power Line Carrier-PLC）通信简称电力线通信，是指利用电力线传输数据和媒体信号的通信方式。把载有信息的高频加载于电流，然后是用电线传输接收信息的适配器，再把高频从电流中分离出来并传送到计算机。即使高压线（35kV 及以上电压）也可作为载波通信介质。电力线载波通信主要具有以下优势：

（1）无需另布网线。

（2）有插座的地方（上电）就能上网。

（3）传输距离远。

（4）速率高。

可以预言，在不久的将来必将实现计算机网、电话网、有线电视网和电力网的"四网合一"。

# 本章小结

本章对计算机网络的基本概念、组成、分类、拓扑结构和传输介质以及等知识进行了全面讲述。通过本章的学习，读者应该了解是计算机技术和通信技术的结合产生了计算机网络，了解什么是计算机网络，计算机网络的特点、分类、功能与服务，以及组成计算机网络的软硬件系统等基本概念，理解计算机网络的五种拓扑结构，掌握计算机网络各传输介质的特性和优缺点，以及各传输介质的应用，学会网线的连接与制作方法。

# 习题 1

1．计算机网络的主要功能是什么？

2．简述通信子网与资源子网的主要联系与区别。

3．局域网、广域网的主要特征是什么？

4．实际存在与使用的广域网常采用什么拓扑结构？

5．UTP 和 STP 的区别是什么？它们的连接应遵循什么标准？

6．光纤与双绞线相比，其主要优良特性有哪些？

7．双绞线的直通线和交叉线有什么区别？分别适用于什么场合？

8．什么是 Bluetooth 技术？Wi-Fi 的工作距离可以达到多少？使用的是什么无线介质？

# 第 2 章　数据通信基础

 **本章导引**

　　计算机网络系统是一个通信系统，计算机之间的通信是在网络中实现信息交换和资源共享的基础。本章将介绍数据通信的基本原理和基础知识，包括信号与信号传输方式、数据编码原理、同步技术、数据交换技术、多路复用技术和差错控制技术等，为后续章节的学习做必要的知识准备。

　　计算机网络是计算机技术与通信技术相互交叉、融合产生的一门学科，计算机网络系统一个重要的功能就是计算机之间能够相互通信，也就是说计算机网络系统首先应该是一个通信系统，计算机之间的通信是在网络中实现信息交换和资源共享的基础，也是计算机网络应用的本质。所谓信息交换和资源共享是指一个计算机系统中的信号（载有数据信息）通过网络传输到另一个计算机系统中去处理或使用。

　　然而，不同计算机系统之间的信号传输是数据通信技术需要解决的问题。通信技术包括模拟通信和数字通信。模拟通信在通信技术发展的早期占有很大的比重，例如有线和无线的语音广播，电话和电视等通信系统发送、传输和接收等都是模拟通信。现代通信是模拟通信和数字通信的混合，两者可能同时存在于一种通信系统中。不过，由于各计算机内部的通信是数字通信，因此在计算机网络系统中数字通信占主要地位。

## 2.1　通信的相关概念

### 2.1.1　通信系统模型

#### 1. 通信的基本术语

　　通信是通过某种媒体进行的信息传递。在古代，人们通过驿站、飞鸽传书、烽火报警等方式进行信息传递。今天随着科学水平的飞速发展，相继出现了无线电、固定电话、手机、互联网甚至可视电话等各种通信方式。

　　信息是指数据中包含的有意义的内容。它是通过数据来表示的，数据是信息的载体。如教师在课堂上讲课，具体讲授的内容即为信息，而所要传授的内容是通过语言表达的，语言（数据）就是信息的载体。

　　数据是反映和表示客观世界的一些物理符号，如数字、字符等。在现实中，数据分为离散型数据和连续型数据。离散数据中元素之间的差异明显并且有界可数，主要特点是状态离散，例如文字、符号和数字。连续数据中数据的数目有无穷多个，相邻元素的差异很小，例如语音和连续图像等。

　　信号是指随时间变化的物理量。因为数据不适合在信道中直接传输，需要将其调制成适合在信道中传输的信号。信号分为连续时间信号和离散时间信号，连续时间信号的幅值可以是连续的，也可以是离散的（信号含有不连续的间断点属于此类）。对于时间和幅值都为连续值的信号又称为模拟信号；对于时间和幅值都为离散值的信号又称为数字信号。

2. 通信系统模型

广义的数据通信系统是由数据终端设备和数据传输系统组成的，如图2-1所示。在该系统中，由信源终端设备将各种输入的消息转换成数据信号，为了使该数据信号适合在信道中传输，变换器根据不同传输介质的传输特性对数据信号进行某种变换，将其变换成适合传输的信号，然后送入信道传输。在接收端，反变换器接收信号并还原成数据信号后再送给信宿终端设备处理。图2-1中的噪声源是信道中的噪声以及分散在通信系统其他各处噪声的集中表示。

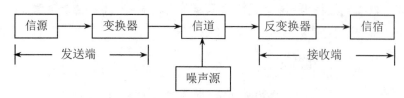

图 2-1    通信系统一般模型

3. 通信系统的组成

数据通信系统由以下几部分组成：

（1）信源。信源是发出信息的源，作用是把各种可能数据转换成原始电信号。信源可分为模拟信源和数字信源。模拟信源（如电话机和电视摄像机）输出连续幅度的模拟信号；数字信源（如数码相机、计算机等各种数字终端设备）输出离散的数字信号。

（2）变换器。因为语音、图像等原始数据不能以电磁波来传送，所以需要通过变换器将原始的非电数据变换成电信号，并再对这种电信号进一步转换，使其变换成适合某种具体信道传输的电信号。这种电信号作为数据的载体载有原有的信息。例如电话机的送话器就是将语音变换成幅度连续变化的电信号，再进一步转换后送到信道。

（3）信道。信道是指传输信号的通道，可以是有线的，也可以是无线的，有线和无线均有多种传输媒介。信道既给信号以通路，也对信号产生各种噪声和干扰。信道的固有特性和干扰直接关系到通信的质量。

（4）反变换器。反变换器的基本功能是完成变换器的反变换，即进行解调、译码、解码等。它的任务是从带有干扰的接收信号中恢复出原始信号。对于多路复用信号，接收设备还具有解除多路复用和实现正确分路的功能，如调制解调器 Modem。

（5）信宿。信宿是传输信息的归宿，作用是将复原的原始信号转换成相应的数据。

（6）噪声源。噪声源是信道中的噪声以及分散在通信系统其他各处的噪声的集中表示。

### 2.1.2    数据通信过程

数据从信源发出到被信宿正确接收是一个完整的通信过程。通信过程中每次通信都包括数据传输和通信控制两个方面。其中，通信控制主要执行各种辅助操作，并不传输数据，但这种辅助操作对传输数据是必不可少的。

一般来讲，整个通信过程可分为以下五个阶段：

（1）通信线路的建立（占用）。在此阶段，通信系统中的交换设备根据发送端提供的接收端地址等信息建立通信双方的物理通道，也称此阶段为建立物理连接阶段（类似于拨打电话的"拨号"阶段）。

（2）数据传输链路的建立。此阶段是通信双方确认同步关系的阶段，它使双方处于正确发收状态，也称此阶段为建立逻辑连接阶段（类似于拨打电话时的"确认通话对象"阶段）。

（3）数据及控制信息的传输。在此阶段，通信交换要传输数据及控制信息，这才是通信的实质性阶段（类似于拨打电话时的双方"通话"阶段）。

（4）数据传输链路的拆除。在此阶段，通信双方确认数据传输的结束，即拆除逻辑连接（类似于拨打电话时的"证实通话结束"阶段）。

（5）通信线路的释放。在此阶段，由通信双方之一通知系统中的交换设备拆除物理连接（类似于拨打电话时的"挂机"阶段）。

在上述 5 个阶段中，第（5）阶段与第（1）阶段"互逆"，第（4）阶段与第（2）阶段"互逆"，第（3）阶段是通信实质阶段，是不可缺少的，其余各阶段根据通信环境和通信方式的不同有时可以省略，例如在专用通信线路中，通信过程中可以省略第（1）阶段和第（5）阶段。

### 2.1.3 通信系统技术指标

在通信系统中，信号的传输是由数据传输系统来完成的，那么对传输系统的性能如何进行评价是一个重要问题，通常用传输速率、带宽、信道容量和误码率等指标对数据传输系统进行定量分析和评价。

1. 传输速率

传输速率是指单位时间内传输信息的数量。它是衡量数据通信系统传输能力的重要指标，分别用数据信号速率和调制速率来表示。

（1）数据信号速率。数据信号速率指单位时间内传送的二进制代码的有效位数，单位为位/秒，记作 b/s。计算公式为：

$$S=(1/T)\log_2 N \quad (b/s)$$

式中，T 指一个数字脉冲信号的宽度，单位为秒（s）；N 指一个码元所取的离散值个数（码元是承载信息的基本信号单位，一个表示数据有效值状态的脉冲信号就是一个码元，单位为波特 Baud）。

$N=2^K$，K 为二进制数据的位数，$K=\log_2 N$。对于二进制数字信号 N=2，S=1/T，表示数据信号速率等于码元脉冲的重复频率。

（2）调制速率。调制速率指信号调制过程中单位时间内通过信道传输的码元数，单位为 Baud，用于表示调制器之间信号传输的速率。计算公式为：

$$B=1/T \quad (Baud)$$

式中，T 指信号码元的宽度，单位为秒（s）。

2. 带宽

带宽是描述传输系统的一个重要参数。信号是由特定的电磁波来传输的，电磁波都有一定的频率范围，信号的带宽是指信号的频带宽度，在实际应用中指信号能量比较集中的那个频率范围。任何实际的信道不失真传输的信号频率也有一定的范围，这一范围称为该信道频带的宽度，即带宽。信道的带宽是由传输介质和相关的附加设备及其电路的频率特性等综合确定的。模拟信道带宽的单位是赫兹（Hz），数字信道带宽的单位是比特/秒（b/s）。

按信道频率范围的不同，通信信道可分为 3 类：窄带信道（带宽为 0～300Hz）、音频信道（带宽为 300Hz～3.4kHz）和宽带信道（带宽为 3.4kHz 以上）。

3. 信道容量

信道容量是一个极限参数，由信道的物理特征决定，指单位时间内信道能传输的最大信息量，表征信道的最大传输能力，单位是位/秒（b/s）。信道容量与数据传输速率是有区别的，前者表示信道的最大数据传输速率，是信道传输数据能力的极限，后者是实际的数据传输速率。所以，一般来讲，在实际应用中信道容量应大于传输速率，否则高的传输速率得不到充分发挥。

（1）离散的信道容量。

对离散的信道用奈奎斯特（Nyquist）公式来计算其信道容量。Nyquist 公式——无噪声信道容量公式为：

$$C = 2 \times H \times \log_2 N \quad (b/s)$$

式中，H 指信道的带宽，即信道传输上下限频率的差值，单位为赫兹（Hz）；N 指一个码元所取的离散值个数；C 指信道的最大数据传输速率，即信道容量。

无噪声下的码元速率极限值 B 与信道带宽 H 的关系为：

$$B = 2 \times H \quad (Baud)$$

【例 2.1】普通电话线路带宽约 3kHz，则码元速率极限值 $B = 2 \times H = 2 \times 3k = 6k$（Baud）；若码元的离散值个数 N=16，则最大数据传输速率 $C = 2 \times 3k \times \log_2 16 = 24k$（b/s）。

（2）连续的信道容量。

对连续的信道用香农（Shannon）公式来计算其信道容量。Shannon 公式——有噪声信道容量公式为：

$$C = H \times \log_2(1 + S/N) \quad (b/s)$$

式中，H 指信道的带宽；S 指信号功率；N 指噪声功率；S/N 指信噪比，通常把信噪比表示成 $10\lg(S/N)$，单位为分贝（dB）。

【例 2.2】已知信噪比为 30dB，带宽为 3kHz，求信道的最大数据传输速率。

∵　$10\lg(S/N) = 30$

∴　$S/N = 10^{\frac{30}{10}} = 1000$

∴　$C = 3000 \times \log_2(1 + 1000) \approx 30k$（b/s）

4. 数据的最大传输速率

Shannon 定理给出了信道带宽与信道容量之间的关系：

$$C = H \times \log_2(1 + S/N)$$

式中，C 指信道容量，H 指信道带宽，N 指噪声功率，S 指信号功率。

可见，信道带宽和信噪比越高，信道容量就越大，传输效率也就越高。当噪声功率趋于 0 时，信道容量趋于无穷大，即无干扰的信道容量为无穷大，信道传输的信息多少完全由带宽决定。此时，信道中每秒能传输的最大比特数由 Nyquist 准则决定，即：

$$R_{max} = 2 \times H \times \log_2 N \quad (b/s)$$

式中，$R_{max}$ 指最大速率，H 指信道带宽，N 指信道上传输的信号可取的码元个数。

若无噪声信道上传输的是二进制信号，则可取两个离散电平"1"和"0"，此时 N=2，$\log_2 2 = 1$，$R_{max} = 2 \times H$。如某个无噪声信道的带宽为 3kHz，则信道的最大数据传输速率为 6kb/s。

5. 带宽、数据传输速率和信道容量的关系

在描述模拟信道时，人们常用带宽来表示其传输信息的能力，单位是 Hz，例如电话信道的带宽为 300～3400Hz。而在数字信道中，人们常用"最大数据传输速率"来表示信道的传输能力，即 b/s、kb/s、Mb/s 或 Gb/s，例如某以太网的最大数据传输速率是 1000Mb/s。由于带宽和最大数据传输速率都是衡量信道传输能力的技术指标，一个物理信道既可以作为模拟信道又可以作为数字信道，同时 Shannon 计算公式指出，数据的最大传输速率（信道容量）与信道带宽之间存在正比关系，故在实际应用中带宽与最大数据传输速率（信道容量）并不加以严格区分，信道容量有时也称为带宽。

上述几个术语均可以用来描述网络中的数据传输能力，不过从技术角度来讲，读者还是应当区别这几个不同而又相互关联的概念。

6. 误码率与噪声

误码率是衡量数据通信系统在正常工作情况下传输可靠性的指标，指二进制数据位传输时出错的概率。在计算机网络中，要求误码率低于 $10^{-6}$，即平均每传送 1Mb 才能错 1 位。若达不到这个指标，则应通过差错控制方法进行检错和纠错。误码率的定义如下：

$$Pe \approx Ne/N$$

式中，Pe 指误码率，Ne 指被传错的位数，N 指传输的二进制数总位数。

注意，上式只有在 N 取值很大时才有效，即 Pe 一般是在对信道做了大量测试的基础上得到的平均误码率。

任何非理想的通信信道都会有噪声。噪声通常分为两大类：热噪声和冲击噪声。热噪声是信道内部噪声，幅值一般较小；冲击噪声由外界干扰引起，幅值较大，会产生突发性差错。

在数字传输系统中，噪声叠加在信号上会引起某些位的信号在接收端错误地被接收，这就是误码。另外，因传输系统带宽较窄所引起的信号失真也会引起误码。误码与噪声如图 2-2 所示。

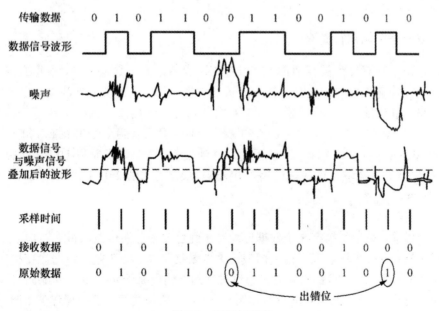

图 2-2　误码与噪声

### 7. 传输延迟

尽管电信号的传输速率为 300000km/s（即光速，注意在不同介质中此速度会有不同的值），但由于发送和接收设备存在响应时间，特别是计算机网络系统中的通信子网还存在中间转发等待时间，计算机系统的发送和接收处理也需要时间，所以在系统的信息传输过程中仍然存在着时间上的延迟（称为传输延迟），如图 2-3 所示。信息的传输延迟按以下表达式确定：

传输延迟=电信号响应时间+发送和接收信号处理时间+中间转发时间+通信传输时间

在计算机网络中，由于不同的通信子网和不同的网络体系结构采用不同的中转控制方式，因此在通信子网中存在的中转延迟只能根据网络状态而定。由电信号响应带来的延迟时间是固定的。显然，响应时间越短，延迟越小。

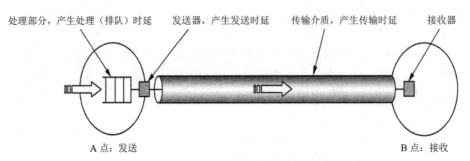

图 2-3　信道上传输延迟的产生

## 2.2　通信的基本方式

对于点到点之间的通信，按数据传输的方向与时间的关系，通信方式可分为单工通信、半双工通信和全双工通信。数字通信中，按照数字信号码元排列方法的不同，通信方式又可分为串行通信和并行通信。

### 2.2.1　并行通信与串行通信

并行通信用于计算机内部各部件之间或近距离设备之间的数据传输，串行通信常用于计算机与计算机或计算机与终端设备之间远距离的数据传输。计算机与外部设备之间的并行通信通过计算机的并行接口（LPT）进行，串行通信通过串行接口（COM）进行。普通微机支持 4 个以上的 COM 接口和 3 个以上的 LPT 接口，但一般只有两个 COM 接口和一个 LPT 接口使用不同的中断号和接口地址，而且不能与其他设备冲突。现在常用 USB（通用串行总线接口），这种接口数据传输速度快，达到 480Mb/s。现已有 USB2.0、USB3.1 版本，最高传输速率可达 1Gb/s。

#### 1. 并行通信

所谓并行传输，是指至少有 8 个数据位同时在两台设备之间传输，如图 2-4 所示。发送端与接收端有 8 条数据线相连，发送端同时发送 8 个数据位（其中 1 位可以用作校检位），接收端同时接收 8 个数据位。计算机内部通过总线进行的通信就属于并行通信。如并行传送 8 位数据的总线叫 8 位总线、并行传送 16 位数据的总线叫 16 位总线等。前面所述的 LPT 并口就属于双向并行传输接口，在 USB 接口出现之前常用于连接打印机或扫描仪等外接设备，这说明

LPT 并口是一种并行通信接口。目前 LPT 接口最大速率可达 1.5Mb/s。

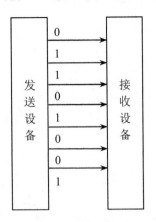

图 2-4　并行通信

2．串行通信

并行通信需要 8 条以上的数据线，这对于近距离的数据传输来说费用还是可以负担的，但在进行远距离数据传输时，这种方式就不太经济了。所以，在数据通信系统中，较远距离的通信通常采用串行通信方式。

所谓串行通信，是指发送端一次只发送或接收一位数据位。因此，所需数据线的数目大大减少，各数据位依次通过通信线路传输，如图 2-5 所示。由于在计算机内部总线上传输的是并行数据，而与外部设备又要进行串行通信，因此，在发送端需要把并行数据转换成串行数据，在接收端需要将串行数据再转换为并行数据。在计算机局域网中，计算机之间也是串行传输，网卡负责串行数据和并行数据的转换工作。如 16 位网卡一次可转换 16 位数据、32 位网卡一次可转换 32 位数据等。在数据通信系统中，较远距离的通信通常采用串行通信方式。

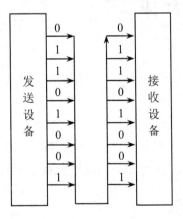

图 2-5　串行通信

由于串行通信每次在线路上只能传输一位数据，因此其传输速率比并行通信慢得多。虽然串行传输速率慢，但在发收两端之间只需一根传输线，成本大大降低，而且由于串行通信使用覆盖面很广的公用电话网络系统，所以，在现行的计算机网络通信中，串行通信应用得较为广泛。

### 2.2.2 单工通信、半双工通信和全双工通信

通信线路由一个或多个信道组成，根据信道在某一时间信息传输的方向，通信又可以分为单工通信、半双工通信和全双工通信 3 种通信方式。

#### 1. 单工通信

所谓单工通信指传送的信息始终是一个方向的通信。对于单工通信，发送端把信息发往接收端，根据信息流向即可决定一端是发送端，另一端就是接收端，如图 2-6 所示。单工通信的信道一般是二线制。也就是说，单工通信存在两个信道：传输数据用的主信道和监测信号用的监测信道。例如，收听广播和收看电视就是单工通信的典型例子，信息只能从广播电台和电视台发射并传输到各用户接收，而用户信息不能传输到广播电台和电视台。

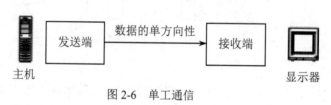

图 2-6　单工通信

#### 2. 半双工通信

所谓半双工通信指信息流可以在两个方向传输，但同一时刻只限于一个方向传输，如图 2-7 所示。对于半双工通信，通信的双方都具备发送和接收装置，即每一端既可以是发送端也可以是接收端，信息流是轮流使用发送和接收装置的。对于监测信号可由两种方法传输：一种是在应答时转换传输信道；另一种是把主信道和监测信道分开设立，另设一个容量较小的窄带传输信道供传输监测信号使用。例如，对讲机就属于半双工通信。

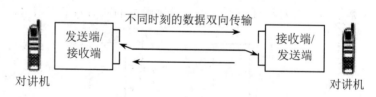

图 2-7　半双工通信

#### 3. 全双工通信

所谓全双工通信指同时可以作双向的通信，即通信的一方在发送信息的同时也能接收信息，如图 2-8 所示。全双工通信一般采用多条线路或频分法来实现，也可采用时分复用或回波抵消等技术。若采用四线制，则有两个数据信道进行数据传输，有两个监测信道进行监测信号传输，这样通信线路两端的发送和接收装置就能够同时发送和接收信息。这种全双工通信方式适合计算机与计算机之间的通信。

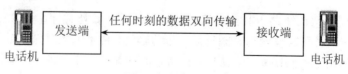

图 2-8　全双工通信

### 2.2.3 广播式通信与点到点式通信

#### 1. 广播式通信

在一个计算机网络中，当一台计算机通过通信信道发送数据包时，所有其他的计算机都能"收听（或接收）"到该数据包，这种通信方式就称为广播式通信，这种网络就称为广播式网络。由于发送的数据包中带有目的地址与源地址，接收到该数据包的计算机将检查目的地址是否与本地址相同。如果相同，则接收该数据包，否则丢弃该数据包。在广播式网络中，所有联网计算机都共享一个公共信道（BUS），如总线型拓扑网络、环型拓扑网络和用集线器（Hub）组建的网络等。

#### 2. 点到点式通信

与广播式网络相反，在点到点式网络中，每条物理线路连接一对计算机。两台计算机之间可直接通信，若没有直接连接的线路，它们的通信通过中间节点的接收、存储、转发直至目的节点，这种通信方式就称为点到点式通信，而相应的网络就称为点到点式网络。由于连接多台计算机之间的线路结构可能是复杂的，因此从源节点到目的节点可能存在多条路由，决定数据包路由需要路由选择算法。采用数据包存储转发与路由选择是点到点式网络与广播式网络的主要区别。如各种专用网、VPN 网和交换式网等都属于点到点式通信网络。

### 2.2.4 基带通信与宽带通信

#### 1. 基带通信

由计算机或终端等数字设备产生的、未经调制的数字数据相对应的电脉冲信号通常呈矩形波形式，它占据的频率范围以直流和低频为主，因而这种电信号称为基带（Baseband）信号。基带信号占有（固有）的频率范围称为基本频带，简称"基带"。在信道中，直接传输这种基带信号的通信方式就叫基带通信（传输），如图 2-9 所示。

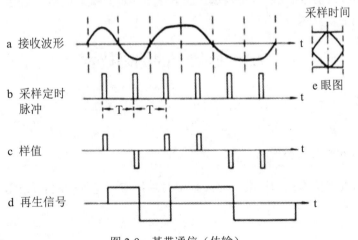

图 2-9　基带通信（传输）

在数字通信中，表示计算机二进制比特序列的数字数据信号就是矩形脉冲（波）信号，矩形脉冲信号的固有频带称为基本频带（基带）。在基带通信中，整个信道只传输这一种信号，它是一种最简单、最基本的通信方式，适用于传输各种速率要求的数据。在近距离的场合即传输距离不太远的情况下，数字基带信号可以直接传送，这就是基带传输，又叫数字传输。如计算机局域网中的信号就是基带传输的。

由于在近距离范围内基带信号的功率衰减不大，信道容量不会发生什么变化，因此在计算机局域网中广泛采用基带通信方式，如以太局域网和令牌环网。但由于基带信号频率很低，含有直流成分，在远距离传输过程中信号功率的衰减或干扰将造成信号减弱较多，使得接收方无法接收，因此基带通信方式并不适合远距离的数据通信。

2. 宽带通信

宽带是指比音频带宽更宽的频带，它包括大部分电磁波频谱。利用宽带进行的通信方式称为宽带通信（传输），如 CATV（电缆电视系统）、ISDN（超级一线通）。借助宽带传输，将信道分成多个子信道，分别传送音频、视频和数字信号，这就是多媒体宽带传输。宽带数据传输的速率范围为 0～400Mb/s，而通常使用的基带传输速率是 5Mb/s～10Mb/s。宽带传输可容纳全部广播信号，并可进行高速数据传输，一般宽带传输系统多是模拟信号传输系统。

宽带通信系统可以是模拟传输系统或数字传输系统，它能够在同一信道上进行数字信息和模拟信息的传输。宽带通信系统可容纳全部广播信号，并可进行高速的数据传输。在局域网中，存在基带通信和宽带通信两种方式，基带通信的数据速率比宽带通信低。

通过把一个宽带信道划分为多个逻辑基带子信道（注意，只是在宽带信道中划分，是可控制的划分，划分之后也不是变成多条线路，实际还是一条数据线内），从而把声音、图像、数据等多媒体信息综合到一个物理信道上（但有多个传输频道），同时传送数据、语音和视频信号，频道之间用频率区分，在多个逻辑通道中用不同的信号（模拟信号和数字信号）传输数据。

宽带传输与基带传输相比具有以下特点：

（1）能在一个信道中传输声音、图像和数据信息，使系统具有多种用途。

（2）一条宽带信道能划分为多条逻辑基带信道，实现多路复用，因此信道的容量大大增加。

（3）宽带传输的距离比基带传输远，因为基带传输直接传送数字信号。一般传输的速率越高，能够传输的距离越短。

# 2.3　通信中的编码技术

在通信系统中，信息的传输总是要借助一定形式的物理信号，如电信号、光信号、电磁波等，并以这些物理信号为载体。这些物理信号既可以是模拟信号，也可以是数字信号。

## 2.3.1　编码的概念与类型

模拟信号和数字信号在通过某一介质传输时往往需要进行调制和编码，以提高信号的传输性能。

1. 调制

调制是指用基带信号（原始数据信号）对载波信号波形的某些参数（如振幅 A、频率 F 和相位 P）进行控制，使这些参数随基带信号变化。相应地，调制技术涉及上述一个或几个参数的变化，有振幅调制、频率调制、相位调制和多重调制。基带信号经过调制后，作为模拟信号通过模拟信道来传输，并在接收端进行解调，变换成原来的形式。

## 2. 载波

载波是指被调制以传输信号的波形，一般是正弦波，如图 2-10 所示。载波（正弦波）的频率远高于调制信号（原始数据信号）的带宽频率，故载波信号通常采用高频模拟信号，否则可能发生混叠，使传输信号失真。

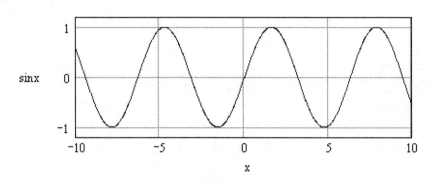

图 2-10　载波（正弦波）信号

正弦载波可用下列函数表示：

$$S(t)=A\sin(\omega t+\theta)$$

其中，A 为振幅，Ω 为角频率（rad/s），$\omega=2\pi f=2\pi/T$，f 为频率，θ 为相位。

载波信号是把普通数据信号（语音、图像）加载到一定频率的高频信号上，没加载普通信号时，高频信号的波幅是固定的，加载之后，波幅随着普通信号变化（称为调幅），相应地还有调相和调频，如图 2-11 所示。

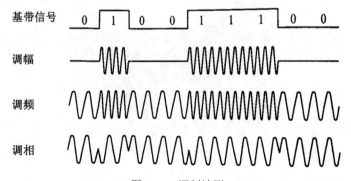

图 2-11　调制波形

将源数据信号调制到载波信号（模拟信号）上，主要作用如下：

（1）减小传输中的噪声。

（2）频分复用，在同一信道中传输多路信号而不混叠。

（3）可传播更远的距离，并且利于接收。

## 3. 编码

编码是指用预先规定的方法将原始数据信号编成数码（一般是二进制码）或将数据转换成规定的电脉冲信号的过程。编码是数据信息从一种形式转换为另一种形式的过程，解码则是编码的逆过程。

在通信系统中，编码是把模拟数据或数字数据变换成数字信号，以便通过数字通信信道传输出去，在接收端，数字信号通过译码再变换成原来的形式。根据任务的不同，编码可以分为以下类型：

（1）信源编码。

信源编码又分为两种：为数字传输将模拟信号通过 A/D 转换转化为数字信号或提高数字信号有效性的编码；为模拟传输将数字信号通过 D/A 转换转化为模拟信号或提高模拟信号有效性的编码。

（2）信道编码。

为提高可靠性而采取的差错控制编码或抗干扰编码。

（3）保密编码。

为通信保密，在信源编码后对信号加密而在相应的接收端进行解密的编码。需要说明的是，这里所说的"编码"是指信源编码。图 2-12 和图 2-13 所示为两种用于调制/解调的设备。

图 2-12　外置型调制解调器

图 2-13　内置型调制解调器（卡）

在计算机网络中，由于传输的需要，数据信号必须进行调制或编码，使得与传输介质和协议相适应。根据信源和信道的不同，数据的调制和编码有以下 4 种情况：

● 数字数据的模拟信号编码。
● 数字数据的数字信号编码。
● 模拟数据的数字信号编码。
● 模拟数据的模拟信号编码。

### 2.3.2　模拟数据的编码

模拟数据的数字信号编码常用的有脉冲编码调制（PCM）和增量调制（IM）两种方法，现以 PCM 方法为例进行介绍。

PCM 方法以采样定理为基础，对连续变化的模拟信号进行周期性采样，将模拟数据数字化，利用大于有效信号最高频率或其带宽两倍的采样频率，通过低通滤波器从这些采样中重构出原始信号。例如，对音频信号（模拟信号）进行数字化编码一般包括三个过程：采样（取样）、量化和编码。

采样定理公式：

$$F_s\,(=1/T_s)\geqslant 2F_{max} \ 或 \ F_s\geqslant 2B_s$$

式中，$F_s$ 为采样频率，$T_s$ 为采样周期，$F_{max}$ 为原始信号的最高频率，$B_s$（$=F_{max}-F_{min}$）为原始信号的带宽。

**1. 采样**

采样是指在每隔固定长度的时间点上，采取模拟数据的瞬时值作为从这一次取样到下一次取样之间该模拟数据的代表值。根据取样定理，当取样的频率 F 大于或等于模拟数据的频带宽度（模拟信号的最高变化频率 $F_{max}$）的两倍（即 F≥2$F_{max}$）时，所得的离散信号可以无失真地代表被取样的模拟数据。取样结果是变连续的模拟信息为离散信息。采样也可称为抽样或取样。

**2. 量化**

量化就是把取样得到的不同的离散幅值按照一定的量化级转换为对应的数据值并取整数，得到离散信号的具体数值。量化级即把模拟信号峰—峰间取样得到的离散幅值分割为均匀的等级，一般为 2 的整数次幂，如分为 128 级、256 级等。所取的量化级越高，表示离散信号的精度越高。

**3. 编码**

编码是将量化后的离散值转换为一定位数的二进制数，十进制数转换为二进制数可参照表 2-1。通常当量化级为 N 时，对应的二进制位数为 $Log_2N$。例如，图 2-14 所示为采用 8 级量化级对正弦信号的编码过程。

表 2-1　十进制数与二进制数转换表

| 十进制 | 二进制 |
| --- | --- |
| 0 | 000 |
| 1 | 001 |
| 2 | 010 |
| 3 | 011 |
| 4 | 100 |
| 5 | 101 |
| 6 | 110 |
| 7 | 111 |

模拟信号数字化的三个步骤如下：

（1）采样：以采样频率 $F_s$ 把模拟信号的值采出。

（2）量化：使连续模拟信号变为时间轴上的离散值。

（3）编码：将离散值转换成一定位数的二进制数码。

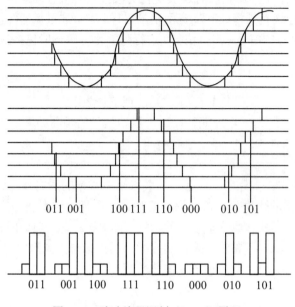

011 001　　100 111　110　000　　010 101

011　　001　100　111　　110　000　010　101

图 2-14　脉冲编码调制（PCM）原理

### 2.3.3　数字数据的编码

1. 数字数据的数字编码

数字数据的数字编码指用物理信号（如电信号）的波形来表示数字数据。通常可以用不同形式的电信号波形来表示数字数据。数字信号是离散的、不连续的电压或电流的脉冲序列，每个脉冲代表一个信号单元（或称码元）。以二进制数据信号为例，它只有两种码元，分别代表二进制数字 1 和 0。采用不同的编码方案，产生出的表示二进制码元的形式也不同。下面介绍常用的不归零码、曼彻斯特码和差分曼彻斯特码。

（1）不归零码。不归零码（NRZ）的波形如图 2-15 所示。该码在每一码元时间间隔内用高电平和低电平（常为零电平）分别表示二进制数据的 1 和 0。容易看出，这种信号在一个码元周期 $T_s$ 内电平保持不变，电脉冲之间无间隔，极性单一，有直流分量。解调时，通常将每一个码元的中心时间作为抽样时间，判决门限设为半幅度电平，即 0.5 E。若接收信号的值在 0.5 E 与 E 之间，则判为 1；若在 0 与 0.5 E 之间，则判为 0。不归零码适用于近距离信号传输。

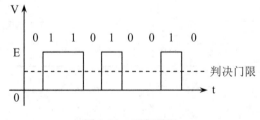

图 2-15　不归零码

（2）曼彻斯特码。如图 2-16（a）所示，曼彻斯特码的编码方式为：当发 0 时，在码元的中间时刻电平从低向高跃变；当发 1 时，在码元的中间时刻电平从高向低跃变。曼彻斯特码的特点是不管信码的统计特性如何，在每一位的中间都有一个跃变，位中间的跃变既作为时钟又作为数据，因此也称为自同步编码。此外，在任一码元周期内，信号正负电平各占一半，因而无直流分量。曼彻斯特码的编码过程简单，但占用的带宽较大。

（3）差分曼彻斯特码。差分曼彻斯特码是曼彻斯特码的改进形式，如图 2-16（b）所示。在每一码元周期内，无论发 1 还是发 0，在每一位的中间都有一个电平的跃变，但是，发 1 时，码元周期开始时刻不跃变（即与前一码元周期相位相反）；发 0 时，码元周期开始时刻就跃变（即与前一码元周期相位相同）。差分曼彻斯特码除了具有曼彻斯特码的特点外，还解决了通信中的倒 π 现象（相对基准相位的跳变，如 0→π 或 π→0，称为倒 π 现象）。

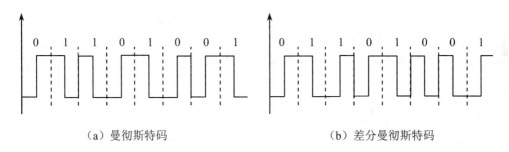

（a）曼彻斯特码　　　　　　　　　　（b）差分曼彻斯特码

图 2-16　曼彻斯特码与差分曼彻斯特码

以上三种编码各有优缺点，选择时应当注意：第一，脉冲宽度越大，发送信号的能量就越大，这对于提高接收端的信噪比有利；第二，脉冲时间宽度与传输频带宽度成反比关系，因此它们在信道上占用的频带较宽，不归零码在频谱中包含了码元的速率，即在发送信号的频谱中包含码元的定时信息；第三，曼彻斯特码和差分曼彻斯特码在每个码元中间均有跃变，也没有直流分量，利用这些跃变可以自动计时，因而便于同步（即自同步）。

在上述编码中，曼彻斯特码和差分曼彻斯特码的应用最为广泛，已成为计算机局域网的标准编码。

2. 数字数据的模拟编码

使用模拟通信系统传输数字数据时，需要借助调制解调装置（如 Modem）把数字信号（基带脉冲）调制成模拟信号，使其变为适合于模拟通信线路传输的信号。经过调制的信号称为已调信号，已调信号通过线路传输到接收端，在接收端经过解调恢复为原始基带脉冲信号。对应载波信号的振幅、频率和相位这 3 个特征，数字信号的模拟调制有 3 种基本调制方法，即幅度键控法（ASK）、频移键控法（FSK）和相移键控法（PSK）。

（1）幅度键控法。幅度键控（ASK）又叫振幅键控，即用数字的基带信号控制正弦载波信号的振幅。在这种方式下，用载波频率的两个不同的幅度来表示两个二进制值。当传输的基带信号为 1 时，幅度键控信号的振幅保持某个电平不变，即有载波信号发射；当传输的基带信号为 0 时，幅度键控信号的振幅为 0，即没有载波信号发射。如果基带信号是不归零单极性脉冲序列，则幅度键控信号如图 2-17 所示。可以看出，幅度键控实际上相当于用一个受数字基带信号控制的开关来开启和关闭正弦载波信号。如果载波信号为 Acos(ωt+θ)，则幅度键控信号可以表示为：

$$S(t) = \begin{cases} A\cos(\omega t + \theta) & \text{当基带信号为 1 时} \\ 0 & \text{当基带信号为 0 时} \end{cases}$$

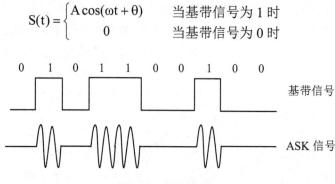

图 2-17　幅度键控

ASK 方式易受增益变化的影响，因此是一种效率相当低的调制技术。

（2）频移键控法。频移键控（FSK）也叫频率键控，它是用数字基带信号控制正弦载波信号的频率 $f$。在这种方式下，用载波频率附近的两个不同频率来表示两个二进制值，如图 2-18 所示。

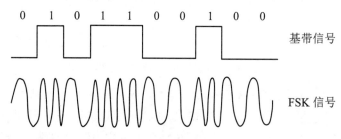

图 2-18　频移键控

频移键控方式相较于幅度键控方式不容易受干扰的影响。利用音频通信线路传送频移键控信号时，通常传输速率可达 1200b/s。这种方式一般也用于高频（3～30MHz）无线电传输。

（3）相移键控法。相移键控（PSK）也叫相位键控，它是用数字基带信号控制正弦载波信号的相位。相移键控又可以分为绝对相移键控（PSK）和相对相移键控（DPSK）。

1）绝对相移键控。所谓绝对相移键控（PSK），就是利用正弦载波的不同相位直接表示数字。例如，用载波信号的相位差为 π 的两个不同相位来表示两个二进制值。当传输的基带信号为 1 时，绝对相移键控信号和载波信号的相位差为 0；当传输的基带信号为 0 时，绝对相移键控信号和载波信号的相位差为 π。如果基带信号是不归零单极性脉冲序列，则绝对相移键控信号如图 2-19 所示。绝对相移键控实际上相当于用一个受数字基带信号控制的双掷开关来选择相位差为 π 的正弦载波信号。

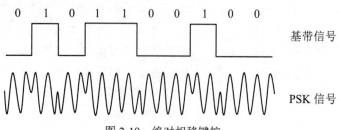

图 2-19　绝对相移键控

2）相对相移键控。相对相移键控（DPSK）是利用前后码元信号相位的相对变化来传输数字信息。例如，用载波信号的相位差为 $\pi$ 的两个不同相位来表示前后码元信号是否变化，当传输的基带信号为 1 时，后一个码元信号和前一个码元信号的相位差为 $\pi$；当传输的基带信号为 0 时，后一个码元信号和前一个码元信号的相位差为 0，如图 2-20 所示。

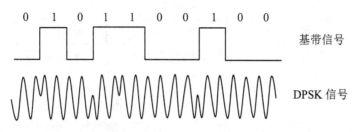

图 2-20  相对相移键控

相移键控（PSK）技术有较强的抗干扰能力，而且比 FSK 方式更有效。在音频通信线路上，相移键控信号的传输速率可达 9600b/s。

## 2.4  同步技术与多路复用技术

### 2.4.1  同步技术

在数据通信系统中，接收端收到的信息应与发送端发出的信息完全一致，这就要求在通信中收发两端必须有统一的、协调一致的动作。若收发两端的动作互不联系、互不协调，则收发之间就会出现误差，随着时间的增加和误差的积累将导致收发"失步"，使系统不能正确地传输信息。为了避免收发"失步"，使整个通信系统可靠地工作，需要采取"同步"技术，统一收发两端动作、保持收发步调一致的过程就称为"同步"。常用的同步方式有两种：同步传输方式和异步传输方式。

**1. 同步传输方式**

这种方式不以字符为单位，而是以数据块（一组字符或比特流）为单位传输。在传输中，字符之间不加起始位和停止位。为了使接收方容易确定数据块的开始和结束，需要在每个数据块的前后加上起始标志和结束标志，以便使发送方和接收方之间能建立起一个同步的传输过程，同时还可以用这些标志来区分与隔离连续传输的数据块。数据块起始标志和结束标志的特性取决于数据块是面向字符的还是面向比特的。

（1）面向字符的方式。

在此方式中，数据块的内容是由若干字符组成的，起始标志和结束标志由特殊的字符（如 SYN、EOT 等）构成。

（2）面向比特的方式。

在此方式中，数据块的内容不再是字符流，而是一串比特流，相应的首尾标志可以是某一特殊的位模式，如在面向比特的高级数据链路控制协议 HDLC 中，用位模式 01111110 作为数据块的起始标志和结束标志。同步方式的同步结构如图 2-21 所示，其中图（a）给出了同步方式中一个字符的结构。

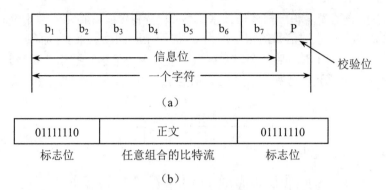

图 2-21　同步方式的同步结构

同步传输方式的传输效率高、开销小，但如果在传输的数据中有一位出错，则必须重新传输整个数据块，而且控制比较复杂。

2. 异步传输方式

异步传输方式是计算机网络中常用的同步方式。在异步传输中，以字符为单位传输，同一个字符内相邻两位的间隔是固定的，而两个字符之间的间隔是不固定的，即所谓的"字符内同步，字符间异步"。在这种方式下，不传送字符时，线路一直处于高电平"1"状态，传送字符时，发送端在每个字符的首尾分别设置 1 位起始位（低电平，相当于数字"0"状态）和 1.5或 2 位停止位（高电平，相当于数字"1"状态），分别表示字符的开始和结束。起始位和停止位中间的字符可以是 5 位或 8 位二进制数，一般 5 位二进制数的字符的停止位设为 1.5 位，8位二进制数的字符的停止位设为 2 位，8 位字符中包含 1 位校验位。

发送端按确定的时间间隔（或位宽）或固定的时钟发送一个字符的各位。接收端识别起始位和停止位并按相同的时钟（或位宽）来实现收发双方在一个字符内各位的同步。当接收端在线路上检测到起始位的脉冲前沿（从"1"到"0"跃变）到来时就启动本端的定时器，产生接收时钟，使接收端按发送端相同的时间间隔顺序接收该字符的各位；接收端一旦接收到停止位就将定时器复位，准备接收下一个字符代码。接下来，若无字符发送，系统则连续以"1"电平填充字符的空间，直至下一个字符到来，如图 2-22 所示。

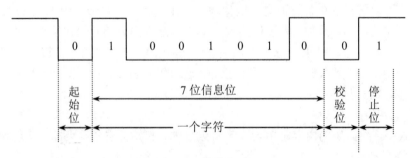

图 2-22　异步方式

由图 2-22 可知，在异步方式中每个字符含有相同的位数，字符每位的位宽相同，传送每个字符所用的时间由字符的起始位和停止位之间的时间间隔决定，为一固定值。起始位起到一个字符内的各位的同步作用，故异步方式又称起止式同步。

异步方式由于每一字符都附加了起始位和停止位，增加了传输开销，所以传输效率有所下降。但是如果出现错误，只需重发一个字符即可。这种方式控制简单、实现容易，适用于低速率场合。

### 2.4.2　多路复用技术

为节省通信系统的费用，提高通信系统的工作效率，人们希望一路传输介质能同时传输多路信息，即一条线路多个信道，于是多路复用技术应运而生。其基本原理是允许两个或多个数据源共享同一个传输介质，就像每个数据源都有自己的信道一样，在发送端将若干彼此无关的信号合并为一个能在一个共用信道上传输的复合信号，在信号的接收端将复合信号分离出原来的若干彼此无关的信号，如图 2-23 所示。不论一个多路复用系统中输入端或输出端的数量多少，都只需要一条传输线路。

图 2-23　多路复用原理

配置多路复用线路有多种不同方法，多路复用器的类型也各异。常用的多路复用技术有频分多路复用（FDM）、时分多路复用（TDM）、波分多路复用（WDM）、码分多路复用（CDM）和空分多路复用（SDM）等。

#### 1. 频分多路复用

频分多路复用（FDM）是按频率区分信号的方法，把传输频带分割成若干较窄的频带，每个窄频带构成一个子信道，每个子信道独立地传输一路信息。如图 2-24 所示，输入 N 路具有相同带宽 H 的数据，线路上的频带是每个数据源的带宽的 N 倍以上，即大于 N×H，将线路的频带划分成 N 个带宽大于 H 且互不重叠的窄频带，分别作为 N 路输入数据源的子信道。接收端的分离设备则利用已调信号的不同频段将各路信号分离出来，恢复为 N 路输出数据。其中的保护带犹如城市道路中的"双黄线"。

频分多路复用技术适用于模拟信号。例如，将 FDM 用在电话系统中，传输的每一路语音信号的频谱一般在 300~3000Hz，仅占用一根传输线可用总带宽的一部分，通常双绞电缆的可用带宽是 100kHz，因此在同一对双绞线上采用频分复用技术可传输多达 24 路电话信号。

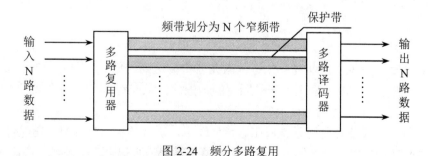

图 2-24　频分多路复用

2. 时分多路复用

时分多路复用（TDM）是将物理信道按时间分成时间片，轮流分配给多个信源来使用公共信道。只要各路数据传输在时间上能区分开（不重叠），一个信道就有可能传输多路数据，如图 2-25 所示。当一条传输信道的最高可用传输速率超过欲传输的各路传输速率总和时，就有可能使这些数据在这条信道上进行时分多路复用的传输。

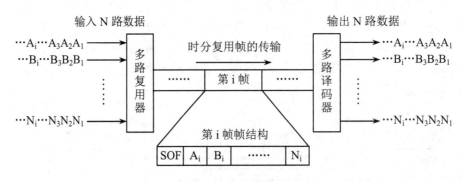

图 2-25　时分多路复用

为实现时分多路复用，可将各路数据分段压缩在一系列等宽的时隙内，通过复合电路将它们按序复合在一起发送到通信线路上传输。在接收端，通过采用其定时脉冲分别对准各路时隙序列的定时扫描电路即可将各路数据分离出来。

3. 波分多路复用

波分多路复用（WDM）的原理与频分多路复用相似，主要用于光纤通信。它是利用不同波长的光在一条光纤上同时传输多路信号。

波分多路复用的工作原理如图 2-26 所示。图中两束光波的频率是不相同的，它们通过棱镜（或光栅）之后使用一条共享的光纤传输，到达目的节点后再经过棱镜（或光栅）重新分成两束光波。因此波分多路复用并不是什么新的概念。只要每个信道有各自的频率范围且互不重叠，它们就能够以多路复用的方式通过共享光纤进行远距离传输。与电信号频分多路复用的不同之处在于，波分多路复用是在光学系统中利用衍射光栅来实现多路不同频率光波信号的合成与分解。

图 2-26　波分多路复用

在波分多路复用系统中，从光纤 1 进入的光波将传送到光纤 3，从光纤 2 进入的光波将传送到光纤 4。由于这种波分复用系统是固定的，因此，从光纤 1 进入的光波就不能传送到光纤 4。

也可以使用交换式波分复用系统，在这种系统中，所有的输入光纤与输出光纤都连接到无源的星型中心耦合器中。每条输入光纤的光波能量通过中心耦合器分送到多条输出光纤中，这样一个星型结构的交换式波分复用系统就可以支持数百条光纤信道的多路复用。这种系统在未来的高速光纤网络中将有广泛的应用前景。

### 4. 码分多路复用

码分多路复用（CDM）是指利用各路信号码型的结构正交性实现多路复用的一种新型共享信道方法。CDM 与 FDM（频分多路复用）和 TDM（时分多路复用）不同，它既共享信道的频率，也共享时间，是一种真正的动态复用技术。工作原理是：把每比特时间分成 m 个更短的时间槽，称为码片（Chip），每个站点（通道）指定一个唯一的 m 位码片。在码分多路复用中，每个用户在同一时间使用同样的频带进行通信，但使用基于码型的分割信道的不同地址码，这种地址码每个用户分配一个，各码不重叠，通信各方之间互不干扰，抗干扰能力增强。

码分多路复用常用于移动通信系统（如手机），可提高通信的话音质量和数据传输的可靠性，且能增大通信系统的容量，如智能手机、笔记本电脑、个人 PDA，以及掌上电脑（HPC）等移动性计算机的联网通信。

CDM 的升级版称为码分多址多路复用（CDMA）。在码分多址通信系统中，用户之间的信息传输是由基站进行转发和控制的。为了实现双工通信，正向传输和反向传输各使用一个频率，即通常所谓的频分双工。无论正向传输还是反向传输，除了传输业务信息外，还必须传送相应的控制信息。CDMA 通信系统既不分频道又不分时隙，无论传送何种信息的信道都能通过采用不同的码型来区分。

### 5. 空分多路复用

空分多路复用（SDM）指多对电线或光纤共用一条缆线的复用方式，如 5 类线就是 4 对双绞线共用一条缆线，多芯光缆在同一根光纤内传输多路不同波长的光信号，其原理与频分多路复用相似。

实现空分复用的前提条件为：光纤或电线的直径小，可将多条光纤或多对电线做在一条缆线内，既节省材料又便于使用，如 2017 年由我国武汉邮电科学研究院研发的使用单模七芯光缆的超大容量（560Tb/s）光纤传输系统就是采用了空分多路复用技术。

## 2.5 数据交换技术

数据通信最简单的形式是两个站点直接用线路连接进行通信，但如果两个站点相距遥远或者要进行多站点之间的通信，采用直接连接显然不合适。因为任意两个站点间都直接用专线连接既不方便，又费用昂贵。例如有 n 个站点，若全连通，即其中任一站点同其他所有站点（n-1个）都有专线相连，一共需要 n(n-1)/2 条专线，如图 2-27（a）所示，n=6 的情形需要 15 条专线，这显然是不经济的。

解决这一问题的方法就是设置交换节点，各通信站点和交换节点相连，再把各交换节点用通信线路相连，从而组成通信网络。任意两个站点之间的通信线路是通过通信网络的若干节点转接而成，正如电话网络所做的一样，每个通信站点只用一条线路和通信网络的节点（即交换局）相连，这样组成的网络称为交换网络，如图 2-27（b）所示，图中的小圆圈表示站点，小方框表示交换节点。在一种任意拓扑的数据通信网络中，通过网络节点的某种转接方式来实现从任一端系统到另一端系统之间数据通路接续的技术称为数据交换技术。交换网络实例如图2-28所示。

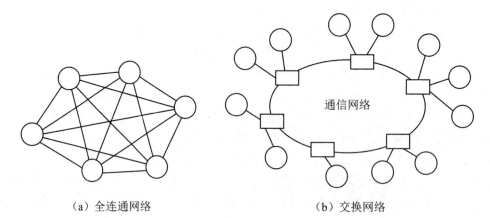

（a）全连通网络                （b）交换网络

图 2-27　全连通网络和交换网络

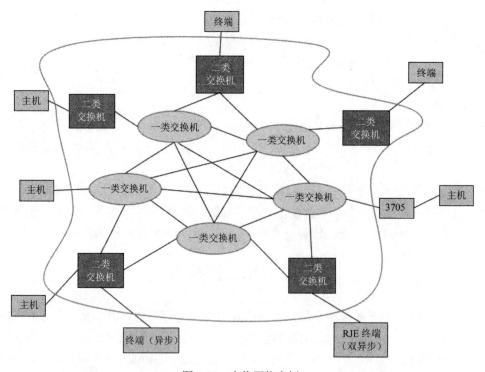

图 2-28　交换网络实例

目前，常用的数据交换技术有以下三种：电路交换（Circuit Switching）、存储－转发交换（Store-Forward Switching）、快速分组交换（Fast Packet Switching）。

### 2.5.1　电路交换

电路交换是一种直接交换方式，它源于电话交换网，由交换机负责在两个通信站点之间建立一条物理专用线路。

电路交换的特点是：在开始正式数据传输之前，首先由一端通信站点发起呼叫，交换网建立连接，直到两端通信站点间建立起一条转接式数据通路，然后才开始进行数据传输。在整个传输期间，该通路一直为通信双方占用，直到通信结束后才释放线路。因此，就像电话交换系统一样，利用电路交换进行通信，包括线路连接、数据传输和线路释放三个阶段。

### 2.5.2　存储－转发交换

存储－转发交换是由传统的电报传输方式发展而来的一种数据交换技术，它不像电路交换那样需要通过呼叫建立起物理的传输通路，而是以接力方式，数据在网络的节点之间逐段传送，直到系统目的端。

存储－转发交换的原理如图 2-29 所示。输入的信息在交换设备控制下先在存储区暂存并对存储的信息进行处理，待指定输出线路空闲时再将信息转发出去，此处交换设备起开关作用。交换设备可控制输入信息存入缓冲区等待出口的空闲，接通输出并传送信息。与电路交换相比，存储－转发交换具有均衡负荷、建立电路延迟小、可进行差错控制等优点；但实时性不够好，网络传输延迟较大。在一些实时性要求不是很高的场合（如计算机网络），可采用这种交换方式使数据在中间节点先作存储，再转发出去，在存储等待时间内可对数据进行必要的处理。根据被交换数据单元长度的不同，存储－转发交换技术主要有两种实现形式，即报文交换和分组交换。

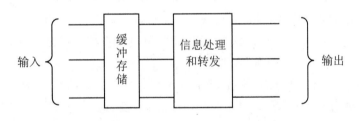

图 2-29　存储－转发交换的原理

#### 1．报文交换

报文交换的过程为：发送方先把待传送的信息分为多个报文正文，在报文正文上附加发收站地址及其他控制信息，形成一份完整的报文（Message），然后以报文为单位在交换网络的各节点间传送，类似于邮政的邮递系统。节点在接收整个报文后对报文进行缓存和必要的处理，等到指定输出端的线路和下一节点空闲时再将报文转发出去，直到目的节点。目的节点将收到的各份报文按原来的顺序进行组合，然后再将完整的信息交付给接收端计算机。

报文交换方式是以报文为单位交换信息。每个报文包括报头（Header）、报文正文（Text）和报尾（Trailer）三部分。报头由发送端地址、接收端地址及其他辅助信息组成。有时报尾可省去，但此时单个报文必须有统一的固定长度。报文交换方式没有拨号呼叫，由报文的报头控制其到达目的地。

与电路交换相比，报文交换具有以下优点：线路利用率高，因为有许多报文可以分时共享一条节点到节点的通道；不需要同时启动发送机和接收机来传输数据，网络可以在接收机启动之前暂存报文信息；在通信容量很大时，交换网络仍可接收报文，只是传输延迟会增加；报文交换系统可把一份报文发往多个目的地（又称"群发"），可以对报文进行速度和代码等的转换（如将 ASCII 码转换为 EBCDIC 码）。报文交换主要用于公用电报网中。

2. 分组交换

分组交换又称包交换（Packet Switching），最早在 APRAnet 上运用。这种方式是把报文分成若干长度较短的分组（Packet），也称"包"，以分组为单位进行暂存、处理和转发。每个分组按格式必须附加收发地址标志、分组编号、分组的起始和结束标志、差错校验信息等，以供存储转发之用。

分组交换技术类似于报文交换，只是它规定了分组的长度。如果站点的信息超过限定的分组长度，该信息必须划分为若干分组，信息以分组为单位在站点之间传输。表面看来，分组交换只是缩短了网络中传输的信息长度，与报文交换相比没有什么特别的地方，但实质上这个表面上的微小变化却极大地改善了交换网络系统的性能，具体如下：

（1）大大降低了对网络节点存储容量的要求，可利用节点设备的主存储器进行存储－转发处理，不需要访问外存。

（2）加快了处理速度，降低了传输延迟。

（3）对于较短信息分组，下一节点和线路的响应时间也较短，从而可提高传输速率。

（4）在传输中出错的概率降低，即使有差错，重发的信息也只是一个分组而非整个报文，因而也提高了效率。

（5）在分组交换过程中，多个分组可在网络中的不同链路上并发传送，因此这又可以提高传输效率和线路的利用率。

但报文分组交换在发送端要对报文进行分组（组包），在接收端要对报文分组进行重装（拆包并组成报文），这将增加信息的处理时间。

分组交换实现的关键是分组长度的选择。分组越短，冗余信息（分组中的控制信息）的比例越大，将影响信息传输效率；分组越长，传输中出错的概率越大，增加重发次数，同样也影响传输速率。因此，对于一般的线路质量和要求较低的传输速率，分组长度在 100～200B 较好（如 X.25 分组交换网中的分组长度为 131B）；对于较好的线路质量和要求较高的传输速率，分组长度可以有所增加（例如，在以太网中，分组长度定义为 1500B），一般情况下，分组长度可选择 1000～3000B。

分组交换的主要特点如下：

（1）线路利用率高。分组交换以虚电路的形式进行信道的多路复用，实现资源共享。所谓虚电路是指经过多个节点建立的一条物理连接线路，该线路并不独占，其中的某一段或几段可被其他分组使用。它在一条物理线路上提供多条逻辑信道，极大地提高了线路的利用率，使传输费用明显下降。

（2）信息传输可靠性高。在网络中每个分组进行传输时，在节点交换机之间采用差错校验与重发机制，因而在网络中传送的误码率大大降低。而且在网内发生故障时，网络中的路由机制会使分组自动地选择一条新的路由，从而避开故障点，不易造成通信中断。

（3）分组多路通信。由于每个分组都包含控制信息，所以各分组可以单独传送，同时与多个用户终端进行通信，把同一信息发送到不同用户。

在图 2-30 中，□表示数据分组，○表示节点交换机，□表示数据报文，□表示简单终端。分组交换技术也存在一些问题，例如拥塞、大报文分组和重组、包丢失等。

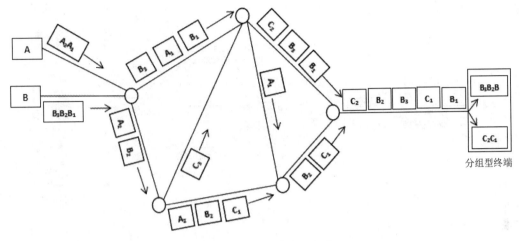

图 2-30　分组交换实现方式

### 2.5.3　快速分组交换

快速分组交换（Fast Packet Switching，FPS）是一种协议简化、只有核心网络功能的交换技术，它提供高速、高吞吐量、低时延的服务。FPS 往往是指 ATM 交换，但广义的 FPS 包括帧中继（FR）与信元中继（CR）。帧中继采用可变长度帧，适用于 LAN 互联。

1. 帧中继交换

帧中继（Frame Relay，FR）技术是在 OSI 第二层上用简化的方法传送和交换数据单元的一种技术。帧交换是属于快速分组交换的一种交换技术，它工作在 OSI 的第 1、2 层，特点是极大地简化协议，从而有效地提高数据传输速度。通常分组交换基于 X.25 协议。帧交换不涉及 X.25 的第 3 层，简化了协议，加快了处理速度，例如 HDLC 就是 FS。与帧交换相比，帧中继进一步简化了协议，不涉及第 3 层，第 2 层也只保留了链路层的核心功能。

帧中继仅完成 OSI 物理层和链路层的核心功能，将流量控制、纠错等留给智能终端完成，大大简化了节点机之间的协议；同时，帧中继采用虚电路技术，能充分利用网络资源，因而帧中继具有吞吐量高、时延小、适合突发性业务等特点。帧中继技术的前提条件是传输网光纤化和用户终端智能化，其典型应用是 LAN 互联和 X.25 网络互联。

2. ATM 信元中继交换

ATM（异步传输模式）是 Asynchronous Transfer Mode Switching 的缩写，是 CCITT 为 B-ISDN 制定的信息传输标准。ATM 采用异步时分复用数据传输技术，这种交换方式综合了分组交换和线路交换的优点，使网络的处理工作变得十分简单。与同步时分交换（TDM，如数字程控交换）不同的是，ATM 用户信息与时隙的位置在不同的帧中不是固定不变的，这就是"异步"的含义。

ATM 的信息传输、复用和交换以固定长度（53B）的信元为统一单位。信元的格式是统一的，信元的种类各不相同。信息流由不同的信元组成，可达 155Mb/s 以上的传输速率。与传统的同步时分交换相比，ATM 具有高带宽、无速率限制、进网灵活、时延小等优点。ATM 可大大提高网络资源利用率，如图 2-31 所示。

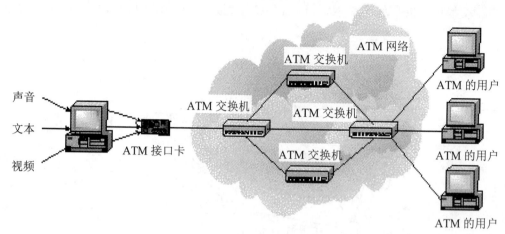

图 2-31　ATM 远程网络

# 2.6　差错控制技术

## 2.6.1　差错产生的原因与类型

在数据通信过程中，由于干扰和设备故障的影响，难免存在传送的符号发生失真的情况。电信号在传输信道上由发送端传送到接收端的过程中，其经过的信道为数据信号提供通路的同时也会引入噪声和干扰，使数据传输出现差错。

所谓差错就是在通信接收端收到的数据与发送端实际发出的数据出现不一致的现象。任何一条远距离通信线路都不可避免地存在一定程度的噪声干扰，这些噪声干扰的后果就可能导致差错的产生。为了保证通信系统的传输质量，降低误码率，对通信系统进行差错控制是必要的。差错控制就是采用可靠、有效的编码以减少或消除计算机通信系统中的传输差错的方法。

数据传输中的差错主要是由热噪声引起的，热噪声有两大类：随机热噪声和冲击热噪声。随机热噪声是通信信道中固有的、持续存在的，由线路本身的电子或电气特性引起（如自由电子的布朗热运动所引起的噪声）。这类噪声在时间上的分布较平稳、强度小。冲击热噪声是由外界某种原因突发产生的热噪声，如大气中的闪电、电源开关的打火、汽车点火、电源的波动等，这类噪声随机性强、强度大。

提高通信可靠性的办法主要有以下两种：

（1）选用高质量的传输介质和提高信号功率强度：在通信线路上主要是从改善信道传输特性入手，采取最佳的信号编码和变换方式，使传输信号特性与信道特性达到最好的匹配，从而尽可能降低原始误码率，但这样做往往会增加通信成本。

（2）在传输过程中进行差错控制处理：即将传输中出现的差错消除在传输过程中，尽量避免落入目的机中，以提高可靠性。差错控制包括：检错和纠错。

## 2.6.2　差错控制的方法

在数字通信系统中，信源设备输出的数据信号是一串由二进制数字序列构成的比特流，当它通过信道传输时，干扰信号有可能使某个或某些比特的值发生变化，使接收时可能发生两种错误：将原来的"1"变成"0"或使"0"变成"1"，因而形成传输差错。任何一种可靠的通信系统都必须要有能力检出和纠正这些差错，实现这种能力的前提条件就是对传输的数据进行差错控制编码。

要纠正计算机通信系统中的传输差错，首先必须检测出错误。常用的检测方法是：在数据传输中将发送端要传送的数字（二进制位）序列截取出一组一组的 k 位数字来组成 k 位码元信息序列，并根据某种编码算法以一定的规则产生 r 个冗余码元，然后由冗余码元和信息码元形成"n 位编码序列"，称为"码字"，n 位的码字比信息码长（有 n=k+r 个码元），将码字送往信道传输。接收端收到的 n 位码字中，信息元与冗余码元之间也应符合上述编码规则，并根据这一规则进行检验，从而确定是否错误。其中，r 个冗余码元称为校验码。利用这种加入 r 个冗余码元的方法还可以自动纠正错误，这便是差错控制的基本思想。把这种将信息码分组，为每组码附加若干校验码的编码称为分组码。在分组码中，校验码元仅校验本码组中的信息码元。在数据通信中采用的差错控制工作方式通常有四种，如图 2-32 所示。图中有斜线的方框表示在该端检错，如"反馈校验 IRQ"就表示在发送端校验。

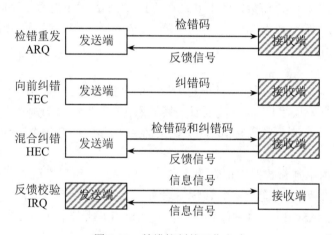

图 2-32　差错控制的工作方式

### 2.6.3　差错控制编码——检错码与纠错码

如前所述，差错控制编码的目的是使数据在传输之后能检测（纠正）已出现的差错。只具有检错能力的编码称为检错码，既能检错又具有自动纠错能力的编码称为纠错码。目前可用的差错控制编码方法有很多，但在数据通信和计算机通信的有关标准中建议采用的编码有奇偶校验码、海明码、循环冗余校验码等，其中奇偶校验码和循环冗余校验码是单纯的检错码，较为常用。

#### 1. 奇偶校验码

奇偶校验是一种最基本的校验方法。它是简单地通过附加一个检验位来使码字中"1"的个数保持为奇数或偶数的编码方法，如图 2-33 所示。在 n-1 个信息元后面附加一个校验元，使得长为 n 的码字中"1"的个数保持为奇数或偶数的码称为奇偶校验码。它是一种能力有限的检验码。

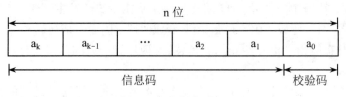

图 2-33    奇偶校验码

在图 2-33 中，信息码元为 $a_k$，$a_{k-1}$，…，$a_2$，$a_1$，附加的校验码元为 $a_0$。采用奇数的称为奇校验，反之称为偶校验，采用何种校验是事先规定好的。通常专门设置一个奇偶校验位，用它使这组代码中"1"的个数为奇数或偶数。若用奇校验，则当接收端收到这组代码时校验"1"的个数是否为奇数，从而确定传输代码的正确性。

奇偶校验位是一种检错码，由于不能确定是哪一位出错，所以它不能纠错。当检测到有错误时，只能扔掉先前传输的全部数据，然后从头重新开始传输。下面讲述具体校验方法。

（1）奇校验。

让原有数据序列中（包括要加上的一位）"1"的个数为奇数，如 1000110（0），必须添 0，这样原来有 3 个"1"已经是奇数，添上 0 之后"1"的个数还是奇数个。即奇校验的规则为：如果信息码元中"1"的个数为奇数个，则校验码元值为 0；如果信息码元中"1"的个数为偶数个，则校验码元值为 1。

（2）偶校验。

让原有数据序列中（包括要加上的一位）"1"的个数为偶数，如 1000110（1），必须添 1，这样原来有 3 个"1"，要"1"的个数为偶数只能添 1。即偶校验的规则为：如果信息码元中"1"的个数为偶数个，则校验码元值为 0；如果信息码元中"1"的个数为奇数个，则校验码元值为 1。

奇偶校验只能简单判断数据的正确性，当一位出错时，可以准确判断，但如果同时两位出错，如两个 1 变成两个 0，怎么办？请读者思考。

典型实例：基于 ASCII 码的数据信号帧传输，ASCII 码是 7 位码，采用第 8 位作为奇偶校验位。

校验方法：奇校验保证所传输的每个字符的 8 个位中，1 的总数为奇数；偶校验则保证每个字符的 8 个位中，1 的总数为偶数。如果被传输字符位中，同时有奇数个（例如 1、3、5、7）位出现错误，则可以被检测出来；但如果同时有偶数个（例如 2、4、6）位出现错误，则单向奇偶校验检查不出来。通常在同步传输方式中采用奇校验，而在异步传输方式中采用偶校验。

由于奇偶校验码容易实现，而且两位或更多位校验码在传输过程中出错的概率通常比较低，所以奇偶校验在信道干扰不太严重及码长 n 不很长时非常有用，特别是在计算机通信网的数据传输等场合（如计算机串行通信中）。

2. 循环冗余校验码

循环冗余校验码（Cyclic Redundancy Code，CRC）又称多项式码，它是在计算机网络和数据通信中运用最广泛的一种检错码。CRC 码的漏检率要比奇偶校验码低得多，同时实现也比较简单。这种方法在发送端产生一个循环冗余校验码，它附加在信息位后面一起发送到接收端，接收端也按同样的方法产生循环冗余校验码，然后将这两个校验码进行比较，若一致说明传输正确，若不一致说明传输有错。

CRC 的基本原理：任何一个由二进制数位组成的代码都可以和一个只含有 0 和 1 两个系数的多项式建立一一对应的关系。例如信息位为 1011001，则对应的多项式为 $x^6+x^4+x^3+1$，而多项式 $x^5+x^3+x^2+1$ 对应的代码为 101101。

假设信息位为 k 位，则其多项式为 k-1 次多项式，记为 K(x)。例如信息位为 1011001，则对应的多项式为：$K(x)=x^6+x^4+x^3+1$。

r 位冗余校验码则对应一个 r-1 次多项式，记为 R(x)。例如冗余位为 1010，则 $R(x)=x^3+x$。由 k 位信息码后面加上 r 位校验码组成的信息码字为 n=k+r 位，则对应一个 n-1 次多项式 T(x)，其对应多项式记为：$T(x)=x^r \times K(x)+R(x)$。

例如信息位为 1011001，冗余位为 1010，则：
$$T(x)=x^4 \cdot K(x)+R(x)=x^{10}+x^8+x^7+x^4+x^3+x$$
即发送码字为 10110011010。

由信息位产生冗余位的编码过程就是从已知的 K(x) 求 R(x) 的过程。在 CRC 码中，通过找到一个特定的 r 次多项式 G(x)（又称生成多项式），用 G(x) 去除 $x^r \cdot K(x)$ 得到的余式就是 R(x)。因此，CRC 码在发送端编码和接收端校验时可用事先约定的生成多项式 G(x) 来得到。在进行多项式除法时，只要与其相应系数相除即可。

假设：$K(x)=x^6+x^4+x^3+1$，即 1011001；

　　　　r=4　　　$G(x)=x^4+x^3+1$，即 11001。

则 $x^4 \cdot K(x)=x^{10}+x^8+x^7+x^4$，即 10110010000。

由 G(x) 去除 $x^4 \cdot K(x)$ 有：

相除后，得到的最后余数 1010 就是冗余校验码 R(x)，记为 $x^3+x$，所以发送的码字为 10110011010。

需要特别注意的是，这里涉及的运算都是指模 2 运算，也称异或运算，如上述除法运算用到的减法和后面将要用到的加法都是异或运算。例如：

10110011+11010010 = 01100001，10110011-11010010 = 01100001

设除法所得结果（即商式）为 Q(x)，则有：
$$x^r \cdot K(x)=G(x) \cdot Q(x)+R(x)$$
其中 Q(x) 为商式，为了叙述方便起见可记为：
$$\frac{x^r K(x)}{G(x)} = R(x)$$

由于在信道上发送的码字多项式为 $T(x)=x^r \cdot K(x)+R(x)$，若传输无差错，则接收方收到的码字也对应此多项式。将接收的码字多项式除以 G(x)，则有：

$$T(x)=x^r \cdot K(x)+R(x)$$
$$=G(x) \cdot Q(x)+R(x)+R(x)$$

由于加法采用的是半加运算，即异或运算，所以 R(x)+R(x)=0，则运算结果为 $T(x)=x^r \cdot G(x) \cdot Q(x)$，也就是说 T(x)能被 G(x)整除。因此，当余式为零时，则传输无差错，否则传输有差错。CRC 检错主要有以下特点：

（1）可以检测出所有奇数个错。

（2）可以检测出所有单比特和双比特的错。

（3）可以检测出所有小于、等于校验码长度(n–k)=r 的突发错。

因此，只要选择足够的冗余位就可以使漏检率降到任意低的程度。循环冗余编码法的实质是：传输信息符号时，不使用全部编码组合，而只使用其中的一部分，这部分编码具有某种事先确定的性质，在接收端出现不使用的编码组合（禁用码）时说明在某一位或若干位中发生了错误。CRC 还有纠错功能，但网络中仅用其强大的检错功能检出错误后要求重发，即用 ARQ 方法进行纠正。

目前广泛使用的生成多项式主要有以下四种：

- $CRC_{12}=x^{12}+x^{11}+x^3+x^2+1$
- $CRC_{16}=x^{16}+x^{15}+x^2+1$（IBM 公司研发，较常用）
- $CRC_{16}=x^{16}+x^{12}+x^5+1$（CCITT）
- $CRC_{32}=x^{32}+x^{26}+x^{23}+x^{22}+x^{16}+x^{11}+x^{10}+x^8+x^7+x^5+x^4+x^2+x+1$（最为常用）

循环冗余校验码的编译码过程一般采用硬件来实现，除法运算用移位寄存器和模 2 加法器来简单实现，可达到比较高的处理速度。随着集成电路工艺的发展，循环冗余校验码的产生和校验均有集成电路产品，发送端能够自动生成 CRC 码，接收端自动校验，速度得到很大提高。目前，以太网采用 32 位 CRC 校验，由专用的以太网系列器件来完成，如网卡。此外，校验也可以用软件实现。

# 本章小结

本章首先讲述信息、数据、信号的概念及其关系，然后讲述数据通信的串并行方式和单双工方式，在此基础上重点讲述了信号的编码方法和调制技术。数据通信有模拟和数字两种形式的信号。数据编码主要是对数字信号的通信，调制技术是应用模拟信号实现数据的传输。

在数据传输部分介绍的同步、多路复用、存储—转发交换等概念和相关技术都是数据通信中非常重要的，包括具体的同步技术、多路复用技术和数据交换技术。

差错控制是数据通信的重要目标。本章介绍了两种常用的差错控制方法：奇偶校验和循环冗余（CRC）校验，其中重点是 CRC 校验。CRC 校验的关键是通过二进制数相除确定校验码。

# 习题 2

1. 数据在信道中传输时为什么要先进行编码？有哪几种编码方法？
2. 对于脉冲编码调制（PCM）来说，如果要对频率为 600Hz 的某种语音信号进行采样，传送 PCM 信号的信道带宽为 3kHz，那么采样频率 $f$ 取什么值时采样的样本就可以包含足够重构原语音信号的所有信息？

3．如果在测试一个实际远程通信系统时，一次连续检测了 4000B 的数据未发现错误，能不能说这个系统的误码率为 0？

4．适合于远距离数据传输的是基带通信还是宽带通信？在局域网中，各计算机之间的通信是串行通信还是并行通信？

5．现在常用的 USB 接口是串行通信口还是并行通信口？计算机内部的通信是串行通信还是并行通信？

6．微型计算机上的 COM 口和 LPT 口分别是什么接口？常用来接打印机的是哪个接口？

7．简述同步传输与异步传输模式的不同。

8．请分别说明频分多路复用和码分多路复用的原理。

9．在采用分组存储－转发交换技术的通信系统中，如计算机网络，数据分组（数据包）的大小一般为多少字节？

10．某个数据通信系统采用 CRC 校验方式，并且生成多项式 G(x)的二进制比特序列为 11001，目的节点收到的二进制比特序列为 110111001（含 CRC 校验码）。请判断传输过程中是否出现了差错，为什么？

11．假若接收到的信息是 11001010101，用多项式 $G(x)=x^5+x^4+x+1$ 校验是否正确。

12．在数据通信过程中差错产生的原因是什么？能否通过技术措施完全杜绝差错的产生？

# 第3章 计算机网络体系结构

 **本章导引**

计算机网络通信是一个非常复杂的过程，将一个复杂过程分解为若干容易处理的部分，然后逐个分析处理，这种结构化设计方法是工程设计中经常用到的手段，分层是复杂系统分解的最好方法之一。另一方面，计算机网络系统是一个十分复杂的系统，它由各种各样的、完成不同功能的软硬件组成，要使其众多的网络元素有机地组织、协同工作实现信息交换和资源共享，它们之间必须具有共同约定，必须遵守某种相互都能接受的规则。本章重点介绍网络体系结构、分层、协议及实体等基本概念，然后学习 OSI/RM 参考模型，最后介绍两个基于 OSI/RM 参考模型的计算机网络体系结构实例。

## 3.1 网络体系结构及协议

计算机网络系统作为一种十分复杂的系统，如何从整体上描述计算机网络的实现框架，形成各方共同遵守的一致性参照标准，尽可能透明地为用户提供各种通信和资源共享服务，同时又能使不同厂商各自开发和生产的产品相互兼容成为一个必须解决的核心问题。网络体系结构要解决的问题是如何构建网络的结构，以及如何根据网络结构来制定网络通信的规范和标准。计算机网络体系结构是分析、研究和实现当代计算机网络的基础，具有一般指导性的原则，也是贯穿计算机网络整个学科内容的一根主线。

### 3.1.1 问题的提出

随着计算机网络技术的不断发展，计算机网络的规模越来越大，各种应用不断增加，网络也因此变得更加复杂。计算机网络系统综合了计算机、通信、材料及众多应用领域的知识和技术，如何使这些知识和技术共存于不同的软硬件系统、不同的通信网络以及各种外部辅助设备构成的系统中是计算机网络设计者和研究者面临的主要难题。面对复杂的计算机网络系统，如何分析、研究并将其实现，需要有解决复杂问题的思想和方法，其关键问题是：

（1）如何将计算机网络系统合理地分层。

（2）如何构建网络体系结构（抽象化描述）。

（3）将其模型化。

作为近代计算机网络发展里程碑的美国 ARPA 网（Internet 的前身）就是采用分层结构构建的，它确立了通信子网和资源子网两层逻辑网络和网络层次结构等概念，并为分层实现通信的控制方法和协议做了大量的研究，为网络体系结构的完善和发展提供了实践经验。ARPA 网提出的许多概念和技术至今仍然在使用。

到了 20 世纪 70 年代，随着国际上各种广域网和公用分组交换网的大量出现，各计算机系统生产商纷纷开发了自己的网络体系结构和计算机网络产品，但随之而来的是网络系统结构与网络协议如何标准化的问题，以实现不同网络产品的互联（含兼容问题）。为此，国际标准化组织 ISO 在 1984 年颁布了"开放系统互连参考模型"（Open System Interconnection Reference Model，OSI/RM），OSI/RM 模型统一了各种网络体系结构的功能标准，为网络理论体系的形成与网络技术的发展做出了重要贡献。

### 3.1.2 体系结构及网络协议的概念

计算机网络系统要完成各种复杂的功能，不可能只制定一个规则就能描述所有问题。实践证明，最好的办法就是采用分层结构。如上所述，解决复杂计算机网络系统设计问题的第一个关键问题就是分层问题。

**1. 采用分层结构的原因**

在如图 3-1 所示的一般分层结构中，n 层是 n-1 层的用户，又是 n+1 层的服务提供者。n+1 层虽然只直接使用了 n 层提供的服务，但实际上它通过 n 层还间接地使用了 n-1 层以及以下所有层的服务。

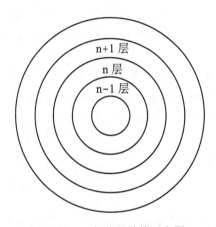

图 3-1  一般分层结构示意图

一个合理的层次结构的优点在于使每一层实现一种相对独立的功能。通过划分若干层次，使每一层只关注和解决通信中某一方面的规则。较高层次建立在较低层次的基础上，并为其更高层次提供必要的服务功能。网络中的每一层都起到隔离作用，层与层之间是独立的，使得低层功能具体实现方法的变更不会影响到高一层所执行的功能。另外，分层结构还易于实现和维护，并有利于交流、理解和标准化。其要求如下：

（1）除了在物理介质上进行的是实通信之外，其余各对等实体间进行的都是虚通信。

（2）对等层的虚通信必须遵循该层的协议。

（3）n 层的虚通信是通过 n/n-1 层间接口处 n-1 层提供的服务以及 n-1 层的通信（通常也是虚通信）来实现的。

**2. 分层的原则**

在上述要求的基础上，按以下原则对层次结构进行划分：

（1）每层的功能应是明确的，并且是相互独立的，当某一层的具体实现方法更新时，只要保持上下层的接口不变便不会对相邻层产生影响。

（2）同一节点相邻层之间通过接口通信，层间接口必须清晰，跨越接口的信息量应尽可能少。

（3）层数应适中。若层数太少，则造成每一层的协议太复杂；若层数太多，则体系结构过于复杂，使描述和实现各层功能变得困难。

（4）每一层都使用下一层的服务，并为上一层提供服务。

（5）网中各节点都有相同的层次，不同节点的同等层按照协议实现对等层之间的通信。

3. 网络的协议

一个计算机网络中有许多互相连接的节点，这些节点之间往往不断地进行数据交换。要做到有条不紊地交换数据，每个节点就必须遵守一些事先约定好的规则。这些为进行计算机网络中的数据交换而建立的规则、标准或约定的集合称为网络协议（Network Protocol）。应该注意，协议总是指体系结构中的某一层协议，准确地说它是对同等层实体之间的通信制定的通信规则和约定的集合。网络协议由语义、语法和交换规则三个要素组成。

（1）语义：指对构成协议元素含义的解释，例如需要发出何种控制信息、完成何种动作及得到的响应等。不同类型的协议元素所规定的语义是不同的。

（2）语法：包括数据格式、编码及信号电平等。将若干协议元素和数据组合在一起来表达一个完整的内容所应遵循的格式，也就是对信息的数据结构做一种规定，例如用户数据与控制信息的结构和格式等。

（3）交换规则（也称时序关系）：包括事件的执行顺序和速度匹配、对事件实现顺序的详细说明。例如在双方进行通信时，发送点发出一个数据报文，如果目标正确收到，则回答源点接收正确；若接收到错误的信息，则要求源点重发一次。

因此，协议实质上是网络通信时使用的一种语言。需要明确的是，网络协议对于计算机网络来说是必不可少的，不同结构的网络、不同厂家的网络产品，使用的协议可能不一样，但都遵循一些协议标准，这样便于不同厂家网络产品的互联。

4. 网络的体系结构

所谓网络的体系结构（Network Architecture）就是计算机网络各层次及其协议的集合。层次结构一般以垂直分层模型表示，如图 3-2 所示。如果两个网络的体系结构不完全相同则称为异构网络。异构网络之间的通信需要相应的连接设备进行协议的转换。

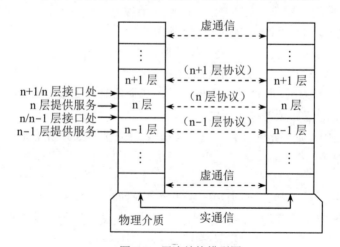

图 3-2　层次结构模型图

层次结构把一个复杂的系统设计问题分解成层次分明的局部问题，并规定每一层必须完成的功能。层次结构提供了一种按层次来观察网络的方法，它描述了网络中任意两个节点间的逻辑连接和信息传输。

如上所述，体系结构是关于计算机网络应设置几层、有哪些层次，以及每层应提供哪些功能的精确定义。至于功能如何实现，则不属于网络体系结构部分。换言之，网络体系结构只是从功能上描述计算机网络的结构，而不涉及每层硬件和软件的组成，也不涉及这些硬件或软件的实现问题。因此，网络体系结构是抽象的。

在图 3-2 中，n 层为 n+1 层提供服务，这种服务不仅包含第 n 层本身的功能，还包含由下层服务提供的功能。n 层利用 n-1 层提供的服务来完成自己的功能，同时再向上一层提供服务。因此，上层可看成是下层的用户，下层是上层的服务提供者。

应该注意的是，网络体系结构中层次的划分是人为的，有多种划分方法。每一层功能也可以由多种协议实现。因此，在实际中有多种体系结构模型。

### 3.1.3　接口、实体与服务

接口与服务是分层体系结构中十分重要的概念。实际上，正是通过接口和服务来将各个层次的协议连接为整体，完成网络通信的全部功能。

#### 1. 接口（Interface）

对于一个层次化的网络体系结构，每一层中活动的元素称为实体（Entity）。实体可以是软件实体，如一个进程或子程序；也可以是硬件实体，如智能 I/O 芯片等。不同系统的同一层实体称为对等实体。同一系统中的下层实体向上层实体提供服务，经常称下层实体为服务提供者，上层实体为服务用户。

服务是通过接口完成的。各相邻层之间要有一个接口，接口就是上层实体和下层实体交换数据的地方，也称为服务访问点（Service Access Point，SAP），它定义了较低层向较高层提供的原始操作和服务。每一个 SAP 都有一个唯一的标识，称为端口（Port）或套接字（Socket）。相邻层通过它们之间的接口交换信息，上层并不需要知道下层是如何实现的，仅需要知道该层通过层间的接口所提供的服务，这样使得两层之间保持了功能的独立性。

#### 2. 协议和服务的关系

通过上述分析可以看出，协议和服务是两个不同的概念。协议是"水平"的，即协议是不同系统对等层实体之间的通信规则；服务是"垂直"的，即服务是同一系统中下层实体向上层实体通过层间的接口提供的。网络通信协议是实现不同系统对等层之间的逻辑连接，而服务是通过接口实现同一个系统中不同层次之间的物理连接，并最终通过物理介质实现不同系统之间的物理传输过程。

n 层实体向 n+1 层实体提供的服务一般包括以下三部分：

（1）n 层实体提供的某些功能。

（2）从 n-1 层及其以下各层实体及本地系统得到的服务。

（3）通过与对等的 n 层实体的通信得到的服务。

## 3.2　开放系统互连参考模型

开放系统互连参考模型（Open System Interconnection Reference Model，OSI/RM）是由国

际标准化组织（ISO）于 1984 年正式批准的网络体系结构参考模型。这是一个标准化开放式计算机网络层次结构模型。"开放"表示任何两个遵守 OSI/RM 的系统都可以进行互连，当一个系统能按 OSI/RM 与另一个系统进行通信时，就称该系统为开放系统。系统之间的相互作用只涉及系统外部行为，与系统内部的结构和功能无关。

### 3.2.1 OSI/RM 的结构

OSI 是不同制造商的设备和应用软件在网络中进行通信的标准，此模型已成为计算机间和网络间进行通信的主要结构模型。目前使用的大多数网络通信协议的结构都是基于 OSI 模型的。

OSI 包括体系结构、服务定义和协议规范三级抽象。OSI 的体系结构定义了一个七层模型，用以进行进程间的通信，并作为一个概念性框架来协调各层标准的制定；OSI 的服务定义描述了各层所提供的服务，以及层与层之间的抽象接口和交互用的服务原语；OSI 各层的协议规范精确地定义了应当发送何种控制信息及何种过程来解释该控制信息。

**1. OSI/RM 七层结构**

OSI/RM 将通信过程定义为七层，即将连网计算机间传输信息的任务划分为七个更小、更易于处理的任务组。每一个任务或任务组则被分配到各个 OSI 层。每一层都是独立存在的，因此分配到各层的任务能够独立执行，这样使得变更其中某层提供的方案时不影响其他层。

OSI/RM 采用七层模型体系结构，从下到上依次为：物理层、数据链路层、网络层、传输层、会话层、表示层和应用层，如图 3-3 所示。

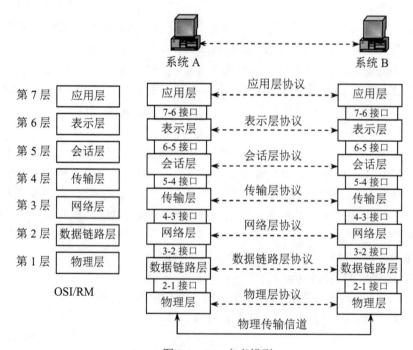

图 3-3    OSI 参考模型

图中带双向箭头的水平虚线表示对等层之间的协议连接，物理传输信道下面的实线则表示物理连接。

由图 3-3 可以看出，整个开放系统环境由作为信源和信宿的端开放系统及若干通信子网的节点通过物理介质连接构成。只有在主机中才可能需要包含所有七层的功能，而通信子网中的节点机一般只需要低三层甚至低两层的功能即可。

2．OSI/RM 层次间数据的传递

层次结构模型中数据的实际传送过程如图 3-4 所示。图中发送进程发送给接收进程的数据实际上是经过发送方各层从上到下传递到物理介质，通过物理介质传输到接收方后，再经过从下到上各层的传递，最后到达接收进程。

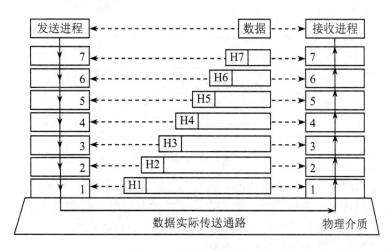

图 3-4  层间数据的传送过程

在发送方从上到下逐层传送的过程中每层都要加上适当的控制信息，如图 3-4 中的 H7，H6，…，H1 统称为报头（Head），报头的内容和格式就是该层协议的表达、功能和控制方式的表述，这个过程称为报头封装过程。到最底层成为由"0"和"1"组成的数据比特流，然后再转换为电信号在物理介质上传输至接收方。接收方在向上传递时过程正好相反，要逐层剥去发送方相应层加上的控制信息，此过程称为报头剥离过程。

因接收方的某一层不会收到底下各层的控制信息，而高层的控制信息对于它来说又只是透明的数据，所以它只阅读和去除本层的控制信息并进行相应的协议操作。发送方和接收方的对等实体看到的信息是相同的，就好像这些信息"直接"传给了对方一样。

### 3.2.2  OSI/RM 各层的基本功能

下面由下至上逐层简单介绍各层的主要功能以及典型的协议名称，协议的详细内容将在后面介绍。

1．物理层

物理层是 OSI 参考模型的最低层，它的任务是为它的上一层（数据链路层）提供一个物理连接，以便透明地传送比特（bit）流。所谓"透明地传送比特流"是表示经实际电路传送后的比特流没有发生变化，物理层好像是透明的，对其中的传送内容不会有任何影响，任意的比特流都可以在这个电路上传送。

（1）物理层的基本功能。

CCITT 对物理层做了如下定义：利用物理的、电气的、功能的和规程的特性在数据终端设备（Data Terminal Equipment，DTE）和数据通信设备（Data Communications Equipment，DCE）之间实现对物理信道的建立、保持和拆除。其中，DTE 是对属于用户的所有的连网设备或工作站的统称，如计算机和终端等，DCE 是为用户提供接入点的网络设备的统称，如自动呼叫应答设备和调制解调器等。

1）机械特性。规定了物理连接时插头和插座的几何尺寸、插针或插孔芯数及排列方式、锁定装置形式等。

图 3-5 列出了各类已被 ISO 标准化了的 DCE 连接器的几何尺寸及插孔芯数和排列方式。

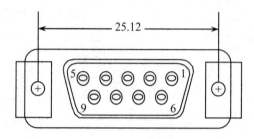

图 3-5　DCE 连接器机械特性

2）电气特性。物理层的电气特性规定了在物理连接上导线的电气连接及有关的电路特性，一般包括接收器和发送器电路特性的说明、表示信号状态的电压/电流电平的识别、最大传输速率的说明、与互连电缆相关的规则等。此外，还规定了 DTE-DCE 接口线的信号电平、发送器的输出阻抗、接收器的输入阻抗等电气参数。

3）功能特性。规定了接口信号的来源、作用以及与其他信号间的关系。

4）规程特性。规定了使用交换电路进行数据交换的控制步骤，这些控制步骤的应用使得比特流传输得以完成。

（2）物理层的基本协议。

物理层的基本协议有美国电子工业协会 EIA 的 RS-232C 和 RS-499 及 CCITT 的 X.21 等。

物理层协议规定了标准接口的机械连接特性、电气信号特性、信号功能特性和交换电路的规程特性，使不同的制造厂家能够根据公认的标准各自独立地制造设备，但产品都能相互兼容。物理层接口协议实际上是 DTE 和 DCE 或其他通信设备之间的一组约定，主要解决网络节点与物理信道如何连接的问题。DTE-DCE 的接口框图如图 3-6 所示。

图 3-6　DTE-DCE 接口框图

RS-232C 是 EIA 在 1969 年颁布的一种目前使用最广泛的串行物理接口，是"推荐标准"的意思，232 是标识号码，而后缀 C 表示该推荐标准已被修改过的次数。RS-232C 标准提供了一个利用公用电话网络作为传输介质并通过调制解调器将远程设备连接起来的技术规定。图 3-7（a）给出了两台远程计算机通过电话网相连的结构图。从图中可以看出，RS-232C 标准接口只控制 DTE 与 DCE 之间的通信，与连接在两个 DCE 之间的电话网没有直接关系。

RS-232C 标准接口也可以用于直接连接两台近地设备，如图 3-7（b）所示，此时既不使用电话网也不使用调制解调器。由于这两种设备必须分别以 DTE 和 DCE 方式成对出现才符合 RS-232C 标准接口的要求，RS-232C 的机械特性规定使用一个 25 芯的标准连接器，并对该连接器的尺寸及针或孔芯的排列位置等都做了详细说明。

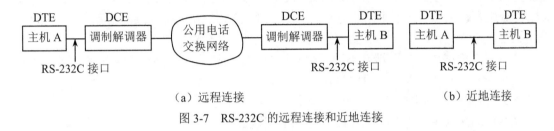

（a）远程连接　　　　　　　　　　　（b）近地连接
图 3-7　RS-232C 的远程连接和近地连接

2．数据链路层

链路是指两个相邻节点间的传输线路，是物理连接；数据链路表示传输数据的链路，是逻辑连接。数据链路层把物理层提供的可能出错的链路（物理连接）改造成为逻辑上无差错的数据链路，使之对网络层表现为一条无差错的链路。数据链路层将传送的数据组织成的数据链路协议数据单元称为数据"帧"（Frame）。在 OSI 参考模型中，数据链路层位于第二层。局域网的标准将数据链路层分为两个子层：逻辑链路控制子层（LLC）和介质访问控制子层（MAC）。

（1）数据链路层的基本功能。

数据链路层负责帧在计算机之间无差错地传递。为了将一条原始的、有差错的物理连接变为对网络层无差错的数据链路，数据链路层将具有链路管理、帧传输、流量控制、差错控制等功能。数据链路层的功能独立于网络和它的节点所采用的物理层类型。概括地讲，数据链路层负责执行以下任务：

● 数据链路的建立、维护与释放等链路管理工作。
● 数据链路层服务数据单元帧的传输。
● 差错检测与控制。
● 流量控制。
● 帧接收顺序控制。

数据链路层的主要功能是将网络层接收到的数据分割成特定的可被物理层传输的帧。帧是用来移动数据的结构包，它不仅包括原始数据（或称"有效荷载"），还包括发送方和接收方的网络地址以及纠错和控制信息。其中的地址确定了帧将发送到何处，纠错和控制信息则确保帧无差错地到达。

（2）数据链路层的协议。

逻辑链路控制子层的基本协议主要是 ISO 的高级数据链路控制协议（High-level Data Link Control，HDLC），介质访问控制子层则包括 IEEE 的 IEEE802.3、IEEE802.4、IEEE802.5 等多种协议。

3．网络层

网络层是 OSI 参考模型中的第三层，它传输的数据单元是数据"分组"或称数据"包"（Packet）。它的任务就是在数据链路层提供的两个相邻节点之间的数据帧的传输基础上，选择合适的路由和交换节点，使从源节点传输层得到的数据能准确无误、高效地到达目的节点，并交付给目的节点的传输层。因此，网络层实现了最基本的端到端的数据传输服务。

（1）网络层的基本功能。

网络层的主要功能是通信子网的运行控制，主要解决如何使数据分组跨越通信子网从源端传送到目的端的问题，这需要在通信子网中通过某种路由算法进行数据分组传输路径的选择。另外，为避免通信子网中出现过多的分组而造成网络拥塞，需要对流入的分组数量进行控制。当分组要跨越多个通信子网才能到达目的地时，还要解决网际互联的问题。概括地讲，网络层的主要功能就是路由选择、阻塞控制和网际互联。

此外，在网络层因为要涉及不同网络之间的数据传送，所以如何表示和确定网络地址和主机地址也是网络层协议的重要内容之一。

（2）网络层的基本协议。

网络层的协议主要有 CCITT 的 X.25 协议和我们熟悉的 IP 协议。

（3）网络层提供的服务。

在实际网络中，网络层将向系统提供虚电路和数据报两种服务。所谓虚电路是指端到端的一种逻辑连接，故称"虚"电路。

1）虚电路服务。虚电路服务是网络层向传输层提供的一种使所有分组按顺序到达目的端系统的可靠的数据传送方式。进行数据交换的两个端系统之间存在着一条为它们服务的虚电路。为了建立端系统之间的虚电路，源端系统的传输层首先向网络层发出连接请求，网络层通过虚电路网络访问协议向网络节点发出呼叫分组；在目的端，网络节点向端系统的网络层传送呼叫分组，网络层再向传输层发出连接指示；最后，接收方传输层向发起方发回连接响应，从而使虚电路建立起来。此后，两个端系统之间就可以传送数据了。数据由网络层拆成若干分组传送给通信子网，由通信子网将分组传送到数据接收方。

虚电路服务是网络层向传输层提供的服务，也是通信子网向端系统提供的网络服务。提供这种虚电路服务的通信子网内部的实际操作既可以是虚电路方式的，也可以是数据报方式的。虚电路服务是一种面向连接的服务。IBM 公司开发的网络体系结构 SNA 就是采用这种虚电路操作支持虚电路服务方式的实例。

2）数据报服务。数据报服务一般仅由数据报交换网来提供。端系统的网络层同网络节点的网络层之间均按照数据报方式交换数据。当端系统要发送数据时，网络层给该数据附加上地址、序号等信息，然后作为数据报发送给网络节点；目的端系统收到的数据报可能不是按顺序到达的，也可能有数据报的丢失。如在 ARPAnet、DNA 等网络中都是提供数据报服务。数据报服务是一种面向无连接的服务，它与邮政系统的邮件传递过程类似。

4. 传输层

在 OSI 七层模型中，物理层、数据链路层和网络层通常称为面向通信子网的低三层。传输层是面向通信的低三层和面向信息处理的高三层之间的中间层，其上各层面向应用，是属于资源子网的问题；其下各层面向通信，主要解决通信子网的问题。所以传输层是一个中间过渡层，起承上启下的作用，负责端到端的可靠传输，实现数据通信中通信子网向资源子网的过渡。传输层传输信息的单位称为报文（Message）。当报文较长时，先分成几个分组（称为段），然后再交给下一层（网络层）进行传输。传输层利用网络层提供给它的服务开发本层的功能，并实现本层对会话层的服务。

（1）传输层的基本功能。

传输层是 OSI 七层模型中唯一负责总体数据传输和控制的一层，具体功能如下：

- 寻址。传输层确定网络的目标地址，因为传输层支持的是端对端的连接，因此目标地址中不含有中继站的地址。
- 完成连接的多路复用和解复用。为了利用网络连接，传输层必须执行多路复用和解复用的操作。
- 建立和释放传输连接。
- 对端对端的差错检测和对服务特性的监督。
- 端对端的分段、分组和接续。
- 单一连接上的端对端的流量控制。

（2）传输层的基本协议。

传输层的协议主要有：面向连接的传输服务定义（ISO 8072）和面向连接的传输协议规范（ISO 8073），以及我们熟悉的 TCP 协议。

### 5. 会话层

会话层负责在网络中的两个节点之间建立和维持通信。"会话"指在两个实体之间建立数据交换的连接，常用于表示终端与主机之间的通信，而"终端"是指几乎不具有自己的处理能力或硬盘容量，而只依靠主机提供应用程序和数据处理服务的一种设备。会话层的功能包括：建立通信链接和保持会话过程通信链接的畅通、同步两个节点之间的对话、决定通信是否被中断以及通信中断时决定从何处重新发送。

当通过拨号向用户的 ISP（Internet 服务提供商）请求连接到 Internet 时，ISP 服务器上的会话层与用户 PC 机上的会话层进行协商连接。若用户的电话线偶然从墙上的插孔脱落时，会话层将检测到连接中断并重新发起连接。会话层通过决定节点通信的优先级和通信时间的长短来设置通信期限。会话层的主要功能是提供建立连接并有序传输数据的一种方法，这种连接就称为会话。会话可以使一个远程终端登录到远程计算机进行文件传输或进行其他的应用。会话连接建立的基础是建立传输连接，只有当传输连接建立好之后，会话连接才能依赖于它而建立。

### 6. 表示层

表示层如同应用程序和网络之间的翻译。在表示层，数据将按照网络能理解的方案进行格式转化。表示层管理数据的解密与加密，如对系统口令的处理就涉及网络的安全连接。除此之外，表示层还对图片和文件格式信息进行解码和编码。

表示层要解决的问题是，如何描述数据结构并使之与机器无关。在计算机网络中，互相通信的应用进程需要传输的是信息的语义，它对通信过程中信息的传送语法并不关心。表示层的主要功能是通过一些编码规则定义在通信中传送这些信息所需要的传送语法。表示层提供两类服务：相互通信的应用进程间交换信息的表示方法与表示连接服务。

### 7. 应用层

应用层是 OSI 模型的最高层，它负责对软件提供接口以使程序能享用网络服务。应用层并不是指运行在网络上的某个特别的应用程序，如 Microsoft Word。应用层提供的服务包括文件传输、文件管理、电子邮件的信息处理。如果在网络上运行 Microsoft Word 并选择打开一个文件，用户的请求将由应用层传输到网络。

应用层为用户的应用进程访问 OSI 环境提供服务。OSI 关心的主要是进程之间的通信行为，因而对应用进程进行的抽象只保留了应用进程与应用进程间交互行为的有关部分。应用层作为开放系统互连参考模型中的最高层，它为用户提供一个访问 OSI 环境的手段，它没有更上一层的接口关系。应用层的目的是作为通信的应用进程之间的窗口，这些应用进程在 OSI 环境中交换有意义的信息。应用层的基本协议包括：文件传输协议（FTP）、目录服务（DS）、超文本传输协议（HTTP）、简单邮件传输协议（SMTP）、域名服务协议（DNS）、虚拟终端协议（VTP）、远程过程调用协议（RPC）、简单网络管理协议（SNMP）等。

需要注意以下两点：

（1）OSI 参考模型只是定义了分层结构中每一层向其高层所提供的服务，并没有为准确地定义互联结构的服务和协议提供充分的细节，并不是具体实现的协议描述，它只是一个为制定标准而提供的概念性框架，仅仅是功能参考模型。在 OSI 参考模型中，只有各种协议是可以实现的，网络中的设备只有与 OSI 和有关协议相一致时才能互联。

（2）在各种终端设备之间、计算机网络之间、操作系统进程之间相互交换信息的过程中，参照 OSI 模型进行网络标准化的结果就能使得各个系统之间都是"开放"的，而不是封闭的。凡是遵守这一标准化的系统之间都可以相互连接使用。

### 3.2.3　HDLC 协议

HDLC（High-level Data Link Control）协议的全称是"高级数据链路控制协议"，广泛应用于 X.25 及许多其他网络的数据链路层，是一个典型的数据链路层协议，数据链路层的数据单位为数据帧，HDLC 协议中包含前面讨论的流量控制和数据帧交换的维护功能。HDLC 协议同时是一个面向位的协议，面向位的含义是协议把帧当作位（bit）流，而不区分字节的值，它支持半双工通信和全双工通信。

HDLC 协议还具有以下特点：协议不依赖于任何一种字符编码集；有较高的数据链路传输效率；所有帧均采用 CRC 校验，对信息帧进行顺序编号，可防止漏收或重复，传输可靠性高。网络设计普遍采用 HDLC 协议。

1. 三种类型的工作站

在 HDLC 协议中定义了三种类型的工作站：主站、从站和组合站，如图 3-8 所示。

（1）主站。链路上用于控制目的的站称为主站，主机一般总是主站。主站通过发布命令给其他站并根据它们的响应采取行动来管理数据流，主站也可以在多个站间建立和管理连接。

（2）从站。其他的受主站控制的站称为从站，也称客户站。从站对来自主站的命令做出响应。此外，它一次只能对一个主站做出响应。它不发送命令给其他站，但它能发送数据给其他站。由主站发往从站的帧称为命令帧，而由从站返回主站的帧称为响应帧。

（3）组合站。有些站可兼具主站和从站的功能，这种站称为组合站，它能发送命令给其他站，并能对来自其他组合站的命令做出响应。

2. HDLC 协议的帧格式

在 HDLC 协议中，数据和控制报文均以帧的标准格式传送。HDLC 协议的帧格式如表 3-1 所示。HDLC 协议中命令和响应以统一的格式按帧传输。完整的 HDLC 帧由标志字段（F）、地址字段（A）、控制字段（C）、信息字段（I）、帧校验序列字段（FCS）等组成。

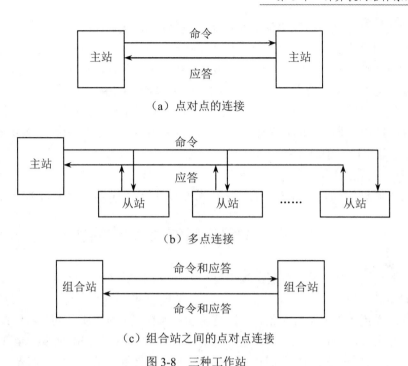

（a）点对点的连接

（b）多点连接

（c）组合站之间的点对点连接

图 3-8　三种工作站

表 3-1　HDLC 协议的帧格式

| 标志 | 地址 | 控制 | 信息 | 帧校验序列 | 标志 |
|---|---|---|---|---|---|
| F<br>01111110 | A<br>8/16 位 | C<br>8/16 位 | I<br>N 位 | FCS<br>16/32 位 | F<br>01111110 |

（1）标志字段（F）。标志字段是 01111110 的比特模式，用以标志帧的起始和前一帧的终止。通常在不进行帧传送的时刻，信道仍处于激活状态。标志字段也可以作为帧与帧之间的填充字符。在这种状态下，发送方不断地发送标志字段，接收方则检测每一个收到的标志字段，一旦发现某个标志字段后面不再是一个标志字段，便可认为一个新的帧传送已经开始。采用"0比特插入法"可以实现数据的透明传输，该法在发送端检测除标志码以外的所有字段，若发现连续 5 个"1"出现时，便在其后插入 1 个"0"，然后继续发送后面的比特流；在接收端同样检测除标志码以外的所有字段，若发现连续 5 个"1"后是"0"，则将其删除以恢复比特流的原貌。

（2）地址字段（A）。地址字段的内容取决于所采用的操作方式。在操作方式中，有主站、从站和组合站之分，每一个从站和组合站都被分配一个唯一的地址。命令帧中的地址字段所携带的地址是对方站的地址，响应帧中的地址字段所携带的地址是本站的地址。某一地址也可分配给不止一个站，这种地址称为组地址，利用一个组地址传输的帧能被组内所有拥有该组地址的站接收，但当一个从站或组合站发送响应时，它仍应当用它唯一的地址。还可以用全"1"地址来表示包含所有站的地址，这种地址称为广播地址，含有广播地址的帧传送给链路上所有的站。另外，还规定全"1"地址为无站地址，这种地址不分配给任何站，仅用于测试。

（3）控制字段（C）。控制字段用于构成各种命令和响应，以便对链路进行监视和控制。

发送方主站或组合站利用控制字段来通知被寻址的从站或组合站执行约定的操作；相反，从站用该字段作为对命令的响应，报告已完成的操作或状态的变化，该字段是 HDLC 的关键。控制字段中的第 1 位或第 1、2 位表示传送帧的类型；第 7 位是 P/K 位，即轮询/终止位。为了进行连续传输，需要对帧进行编号，所以控制字段中包括帧的编号。

（4）信息字段（I）。信息字段可以是任意的二进制比特串。比特串长度未做严格限定，其上限由 FCS 字段或站点的缓冲器容量确定，目前用得较多的是 1000~2000b；而下限可以为 0，即无信息字段。但是监控帧（S 帧）中规定不可有信息字段。

（5）帧校验序列字段（FCS）。帧校验序列字段可以使用 16 位 CRC 对两个标志字段之间的整个帧的内容进行校验。FCS 的生成多项式由 CCITT V.41 建议规定为 $X^{16}+X^{12}+X^{5}+1$。

# 3.3　基于 OSI/RM 体系结构的实例

OSI 参考模型只是定义了分层结构中每一层向其高层所提供的服务，并没有为准确地定义互联结构的服务和协议提供充分的细节。OSI 参考模型并不是具体实现的协议描述，它只是一个为制定标准而提供的概念性框架，仅仅是功能参考模型。对于实际的某种网络，它的体系结构并不一定是七层，也许是四层或两层。实际的网络并非具有 OSI 模型的全部七层功能，只是通过 OSI 的七层参考模型可以对一个网络的通信功能和实现过程建立起一个框架。作为前面描述的 OSI 参考模型的应用实例，下面介绍两个实际网络的体系结构。

### 3.3.1　Internet 体系结构——TCP/IP 参考模型

TCP/IP 协议是当今国际互联网 Internet 中的核心协议，同时 TCP/IP（传输控制协议/网际协议）是一个使用非常普遍的网络互联标准协议。众多的网络生产厂家都支持该核心协议，并广泛应用于与因特网（Internet）连接的所有计算机上。TCP/IP 协议已成为事实上的网络工业标准，以 TCP/IP 协议为基础的体系结构也成为应用最广泛的网络结构。

1. TCP/IP 参考模型

TCP/IP 指传输控制协议/网际协议，它实际上是一组协议的代名词，其中 TCP 和 IP 是该协议集中最重要的两个协议，故以其来命名该模型。TCP/IP 模型采用四层的分层体系结构，将协议分成四个概念层，由下向上依次是：网络接口层、网际层、传输层和应用层。图 3-9 所示是 TCP/IP 参考模型和 OSI/RM 参考模型的比较图。

2. TCP/IP 协议簇

TCP/IP 是一组协议的集合，它还包括许多别的协议，构成 TCP/IP 协议集，如图 3-10 所示。一般来说，TCP 提供传输层服务，IP 提供网络层服务。在 TCP/IP 层次模型中，第一层"网络接口层"是 TCP/IP 的实现基础，其中包含 ATM、IEEE802.3 的 CSMA/CD 和 IEEE802.5 的 Token Ring 等协议。在第二层网络中，IP 为网际协议，ICMP 为网际控制报文协议，IGMP 为 Internet 组管理协议，ARP 为地址转换协议，RARP 为反向地址转换协议（Reverse ARP）。第三层为传输层，TCP 为传输控制协议，UDP 为用户数据报协议。第四层为应用层，该层包括所有和应用程序协同工作、利用基础网络交换应用程序专用数据的协议，如 HTTP 超文本传输协议、FTP 文件传输协议等。

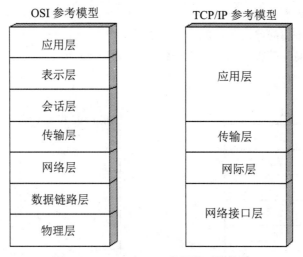

图 3-9　TCP/IP 与 OSI 各层的对比关系

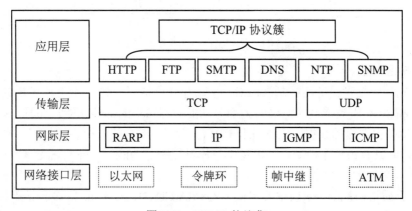

图 3-10　TCP/IP 协议集

Telnet 通过一个终端远程登录到网络（运行在 TCP 协议上），SMTP（简单邮件传输协议）用来发送电子邮件，也运行在 TCP 协议上。DNS（域名服务）用于完成地址查找、邮件转发等工作，它运行在 TCP 和 UDP 协议上。RPC（远程过程调用协议）可实现网络远程调用，SNMP（简单网络管理协议）用于网络信息的收集和网络管理。

### 3.3.2　局域网体系结构——LAN 参考模型

由于局域网只是一个计算机通信网，而且局域网不存在路由选择问题，因此，它不需要网络层，而只需最低的两个层次——物理层和数据链路层即可，如图 3-11 所示。然而局域网的种类繁多，其介质接入控制的方法也各不相同，远远不像广域网那么简单。为了使局域网中数据链路层不致过于复杂，于是将局域网的数据链路层划分为两个子层，即介质接入控制或介质访问控制 MAC 子层及逻辑链路控制 LLC 子层，而网络的服务访问点 SAP 则在 LLC 层与高层的交界面上。

1. 物理层

物理层的主要功能如下：

（1）信号的编码和译码。

（2）为进行同步用的前同步码的产生与去除。

（3）比特的传输与接收。它向高层提供一个或多个访问点 LSAP，用于同网络层通信的逻辑接口。

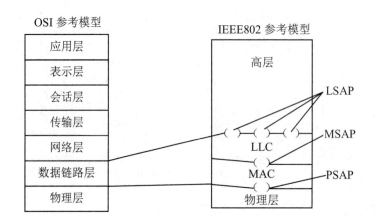

图 3-11　逻辑链路控制（LLC）子层

**2. 数据链路层**

数据链路层包括逻辑链路控制（LLC）子层和介质访问控制（MAC）子层。其中 LLC 子层主要执行 OSI 基本数据链路协议的大部分功能和网络层的部分功能，如具有帧的收发功能（在发送时，帧由发送的数据加上地址和 CRC 校验等构成，接收时将帧拆开，执行地址识别、CRC 校验），并具有帧顺序控制、差错控制、流量控制等功能。此外，它还执行数据报、虚电路、多路复用等部分网络层的功能。

MAC（介质访问控制）子层主要提供如 CSMA/CD、Token Ring 等多种访问控制方式的有关协议，它还具有管理多个源、多个目的链路的功能。它向 LLC 子层提供单个 MSAP 服务访问点，由于有不同的访问控制方法，所以它与 LLC 子层有各种访问控制方法的接口，并与物理层有 PSAP 访问点。

MAC 子层的主要功能如下：

（1）将上层交下来的数据封装成帧进行发送（接收时进行相反的过程，即将帧拆卸）。

（2）实现和维护 MAC 层协议。

（3）进行比特差错检测。

（4）进行寻址。

**3. LLC 子层与 MAC 子层的区别**

从图 3-11 中可以看出 LLC 子层与 MAC 子层的区别。在 LLC 子层上看不到具体的局域网，或者说局域网对 LLC 子层是透明的，只有下到 MAC 子层才可看见所连接的是采用什么标准的局域网（总线网、令牌总线网或令牌环型网）。与接入各种传输介质有关的问题都放在 MAC 子层，MAC 子层还负责在物理层的基础上进行无差错的通信。具体而言，数据链路层中与介质接入无关的部分都集中在逻辑链路控制 LLC 子层中。

总之，局域网是一个通信网。由 OSI 模型概念可知，其通信子网只有低两层功能：①物理层功能，通信中的物理连接及传输媒质上的比特传送；②数据链路层功能，对信息帧进行传送和控制。由于局域网共享传输媒介，其拓扑结构简单，无须进行路由选择和交换功能，而流量控制等功能可以放到数据链路层中实现，所以在局域网中可以不设置网络层。

下面给出与计算机网络相关的国际标准化组织。

（1）国际标准化组织。

- 国际标准化组织（International Organization for Standardization，ISO）
- 美国电气电子工程师协会（Institute of Electrical and Electronics Engineers，IEEE）

（2）Internet 标准化组织。

- 因特网协会（Internet Society，ISOC）
- 因特网体系结构研究委员会（Internet Architecture Board，IAB）
- 因特网工程任务部（Internet Engineering Task Force，IETF）

（3）电信标准化组织。

- 国际电信联盟（International Telecommunication Union，ITU）
- 国际电报电话咨询委员会（Consultative Committee International Telegraph and Telephone，CCITT）

# 本章小结

本章主要讲述计算机网络的基本理论和基础知识。

首先，介绍了网络通信中最重要的理论问题，包括网络体系结构、分层设计、对等通信、网络协议等。这些内容是学习后续章节的重要基础。开始学习的时候要把本章作为学习网络的摘要，到学完本书后，再读本章作为对网络知识的总结。

其次，介绍了由国际标准化组织制定的开放系统互连参考模型（OSI），学习了其各层的功能及协议，协议是在不断发展变化的，本章不是描述协议的内容细节，主要是研究协议应具有的功能，至于用什么协议、如何实现这些功能是后续章节的内容。

最后，介绍了OSI体系结构的应用实例，详细讲述了基于TCP/IP协议集的网络体系结构以及 LAN 的网络体系结构，并对这两种网络结构的分层及各层功能进行了讨论和分析。

# 习题 3

1. 什么叫网络体系结构？为什么要制定 OSI 开放系统互连参考模型？
2. OSI/RM 模型划分为哪几个层次？其中哪几层体现通信子网的功能？
3. 数据链路层和网络层有哪些主要功能？
4. HDLC 帧格式有哪几个字段？简述各字段的含义。
5. TCP 协议与 UDP 协议各有什么特点？它们之间有什么区别和联系？
6. TCP/IP 体系结构由哪些层次组成？它们与 OSI/RM 模型有什么关系？我们目前使用的 Internet 采用的核心协议是什么？
7. LAN 体系结构由哪些层次组成？它为什么没有网络层？请说明原因。
8. 数据报服务和虚电路服务有什么区别？各适用于什么场合？

# 第 4 章　局域网原理

 **本章导引**

  如今使用计算机网络的人越来越多，网络的规模也越来越大，但大多数人直接使用的还是局域网，各企业、高校所组建的企业网、校园网也都是局域网，所以掌握局域网的基本概念和原理以及扩展知识对于学习计算机网络是十分重要的。本章主要讲述局域网的基本概念和原理、CSMA/CD 介质访问控制方式、局域网体系结构和以太网等相关知识，同时简要介绍虚拟局域网、高速局域网和无线局域网的原理和应用。

## 4.1　局域网的分类与结构

### 4.1.1　局域网的特点与分类

  局域网（Local Area Network，LAN）指覆盖局部区域（一般为方圆几十米到几千米范围，如一栋楼、一个校园）内的计算机网络。按照网络覆盖的区域不同，其他类型的网络还有个人网、城域网、广域网等。

  1. 局域网的特点

  局域网由于局限于局部区域内，一般来讲范围较小（一般为方圆几十米到几千米）、投资少、配置相对简单，同广域网（WAN）相比，局域网主要具有以下特点：

  （1）传输速率一般为 10Mb/s～100Mb/s，光纤组网可达 1000Mb/s～10000Mb/s。

  （2）支持多种传输介质，如电缆、双绞线、光纤等。

  （3）一般是广播式通信，通信处理由网卡完成。

  （4）误码率低（$<10^{-6}$）。

  （5）通常为一个单位所拥有，结构简单，维护、扩充方便。

  以太网（Ethernet）是遵循IEEE802.3标准的一种局域网，也是最常用的一种局域网。传统的以太网数据传输速率为 10Mb/s，升级的以太网标准则支持 100Mb/s 和 1000Mb/s 的速率。其他的局域网还有：令牌环网（遵循IEEE802.5标准）和 FDDI 网（光纤分布式数据接口，遵循IEEE802.8 标准）。令牌环网采用同轴电缆作为传输介质，具有很好的抗干扰性，但网络结构不易改变。FDDI 网采用光纤传输，网络带宽大，适用于建立连接了多个局域网的大型骨干网。

  2. 局域网的分类

  局域网可按以下几种方式进行分类：

  （1）按拓扑结构分类，可分为星型局域网、总线型局域网和环型局域网。

  （2）按信号形式分类，可分为基带局域网和宽带局域网。基带局域网指用基带信号传输数据的局域网。

（3）按所使用的传输介质分类，可分为同轴电缆局域网、UTP 局域网、光纤局域网和无线局域网。

（4）按介质访问控制技术分类，可分为 Ethernet、令牌总线网和令牌环网，其中 Ethernet 采用 CSMA/CD 访问控制技术，令牌总线网和令牌环网采用令牌（Token）访问控制技术。

（5）按通信方式分类，可分为共享式（Share）局域网和交换式（Switch）局域网。

上述局域网的原理及特点将在后面进行详细介绍。

### 4.1.2　局域网的体系结构

#### 1. 局域网的参考模型

由于在局域网中数据信号的传输没有路径选择和交换的问题，因此，在局域网的参考模型中不需要设置网络层，只设置物理层和数据链路层两层，即对应 OSI 模型的最低两层。然而局域网种类繁多，其介质接入控制的方法也各不相同，远不像广域网那么简单。为了使局域网中的数据链路层不致过于复杂，将局域网的数据链路层又划分为两个子层，即介质接入控制或介质访问控制 MAC 子层和逻辑链路控制 LLC 子层，而网络的服务访问点 SAP 在 LLC 层与高层的交界面上，其中：

（1）物理层也划分为物理信号（PS）和物理介质访问（PAS）两个子层。

（2）数据链路层必须要有介质访问控制功能，如上所述，划分为以下两个子层：一个是逻辑链路控制（LLC）子层，集中了与介质无关的部分，具有顺控、流控等功能；另一个是介质访问控制（MAC）子层，集中了与接入介质有关的部分，为 LLC 子层提供服务，支持 CSMA/CD（具有冲突检测的载波监听多路访问）等多种介质访问控制方式。

#### 2. 局域网的标准

原来局域网的产品标准都是各厂家不同，互不兼容。但随着计算机网络通信技术与应用的发展，为实现产品的大批量生产，不同厂家的产品需要通过制定一些统一的标准来实现相互兼容。为此，1980 年 IEEE（美国电子电气工程师协会）成立了专门负责制定局域网标准的 IEEE802 委员会，该委员会研究和制定了一系列局域网（LAN）标准，推动了局域网技术的标准化，人们把这些标准统称为"IEEE802 标准"。

IEEE802 标准使得在组建局域网时，选用不同厂家的设备而能保证其兼容性。这一系列标准覆盖了双绞线、同轴电缆、光纤和无线等多种传输介质和组网方式，并包括网络测试和管理的内容。当然随着新技术的不断出现，这一系列标准仍在不断地更新与发展之中。

IEEE802 系列标准如下：

（1）802.1：接口标准、寻址、网际互连和网间管理。

（2）802.2：逻辑链路控制（LLC）。

（3）802.3：载波监听多路访问/冲突检测和物理层技术规范（CSMA/CD）。

（4）802.4：令牌总线网访问控制方法和物理层技术规范（Token Bus）。

（5）802.5：令牌环网访问控制方法和物理层技术规范（Token Ring）。

（6）802.6：城域网访问方法和物理层技术规范。

（7）802.7：宽带技术参考标准。

（8）802.8：光纤技术参考标准。

（9）802.9：集成语音数据网络。

（10）802.10：网络安全。

（11）802.11：无线网络（Wireless Network）。

（12）802.12：优先级请求访问局域网。

实际上局域网的标准远不止这些，如近十几年来，在原 IEEE802.3 的基础上扩充了 IEEE802.3u、802.3ab、802.3ac、802.3z、802.3ae 等标准，它们是对应 100Mb/s 以上的高速局域网标准。又如在原 IEEE802.11 的基础上，又扩充了 802.11a、802.11g、802.11n 和 802.11ac 等无线局域网标准。

IEEE802 局域网参考模型主要实现 OSI 参考模型物理层和数据链路层的基本通信功能，如信号的编码和译码、前导码的生成和清除、比特的发送和接收等。IEEE802 模型与 OSI 参考模型之间的对应关系如图 4-1 所示。

图 4-1　IEEE802 模型与 OSI 参考模型之间的对应关系

在 OSI 参考模型中，数据链路层的功能相对简单，它只负责将数据从一个节点可靠地传输到相邻节点。但在局域网中，多个节点共享传输介质，必须有某种机制来决定下一个时刻哪个设备占用传输介质传送数据。因此局域网的数据链路层要有介质访问控制的功能，为此把该层又划分为逻辑链路控制（LLC）和介质访问控制（MAC）两个子层。

数据链路层的主要功能由 IEEE802 的 LLC 子层和部分的 MAC 子层来执行，其中 LLC 子层负责向其上层提供服务，MAC 子层的主要功能包括数据帧的封装/卸装、帧的寻址和识别、帧的接收与发送、链路的管理、帧的差错控制等。MAC 子层的存在屏蔽了不同物理链路种类的差异性。

### 4.1.3　局域网的拓扑结构

基本的网络拓扑结构有五种，分别是星型、总线型、环型、树型和网状型。局域网由于其范围的局限性，基本通信机制采用了与广域网完全不同的"共享方式"和"交换方式"，有其自身的一些特点。其网络拓扑结构主要有总线型、环型和星型三种形式，而这三种结构在广域网中基本不采用。拓扑结构是决定局域网特性的要素之一，此外还有局域网所使用的传输介质和介质访问控制技术。

1．总线型

它采用"广播式"通信方式，所有节点均通过总线发送或接收数据，属共享介质的 LAN

拓扑，如图 4-2 所示。

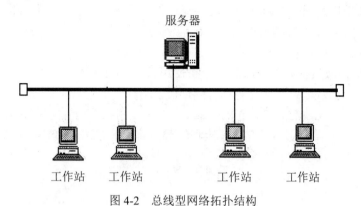

图 4-2　总线型网络拓扑结构

2．环型

它是一种所有的节点通过环路接口分别连接到它相邻的两个节点上从而形成的一种首尾相接的闭环通信网络，如图 4-3 所示。

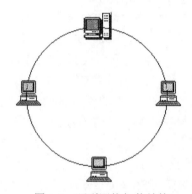

图 4-3　环型网络拓扑结构

3．星型

星型拓扑是网络上所有节点都和中心节点进行点对点的连接，中心节点可以是服务器，也可以是连接器等设备，如图 4-4 所示。

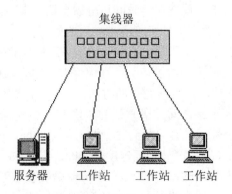

图 4-4　星型网络拓扑结构

在星型结构中，要注意区别物理结构与逻辑结构。所谓物理结构是指网络连接的物理（外观）构型，而逻辑结构是指网络内部信号的通路构型。近年来，由于交换机的出现和双绞线在局域网中的大量使用，星型结构也得到了广泛的应用。

4. 介质访问控制方法

介质访问控制方法实现对局域网内各节点使用共享介质发送和接收数据的控制，主要有三种：带有冲突检测的载波监听多路访问 CSMA/CD 方法、令牌总线 Token Bus 方法和令牌环 Token Ring 方法。其中 CSMA/CD、Token Bus 用于总线拓扑的局域网，Token Ring 用于环型拓扑的局域网。下节将详细介绍带有冲突检测的载波监听多路访问 CSMA/CD 方法。

# 4.2　局域网的工作原理

## 4.2.1　共享式局域网原理

共享式局域网属于传统的局域网，所谓"共享"是指这种网络中各节点共用一个物理信道，其中一个节点发送信息，其他所有节点都可以收到，也称为"广播式"网络。它所采取的是具有冲突检测的载波监听多路访问（CSMA/CD）控制方法。

CSMA/CD 结构将所有的设备都直接连到同一条物理信道上，该信道负责任何两个设备之间的全部数据传输，因此称信道是"多路访问"式的。CSMA/CD 采用随机访问和竞争技术，这种技术只用于共享连接信道的网络。在这种网络中，每个站点都能独立地决定帧的发送，帧在信道上以广播方式传输，所有连接在信道上的设备随时都能检测到该帧。当目的地站点检测到目的地址为本站地址的帧时，接收帧中所携带的数据并按规定的链路协议给源站点一个响应；当检测到目的地址不是本站地址的帧时，就丢弃该帧。但如果两个或多个站同时发送帧，则会产生"冲突"（Collision），导致所发送的帧都出错。

为减少冲突，载波监听多路访问 CSMA/CD 的技术采用"先听后发"方式，要传输数据的源站点在发送帧之前，首先要监听信道上是否有其他站点发送的载波信号（即进行"载波监听"），若监听到信道上有载波信号则推迟发送，直到信道恢复到空闲为止，如果在 9.6μs 时间之内没有检测到载波（说明通信介质空闲）站点就可以发送一帧数据；然后采用"边听边发"的方式（即"冲突检测"），若监听到干扰信号，表示检测到冲突，就立即停止发送。为了确保冲突的其他站点知道发生了冲突，首先在短时间里持续发送一串阻塞（Jam）信号（32 位均为"1"），通知介质上的每个节点发生了冲突。卷入冲突的站点等待一个随机时间后准备重发受到冲突影响的帧。这样站点能迅速发现发生冲突的传输并立即停止发送，因此，冲突次数和冲突时间明显减少。总之是先听后发，边发边听，冲突停发，随机延迟后重发。

CSMA/CD 的代价是用于检测冲突所花费的时间。对于基带总线而言，最差情况下用于检测一个冲突的时间等于任意两个站之间传播时延的两倍。从一个站点开始发送数据到另一个站点开始接收数据，亦即载波信号从一端传播到另一端所需的时间，称为信号传播时延。信号传播时延（μs）=两站点的距离（m）/信号传播速度（200m/μs）。数据帧从一个站点开始发送到该数据帧发送完毕所需的时间称为数据传输时延；同理，数据传输时延也表示一个接收站点开始接收数据帧到该数据帧接收完毕所需的时间。数据传输时延（s）=数据帧长度（b）/数据传输速率（b/s）。数据帧从一个站点开始发送到该数据帧被另一个站点全部接收所需的总时间，等于数据传输时延与信号传播时延之和。

综上所述，为了确保发送数据站点在传输时能检测到可能存在的冲突，数据帧的传输时延至少要两倍于传播时延。换句话说，要求分组的长度不短于某个值，否则在检测出冲突之前传输已经结束，但实际上分组已被冲突所破坏。

CSMA/CD 站点先要对媒体上有无载波进行监听，以确定是否有别的站点在传输数据。如果有，该站点将避让一段时间后再做尝试，这样就需要用一种退避算法来决定避让的时间。常用的退避算法有：非坚持算法、1-坚持算法和 P-坚持算法三种。鉴于篇幅所限，本书对这三种算法不做介绍，有兴趣的同学可以参考其他相关书籍。

CSMA/CD 控制方式的优点是：原理较简单，技术易实现，网络中各站点处于平等地位，不需要集中控制，也不提供优先级控制；缺点是：在网络负荷增大时，发送时间增长，发送效率急剧下降。

### 4.2.2　以太网

以太网（Ethernet）是 1975 年由美国施乐（Xerox）公司开发的一种计算机网络，它采用 IEEE802 标准和总线竞争式介质访问方法（即 CSMA/CD），并以介质 Ether（以太）命名。该网络起源于夏威夷大学 20 世纪 60 年代研制的 ALOHA 网络。

以太网的问世使局域网很快普及起来，成为局域网发展史上的一个重要里程碑，并实际成为局域网的一个工业标准。以太网技术也在不断发展，特别是高速以太网和千兆位以太网的出现，都使以太网在某些方面有所改变。

需要注意的是，局域网（LAN）和以太网（Ethernet）不能混为一谈，以太网是一种局域网，而局域网并非就都是以太网。两者易被混淆主要是因为和其他局域网技术比较起来，以太网技术使用普遍和发展迅速，以至于人们将"以太网"作为"局域网"的代名词，实际上以太网（Ethernet）只是局域网的一种，是采用 CSMA/CD 介质访问控制方式的一种局域网。

1. 标准以太网

标准以太网是指只有 10Mb/s 吞吐量的以太网，主要采用双绞线和同轴电缆两种传输介质，遵循 IEEE802.3 标准。下面列出的是 IEEE802.3 的一些以太网物理标准，在这些标准中前面的数字表示传输速率，单位是 Mb/s，最后的一个数字表示单段网线长度（基准单位是 100m），Base 表示"基带"。

（1）10Base 2：使用细同轴电缆，最大网段长度为 185m，基带传输方法，如图 4-5 所示。

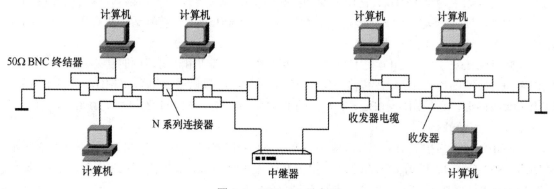

图 4-5　10Base 2 以太网

（2）10Base-T：使用双绞线电缆，其中 T 表示双绞线，最大网段长度为 100m，如图 4-6 所示。

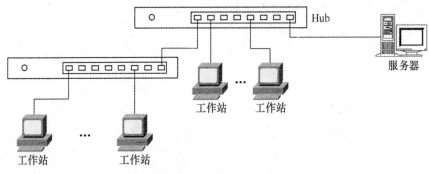

图 4-6　10Base-T 以太网

（3）10Base-F：使用光纤传输介质，最大网段长度为 2km～3.5km，传输速率为 10Mb/s。

随着时间的推移，除了 10Base 2 和 10Base-T 标准外，IEEE802 还陆续推出了一些新的局域网标准，如 IEEE802.3u 等。

2. 快速以太网

随着世界上第一台快速以太网集线器 Fastch10/100 和网络接口卡 FastNIC100 的研制成功，快速以太网技术正式得到应用。相应地，IEEE802 工作组制定了适用于传输速率为 100Mb/s 的快速以太网标准——IEEE802.3u。

快速以太网与原来在 100Mb/s 带宽下工作的 FDDI 相比，它可以有效地保障用户原有的投资，支持 3、4、5 类双绞线以及光纤的连接，能有效地利用现有的设施。快速以太网的不足主要是，它仍是基于载波监听多路访问和冲突检测（CSMA/CD）技术，当网络负荷较重时会造成效率的降低，当然这可以使用交换技术来弥补。根据所用传输介质不同，IEEE802 工作组定义了以下三种快速以太网：

（1）100Base-TX。使用两对 UTP 5 类线或 STP，其中一对用于发送，另一对用于接收。在传输中使用 4B/5B 编码方式，信号频率为 125MHz。使用与 10Base-T 相同的 RJ-45 连接器。它的最大网段长度为 100m，并且支持全双工的数据传输。

（2）100Base-FX。使用两对光纤，其中一对用于发送，另一对用于接收，是一种使用光缆的快速以太网技术，可使用单模和多模光纤（62.5μm 和 125μm）。在传输中使用 4B/5B 编码方式，信号频率为 125MHz。它使用 FC 连接器、ST 连接器或 SC 连接器，这与所使用的光纤类型和工作模式有关，它支持全双工的数据传输。100Base-FX 特别适用于有电气干扰的环境、较大距离连接或高保密的情况。

（3）100Base-T4。使用 4 对 UTP 3 类线或 5 类线，它使用 3 对线同时传送数据，用 1 对线作为冲突检测的接收信道。在传输中使用 8B/6T 编码方式，信号频率为 25MHz，符合 EIA586 结构化布线标准。它使用与 10Base-T 相同的 RJ-45 连接器，最大网段长度为 100m。

3. 以太网的帧格式

Novell 公司最早根据 IEEE802.3 规范发布了 Novell 专用的以太网帧格式，称为 802.3 原始帧格式（802.3 raw）。以后 IEEE802 工作组公布了五项标准 IEEE802.1～IEEE802.5，其中公布了两种 802.3 帧格式，即 802.3 SAP 和 802.3 SNAP。

（1）IEEE802.3 帧格式。目前，有四种不同格式的以太网帧在使用，分别是 Ethernet II（即 DIX 2.0）、Ethernet 802.3 RAW、Ethernet 802.3 SAP 和 Ethernet 802.3 SNAP，其中 Ethernet II 是以太网标准帧格式。

以太网的帧格式如图 4-7 所示。

单位：字节（Byte）

| 7 | 1 | 2 或 6 | 2 或 6 | 2 | 46～1500 | | 4 |
|---|---|---|---|---|---|---|---|
| 前导 | 开始标志 | 目的地址 | 源地址 | 长度 | 数据 | 填充 | 帧校验序列 |

图 4-7　以太网的帧格式

各字段说明如下：

- 前导：由 7 个字节的"10101010"比特串组成，该字段的曼彻斯特编码会产生 10MHz 的方波，使发送方与接收方同步。
- 开始标志：由 1 个字节的"10101011"比特串组成，标志着帧的开始。
- 目的地址：目的 MAC 地址，指明帧的接收者。
- 源地址：源 MAC 地址，指明帧的发送者。
- 长度：由 2 个字节组成，标明数据字段的字节数。
- 数据：指高层的数据，通常为三层协议数据单元（数据包）。
- 填充：为了保证站点在一个帧没发送完之前能检测出冲突，IEEE802.3 规定有效帧从目的地址开始到校验序列字段的最短长度为 64 字节，这两个字段的长度和是 46～1500 字节。当数据字段的长度为 0 或小于 46 字节时，由填充字段填充到 46 字节。
- 帧校验序列（FCS）：由 4 个字节组成，对接收网卡提供判断是否传输错误的信息，如果发现错误，则丢弃该帧。

（2）无效的帧。IEEE802.3 标准规定，凡出现下列情况之一的帧都属于无效的帧，并将其丢弃：

- 帧的长度与长度字段给出的值不一致。
- 帧的长度小于规定的最短长度。
- 帧的长度不是整数字节。
- 接收到的帧校验序列出错。

### 4.2.3　交换式局域网原理

当今许多新型的 Client/Server 应用程序和多媒体技术相继出现，传统的共享式网络已远远不能满足要求。传统的局域网中所有节点共享一条公共通信传输介质，不可避免会有冲突发生。随着局域网规模的扩大，网中节点数不断增加，每个节点平均分配到的宽带将减少。因此，当网络通信负荷加重时，冲突与重发现象将大量发生，网络性能将会急剧下降。为了克服这种网络规模与网络性能之间的矛盾，人们提出了交换式局域网。

对于传统的共享介质 Ethernet 来说，当连接在集线器（Hub）中的一个节点发送数据时，它将用广播方式将数据传输到集线器的每个端口。因此，共享介质 Ethernet 的每个时间片内只允许有一个节点占用公用通信信道。交换式局域网从根本上改变了"共享介质"的工作方式，它通过以太网交换机支持交换机端口至节点的多个并发连接，实现多节点之间数据的并发传输，加快数据的传输速度，极大地降低了传统以太网由于采用 CSMA/CD 协议而产生冲突的可能性，从而增加了网络带宽，在一定程度上消除了网络瓶颈，改善了局域网的性能。

为了保护用户已有的投资，局域网交换机一般是针对某类局域网（如 802.3 标准的 Ethernet 或 802.5 标准的 Token Ring）设计的。典型的交换式局域网是交换式以太网，它的核心部分是以太网交换机，如图 4-8 所示。

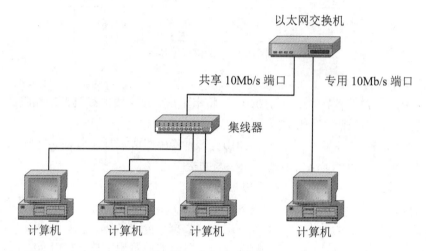

图 4-8　交换式局域网

以太网交换机的每个端口可以单独与一个节点连接，也可以与一个共享介质式的以太网集线器连接。如果一个端口只连接一个节点，那么这个节点就可以独占该端口的带宽，这类端口通常称为"专用端口"；如果一个端口连接着一个以太网（如一个 Hub），那么这个端口将被该以太网中的多个节点共享，这类端口就称为"共享端口"。

共享式以太网与交换式以太网的不同如表 4-1 所示。

表 4-1　共享式以太网与交换式以太网的不同

| 网络类型 | 连接设备 | 连接设备的工作层次 | 拓扑结构 | 通信方式 | 节点带宽的使用方式 |
| --- | --- | --- | --- | --- | --- |
| 共享式以太网 | 集线器 | 物理层 | 逻辑总线结构 | 广播 | 共享 |
| 交换式以太网 | 交换机 | 数据链路层 | 逻辑星型结构 | 可以点对点 | 分配 |

目前，局域网交换机主要是针对以太网来设计的，它通过提高连接服务器的端口的速率以及相应的帧缓冲区的大小来提高整个网络的性能，从而满足用户的需求。一些高档的交换机还采用全双工技术进一步提高端口的带宽，而 Hub 是采用半双工的工作方式，形成共享介质和共享带宽模式。即当某端口发送数据时，它不能接收数据；而当某端口接收数据时，它不能发送数据。局域网交换机采用全双工技术，即主机在发送数据包的同时还可以接收数据包，如图 4-9 所示，形成交换和独占带宽模式，因此大大增加了带宽，提高了吞吐量。

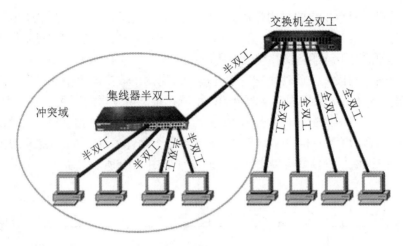

图 4-9　交换机的工作模式

# 4.3　高速局域网

局域网虽然是起步较早并研究了较长时间的一种网络，但近十几年来局域网技术又焕发了新的活力，得到快速发展，新的应用不断出现，传统局域网的传输速率与带宽越来越不能满足需求。

传统局域网技术是建立在共享介质基础上的，但当局域网规模不断扩大、节点数不断增加时，信道上的数据传输量加大，会导致冲突概率的增加，传输速率变慢，带宽变窄，使网络性能降低，因此高速局域网技术应运而生。目前，高速局域网分成两大类：高速共享介质局域网和交换局域网。高速共享介质局域网又可分为高速以太网、FDDI 网等；交换局域网又可分为交换以太网和 ATM 局域网等。

从实际应用的角度看，这里重点讲述高速以太网的工作原理和应用，对其他的高速局域网则做简单介绍。

## 4.3.1　提高局域网速率的方法

人们利用计算机网络来处理各种计算、数据和预测问题越来越普遍，但伴随产生的问题是每个用户分摊到的平均带宽越来越窄，数据在网络上的传输时间越来越长。

要提高局域网每个用户的平均带宽，对于不同拓扑结构的局域网有不同的办法。对于总线拓扑结构的局域网，可以采用提高通信设备和线路性能的方法，也可以采用对局域网进行分割的方法；对于环型局域网，只能采用提高通信设备和线路性能的方法。

### 1. 局域网分隔法

根据对局域网的使用统计分析，不难发现每个用户的通信对象在绝大多数情况下都是在局部区域内。因此，如果把一个局域网划分成几个子网（也称为网段），由于子网内部用户数量较少，每个用户的平均带宽就会有所增加。例如，一个局域网内部有 100 个用户，局域网的总带宽为 100Mb/s，每个用户的平均带宽为 1Mb/s。如果用户数量增加到 1000 个，则每个用户的平均带宽就降到 0.1Mb/s。反过来，如果把这样的一个局域网划分为 10 个子网，每个子网有 100 个用户，每个用户的平均带宽就可以恢复到 1Mb/s，也就是提高了 10 倍。由于在局域网中服务器起着至关重要的作用，为了保证对服务器的访问质量，可以使服务器单独占用一个网段。在这种情况下，服务器在网段中所占用的带宽就是 100Mb/s。

不同的子网（网段）之间使用网桥来连接。每当网桥收到一份报文以后，相应的报文地址就由网桥进行分析。如果发现报文的目的地址就在报文所发送的子网之内，网桥就对这个报文不予理睬。当一个网段向另外一个网段传输信息时，如果网桥根据信宿端的地址表发现需要越过网桥传输信息，就考察和网桥相接的另外一端是否允许信息输入，如果可以就把信息传过去，否则发出冲突信号使信源端停止发送，此过程如图 4-10 所示。

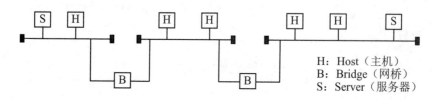

H: Host（主机）
B: Bridge（网桥）
S: Server（服务器）

图 4-10　网段的划分

分隔局域网的方法实施简单、维护方便，在一定范围内应用较多，但其应用技术受限。

2. 提高硬件性能法

提高硬件性能法主要是指使用能够提供更大带宽（更大的数据传输速率）的共享介质。例如，早期使用的双绞线只能提供 10Mb/s 的带宽，进而能应用于高速局域网的 100Mb/s 双绞线，乃至应用于 1000Mb/s（1Gb/s）的千兆位以太网和 10000Mb/s（10Gb/s）的万兆位以太网都是从提高硬件性能（光纤、高速网络互联设备）的角度来取得局域网的高速度。这两个方案将在后面介绍。

3. 采用交换式局域网法

采用上述第二种方法能够保护用户原有的投资和维持原有的工作模式，确实硬件更换所需要的资金投入还是相当高的。但用局域网交换机构成的交换式局域网无论在思路上、技术上还是在投资的经济性上都是相当好的方案。所以在考虑提高局域网的性能时，可以考虑更换成交换式局域网。在使用交换式局域网时，原有的总线型局域网并非完全抛弃而是综合利用，这对于保护原有投资、维持原有工作模式的要求仍是有吸引力的。

### 4.3.2　高速以太网

1. 千兆位以太网

千兆位以太网（1Gb/s 以太网，也称吉比特以太网）作为一种高速以太网技术，成为提高核心网络性能的有效解决方案，它的最大特点是继承了传统以太网技术价格便宜的优点。

IEEE802 工作组根据千兆位以太网的发展研究，在 1998 年制定了两个 802 标准：IEEE802.3z 和 IEEE802.3ab，其中 IEEE802.3z 制定了光纤和短程铜线连接方案的标准，而 IEEE802.3ab 制定了 5 类双绞线上较长距离连接的标准。

千兆位以太网主要有以下四种类型标准：

（1）1000Base-SX：使用芯径为 50μm 或 62.5μm，工作波长为 850nm 或 1300nm 的多模

光纤，采用 8B/10B 编码方式，传输距离分别为 260m 和 525m，适用于同一建筑物中同一层的短距离主干网。

（2）1000Base-LX：使用芯径为 9μm、50μm 或 62.5μm，工作波长为 1300nm 的多模或单模光纤，采用 8B/10B 编码方式，传输距离分别为 550m 和 3km～10km，主要用于校园主干网。

（3）1000Base-CX：使用 150Ω平衡屏蔽双绞线（STP），采用 8B/10B 编码方式，传输速率为 1.25Gb/s，传输距离为 25m，主要用于集群设备的连接，如一个交换机房内的设备互连。

（4）1000Base-T：使用 4 对 5 类非平衡屏蔽双绞线（UTP），传输距离为 100m，主要用于结构化布线中同一层建筑中的设备通信，从而可以利用以太网或快速以太网中已铺设的 UTP 电缆。

1Gb/s 以太网仍然是以太网技术，因为它采用了与 10Mb/s 以太网相同的帧格式、帧结构、网络协议、流控模式和布线系统，如图 4-11 所示。它允许在 1Gb/s 下采用全/半双工传输方式：在半双工传输方式时，使用 CSMA/CD 介质访问控制；在全双工方式时，不需要使用 CSMA/CD 介质访问控制。图 4-12 所示为某校园网的千兆位以太网。

| 7 | 1 | 2 或 6 | 2 或 6 | 2 | 46～1500 | | 4 字节 |
|---|---|---|---|---|---|---|---|
| 前导 | 开始标志 | 目的地址 | 源地址 | 长度 | 数据 | 填充 | 校验序列 |

图 4-11　与以太网相同的帧格式

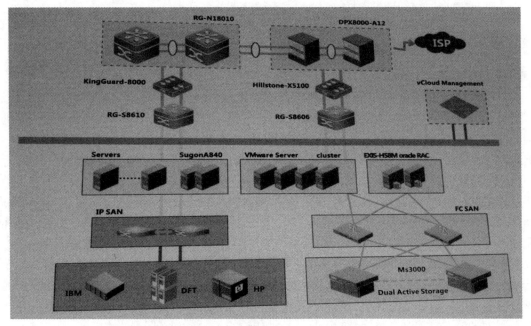

图 4-12　某校园网的 1Gb/s 以太网

### 2．万兆位以太网

万兆位以太网也称为 10Gb/s 以太网。万兆位以太网的标准由 IEEE 制定，并于 2002 年 6 月完成，称为 IEEE802.3ae 标准。万兆位以太网标准不仅将以太网的带宽提高到 10Gb/s（在使用万兆位以太网信道的情况下可以达到 40Gb/s 甚至更高的速率），同时也将通信距离提高到数十千米甚至上百千米。

万兆位以太网仍使用与 10Mb/s 和 100Mb/s 以太网相同的帧格式，并允许直接升级到高速网络，它不仅在局域网中应用而且应用到了城域网和广域网中，实现了端到端的以太网传输。但是需要注意，万兆位以太网并不是简单地将速率提高，还需要解决许多技术问题。

（1）新物理层标准。新开发的物理层标准，一个是 LAN 版的，一个是 WAN 版的。一个万兆位以太网交换机可以支持 10 个千兆位以太网端口。

（2）传输介质的选择。万兆位以太网只使用光纤传输介质，并且使用长距离的光收发器与单模光纤接口，距离可超过 40km。

（3）全双工方式。万兆位以太网只工作在全双工方式，不再存在争用问题，也不使用 CSMA/CD 协议。但万兆位以太网使用与 10Mb/s、100Mb/s 和 1000Mb/s 一样的帧格式，这样便于较低速率的以太网的平滑升级，也便于万兆位以太网与较低速率的以太网的通信。

万兆位以太网可进行交换、路由，也可共享。目前所有的网络互联技术，如使用第三层交换这种特殊交换的 IP 技术，都完全与万兆位以太网兼容，正如它们与以太网和快速以太网兼容一样。万兆位以太网不仅可以使用局域网交换机和路由器，也可使用全双工转发器（每个端口的价格比较低）。

总之，万兆位以太网具有网络结构简单、成本低、支持宽带业务、网络灵活等特点，它仍然是以太网（即仍采用以太网的帧格式），但速度更快。

### 4.3.3  其他类型高速局域网

除高速以太网外，其他类型的高速局域网还有 FDDI 网和 ATM 网两种。

#### 1. FDDI 网

FDDI（Fibre Distributing Data Interface，光纤分布式数据接口）网是一种利用光纤构成的双环型网络，如图 4-13 所示。这种结构方式有较高的容错能力，当环路中某个站点或者光纤线路发生故障造成信号阻断时，可以在故障点的两端通过工作站把线路闭合，从而仍旧可以形成环路，保证信息的顺利传递。在网络中传播的光信号利用 ASK 方式进行调制。因光波的频率相当高，即使利用振幅键控方式进行调制，仍然能取得相当高的数据传输速率，可达到 100Mb/s。

FDDI 网采用双环结构，一个环按顺时针方向传输数据，另一个环按逆时针方向传输数据，一个环作为主环，另一个环作为备用环，当主环出故障时，可立即使用备用环，如果两个环都出现故障，可将两个环连接成一个环使用。

FDDI 网可分为 FDDI-I 和 FDDI-II 两种。其中 FDDI-I 就是通常所说的 FDDI 网，是专门传输纯数据的网络，将 FDDI-I 扩展后即为 FDDI-II 网。FDDI-II 网将 FDDI 的基本模式扩展为混合模式，可以同时支持分组交换和线路交换，因此它支持对音频和视频信息的传输。

因为光波不受其他电磁信号的干扰，数据传输的质量较高（即误码率低），故 FDDI 经常用在连接大型计算机与高速设备以及对可靠性、传输速率和传输质量要求较高的场合。例如，可作为校园网的主干网、主机及外部设备集中的网络中心和企业网的主干网。不过，由于千兆及更高速以太网的出现，影响了 FDDI 网的快速发展。

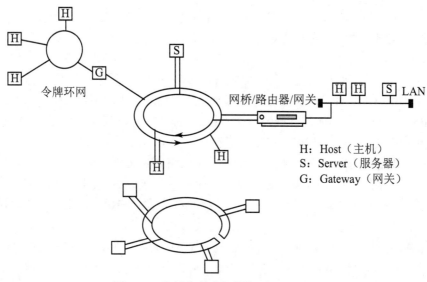

图 4-13 光纤分布式数据接口（FDDI）

## 2. ATM 网

自 20 世纪 80 年代以来，跨越广域网实现 LAN 的互联网越来越多。同时随着多媒体技术的出现，人们对可视图文、视频电话、视频会议、图像传输等通信业务的需求迅速增加，对带宽的需求也越来越高。针对这种情况，国际通信联盟（ITU）于 1986 年成立了一个研究小组，研究开发一种可以统一处理声音、数据和各种服务的高速综合网络，从而 B-ISDN（宽带综合业务数字网）标准问世。B-ISDN 服务要求有高速通道来传输数字化的声音、图像和多媒体信息。ATM 是支持 B-ISDN 服务的一种交换技术。ATM 虽然产生于广域网领域，但它的网络结构更适用于局域网。

ATM 是面向连接的，它是通过建立虚电路来进行数据传输的。ATM 采用固定长度（53B）的信元为数据包，固定长度的 ATM 信元使得联网和交换的排队延迟数据更容易预测，同时较小的信元长度降低了交换节点内部缓存的容量，限制了信息在这些缓冲区的排队延迟。ATM 采用面向连接的传输方式，将数据分割成固定长度的信元，通过虚连接进行交换。一个 ATM 的传输过程可以包括三个阶段：连接建立、数据传输和连接终止。

ATM 中的虚连接由虚通路（VP）和虚通道（VC）组成，分别用 VPI 和 VCI 来标识。多个虚通道 VC 可以复用一个虚通路 VP，而多个虚通路 VP 又可以复用一条传输链路。在一个传输链路上，每个虚连接可以用 VPI 和 VCI 的值唯一标识。虚通道、虚通路和传输链路的关系如图 4-14 所示。

图 4-14 虚通道、虚通路和传输链路的关系

当发送端希望与接收端建立虚连接时，它首先通过 UNI 向 ATM 网络发送一个建立连接的请求。接收端收到该请求并同意建立连接后，一条虚连接才会被建立。虚连接用 VPI/VCI 来标识。连接建立后，虚连接上的所有中继交换机中都会建立连接映像表。

在虚连接中，相邻两个交换机间的信元 VPI/VCI 值保持不变。当信元经过交换机时，其信元头中的 VPI/VCI 值将根据要发送的目的地参照连接映像表映射成新的 VPI/VCI。这样通过一系列 VP、VC 交换，信元被准确地传送到目的地。虚连接有两种：永久虚连接（PVC）和交换虚连接（SVC）。SVC 和 PVC 的不同点在于，SVC 是在进行数据传输之前通过信令协议自动建立的，数据传输之后便被拆除，PVC 是由网络管理等外部机制建立的虚拟连接，该连接在网络中一直存在。每个 ATM 虚连接都有一个服务质量参数（QoS）来标定所传输的数据。QoS 参数主要包括数据传输所需要的带宽、数据负载类型（CBR 或 ABR 等）、数据优先级、时延等。

为了保证服务质量、更好地支持各种业务，ATM 在流量管理、拥塞控制、业务分类与结构、支持话音业务、交换式虚电路、复用技术等方面开展了大量研究工作并取得了许多成果。ATM 骨干网采用 155M 带宽，适合 IP over ATM、多媒体传输、视频点播、远程教学、远程医疗等多种应用。

# 4.4　虚拟局域网

## 4.4.1　虚拟局域网简介

虚拟局域网（Virtual LAN，VLAN）是建立在交换技术基础上的一种局域网技术。这种技术将网络上的节点按工作性质与需要划分成若干"逻辑工作组"，每个逻辑工作组就是一个虚拟网络。在传统的局域网中，通常一个工作组是在同一个网段上，每个网段可以是一个逻辑工作组或子网，多个逻辑工作组之间通过实现互联的网络网桥或路由器来交换数据。一个逻辑工作组的节点要转移到另一个逻辑工作组时，就需要将节点计算机从一个网段撤出连接到另一个网段上，甚至需要重新进行布线，很不方便。因此逻辑工作组的组成要受节点所在网段的物理位置限制。

虚拟网络建立在交换机基础之上，以软件方式来实现逻辑工作组的划分与管理，逻辑工作组的节点组成不受物理位置的限制，即在同一个逻辑工作组的成员不一定要连接在同一个物理网段上，它们可以连接在同一个局域网交换机上，也可以连接在不同的局域网交换机上，只要这些交换机是互联的即可。当一个节点从一个逻辑工作组转移到另一个逻辑工作组时，只需要简单地通过软件设定，而不需要改变它在网络中的物理位置。分布在不同物理网段的同一个逻辑工作组节点之间的通信就像在同一个物理网段上一样。

## 4.4.2　虚拟局域网的实现

虚拟局域网的概念是从传统局域网引申出来的。虚拟局域网在功能、操作上与传统局域网基本相同，它们的主要区别在于"虚拟"二字上，即虚拟局域网的实现（组网方法）与传统局域网不同。

VLAN 的一组节点可以位于不同的物理网段上，但是它们并不受节点所在物理位置的束缚，相互之间通信就好像在同一个局域网中一样。虚拟局域网可以跟踪节点位置的变化，当节点的物理位置改变时，无须人工进行重新配置。因此，虚拟局域网的组网方法十分灵活。

交换技术本身就涉及到网络的多个层次，因此虚拟网也可以在网络的不同层次上实现。不同 VLAN 组网的区别主要是根据 VLAN 成员不同的定义方法，通常有以下四种：

（1）基于交换机端口的定义（划分）。

许多早期的虚拟局域网都是根据 LAN 交换机的端口来定义虚拟局域网成员的。虚拟局域网从逻辑上把 LAN 交换机的端口划分为不同的虚拟子网，各虚拟子网相对独立，其结构如图4-10（a）所示。图中局域网交换机端口 1、2、3、7 和 8 组成 VLAN1，端口 4、5 和 6 组成 VLAN2。虚拟局域网也可以跨越多个交换机，局域网交换机 1 的 1、2 端口和局域网交换机 2 的 4、5、6、7 端口组成 VLAN1，局域网交换机 1 的 3、4、5、6、7、8 端口与局域网交换机 2 的 1、2、3、8 端口组成 VLAN2，如图 4-15（b）所示。

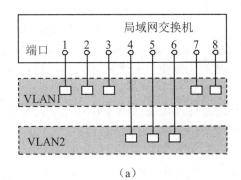

（a）

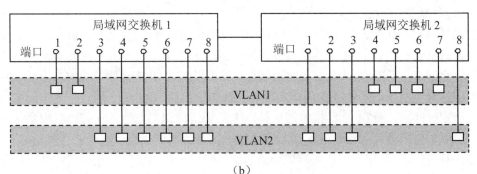

（b）

图 4-15　基于端口的 VLAN

用局域网交换机端口划分虚拟局域网成员是最通用的方法，但是纯粹用端口定义虚拟局域网时，不允许不同的虚拟局域网包含相同的物理网段或交换端口，例如交换机 1 的 1 端口属于 VLAN1，就不能再属于 VLAN2。用端口定义虚拟局域网的缺点是：当用户从一个端口移动到另一个端口时，网络管理者必须对虚拟局域网成员进行重新配置。

（2）基于 MAC 地址的定义（划分）。

即用节点的 MAC 地址来定义虚拟局域网。所谓 MAC（Media Access Control）地址是指用来定义网络中设备的位置，表示互联网上每一个站点的一种标识符，也称为介质访问控制地址或物理地址，在 OSI 模型中，数据链路层负责 MAC 地址，每台主机都有一个 MAC 地址。MAC 地址共 6 个字节（即 48 位），MAC 地址是固定的，由网卡决定。其中前面高 24 位是 IEEE

分配给不同厂家的代码，以区分不同的厂家，而后面低 24 位则由厂家自己分配，称为扩展标识符。但同一个厂家生产的网卡中，其 MAC 地址的后 24 位是不同的（即具有唯一性）。MAC地址一般用 12 位的十六进制数来表示，如某台主机网卡的 MAC 地址是 F4:E3:FB:6C:35:3D，是全球唯一的。

基于 MAC 地址的定义（划分）方法具有自己的优点，由于节点的 MAC 地址是与硬件相关的地址，所以用 MAC 地址定义的虚拟局域网允许节点移动到网络其他物理网段，而不需要重新定义（因为节点的 MAC 地址没变），该节点将自动保持原来的 VLAN 成员地位。从这个角度看，基于 MAC 地址定义的虚拟局域网可以看做是基于用户的虚拟局域网。

用 MAC 地址定义虚拟局域网的缺点是：要求所有用户在初始阶段必须配置到至少一个虚拟局域网中，初始配置通过人工完成，随后就可以自动跟踪，但在大规模网络中，初始化时把上千用户配置到某个虚拟局域网中是很麻烦的。

（3）基于 IP 地址的定义（划分）。

使用节点的网络层地址，例如用 IP 地址来定义虚拟局域网，这种方法具有以下优点：首先，它允许按照协议类型来组成虚拟局域网，这有利于组成基于服务或应用的虚拟局域网；其次，用户可以随意移动工作站而无须重新配置网络地址，这对 TCP/IP 协议的用户是特别有利的。

与前两种方法相比，用网络层地址定义虚拟局域网的方法的缺点是性能比较差，检查网络层地址（IP 地址）比检查 MAC 地址要花费更多的时间，因此，用 IP 地址定义 VLAN 的速度较慢。

（4）基于 IP 广播组的定义（动态划分）。

这种虚拟局域网的建立是动态的，它代表了一组 IP 地址。虚拟局域网中由叫做代理的设备对虚拟局域网中的成员进行管理。当 IP 广播包要送达多个目的节点时，就动态建立虚拟局域网代理，这个代理和多个 IP 节点组成 IP 广播组虚拟局域网。网络用广播信息通知各 IP 站，表明网络中存在 IP 广播组，节点如果响应信息，就可以加入 IP 广播组，成为虚拟局域网中的一员，与虚拟局域网中的其他成员通信。IP 广播组中的所有节点属于同一个虚拟局域网，但它们只是特定时间段内特定 IP 广播组的成员。IP 广播组虚拟局域网的动态特性提供了很大的灵活性，可以根据服务灵活地组建，而且它可以跨越路由器形成与广域网的互联。

上述四种 VLAN 的划分方式各有优缺点，实际中可根据具体情况选择其中某一种划分方式。但一般来讲，前三种应用较多些，其中最为常用的是基于交换机端口的划分方式。

# 4.5　无线局域网

## 4.5.1　无线局域网简介

近几年来，随着 802.11 无线网络标准的扩展和无线通信网络技术的迅猛发展，无线局域网（Wireless LAN，WLAN）技术也得到很快发展。最初该项技术始于 20 世纪 80 年代，由美国联邦通信委员会（FCC）为工业、科研和医学（ISM）频段的公共应用提供授权而产生。这项政策使各终端不需要获得 FCC 许可证就可以应用无线产品，从而促进了 WLAN 技术的应用和发展。

## 1．WLAN 的概念

WLAN 是指以无线信道作为传输介质的计算机局域网络，是计算机网络与无线通信技术相结合的产物，它以无线多址信道作为传输介质，提供传统有线局域网的功能，使用户实现随时、随地、随意的宽带网络接入。与有线局域网通过铜线或光纤等导体传输不同的是，无线局域网使用电磁频谱来传递信息，利用射频（Radio Frequency，RF）电磁波技术，采用 2GHz～5GHz 的射频 UHF 频段电磁波在空中进行通信连接。数据传输速率可以达到 11Mb/s 和 54Mb/s，覆盖范围为 100m。

WLAN 技术使网上的计算机具有可移动性，能快速、方便地解决有线方式不易实现的网络信道连通问题，构建移动网络。它利用电磁波在空气中发送和接收数据，无须线缆介质。与有线网络相比，WLAN 具有以下优点：

（1）安装便捷。无线局域网的安装工作非常简单，它无须施工许可证，不需要布线或开挖沟槽。它的安装时间只是安装有线网络时间的零头。

（2）覆盖范围广。在有线网络中，网络设备的安放位置受网络信息点位置的限制。而无线局域网的通信范围不受环境条件的限制，网络的传输范围大大拓宽。WLAN 稳定的覆盖范围在 20～50m 之间。

（3）经济节约。WLAN 不受布线节点位置的限制，具有传统局域网无法比拟的灵活性。

（4）易于扩展。WLAN 有多种配置方式，能够根据需要灵活选择。这样 WLAN 就能胜任从只有几个用户的小型网络到上千用户的大型网络，并且能够提供像"漫游"（Roaming）等有线网络无法提供的特性。

（5）传输速率高。WLAN 的数据传输速率可以达到 11Mb/s～54Mb/s，最高 1Gb/s。

此外，相对于有线网络，无线局域网的组建、配置和维护较为方便。由于 WLAN 具有多方面的优点，其发展十分迅速，在医院、商店、工厂和学校等各种不适合网络布线的场合得到了广泛的应用。

## 2．WLAN 的结构

无线局域网由无线网卡、无线接入点、计算机及相关设备组成，与有线局域网的主要区别在于传输介质与 MAC 协议。它可以与有线网络互联使用或单独使用，可以组成自组织无线局域网（Ad-hoc Network）、多区无线局域网（Infrastructure WLAN）和有线局域网。WLAN 有两种主要的结构：自组织网络（也称对等网络，即常见的 Ad-Hoc 网络）和基础结构网络。

（1）自组织型 WLAN（Ad-Hoc 网络）。这是一种对等模型的网络，它的建立是为了满足暂时需求的服务。自组织网络是由一组有无线接口卡的无线终端，特别是移动电脑组成的。这些无线终端以相同的工作组名、扩展服务集标识号（ESSID）和密码等对等的方式相互直连，在 WLAN 的覆盖范围之内进行点对点或点对多点之间的通信，如图 4-16 所示。

构建自组织网络不需要增添任何网络基础设施，仅需要移动节点并配置一种普通的协议。在这种拓扑结构中，不需要有中央控制器的协调。因此自组织网络使用非集中式的 MAC 协议，例如 CSMA/CA（载波监听多路访问/碰撞避免）。但由于该协议所有节点具有相同的功能性，因此实施复杂并且造价昂贵。

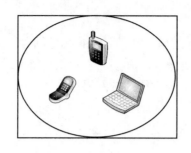

图 4-16　自组织网络结构

（2）基础结构型 WLAN。这种 WLAN 利用了高速的有线或无线骨干传输网络。在这种拓扑结构中，移动节点在基站（BS）的协调下接入到无线信道，如图 4-17 所示。这时无线通信是作为有线通信的一种补充和扩展，也把这种情况称为非独立的 WLAN。

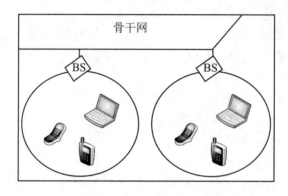

图 4-17　基础结构网络结构

基站的另一个作用是将移动节点与现有的有线网络连接起来。当基站执行这项任务时，它被称为接入点（Access Point，AP）或热点。基础结构网络虽然也会使用非集中式 MAC 协议，如基于竞争的 802.11 协议可以用于基础结构的拓扑结构中，但大多数基础结构网络都使用集中式 MAC 协议，如轮询机制。由于大多数的协议过程都由接入点执行，移动节点只需要执行一小部分的功能，所以其复杂性大大降低。在基础结构网络中，存在许多基站及基站覆盖范围下的移动节点形成的蜂窝小区，基站在小区内可以实现全网覆盖。在实际应用中，大部分无线 WLAN 都是基于基础结构网络的 WLAN。

所谓蜂窝小区是指把移动通信的服务区分成一个个正六边形的小子区（亦称蜂窝小区），每个小区设一个基站，构成了形状酷似"蜂窝"的结构，称为蜂窝移动通信网。无线局域蜂窝网采用 802.11b/g 标准，主要由移动终端（手机等）、无线基站和移动交换中心组成。每个小区基站均与移动交换中心连接，构成一个蜂窝移动网。图 4-18 所示为蜂窝移动通信网。

3．WLAN 的传输技术

无线局域网采用的传输介质主要有：微波、红外线和射频电磁波。采用微波作为传输介质的无线局域网可分为扩频方式和窄带调制方式。大多数的 WLAN 产品都采用了扩频技术。扩频技术原来是军事通信领域中使用的宽带无线通信技术。使用扩频技术，能够使数据在无线传输中保持完整可靠，并且确保同时在不同频段传输的数据不会互相干扰。

基于红外线的传输技术最近几年有了很大发展，目前广泛使用的家电遥控器大都采用红外线传输技术。作为无线局域网的传输方式，红外线方式的最大优点是这种传输方式不受无线电干扰，且红外线的使用不受国家无线电管理委员会的限制。然而，红外线对非透明物体的透过性极差，对无线局域网传输距离有限制。

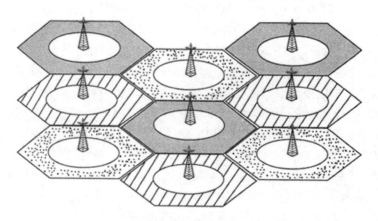

图 4-18  蜂窝移动通信网

4. WLAN 的互联

在实际组网中根据不同的应用环境与使用需求，WLAN 可采取不同的网络结构来实现互联。

（1）网桥连接型。不同的局域网之间互联时，由于物理上的原因，不便采取有线方式时则可利用无线网桥的方式实现二者的点对点连接，无线网桥不仅提供二者之间的物理与数据链路层的连接，还可为两个网的用户提供较高层的路由与协议转换。

（2）基站接入型。当采用移动蜂窝通信网接入方式组建无线局域网时，各站点之间的通信是通过基站接入、数据交换方式来实现互联的。各移动站不仅可以通过交换中心自行组网，还可以通过广域网与远程站点组建工作网络。

（3）Hub 接入型。利用无线 Hub 可以组建星型结构的无线局域网，具有与有线 Hub 组网方式类似的优点。在该结构基础上的无线局域网可采用类似交换型以太网的工作方式，要求 Hub 具有简单的网内交换功能。

在充分掌握 WLAN 的网络结构及特点后，在设计 WLAN 的网络过程中应先确定接入点的数量和位置，以及每一组互联接入点覆盖区域的位置，防止因覆盖区域的间隙而导致在这些区域内无法正常通信。可以通过实地勘察来确定接入点的位置和数量，了解实际环境和用户需求，这包括覆盖频率、信道使用效率和吞吐量需求等信息，最后确定网络结构及组网方案。如同接收广播节目一样，在 WLAN 中随着移动用户逐渐远离接入点，其与接入点之间的通信也越来越困难，传输吞吐量也将会逐渐减少，WLAN 可以通过降低可靠性来提高传输速率，相反也可以通过降低传输速率来确保可靠性。

### 4.5.2  IEEE802.11 标准

IEEE802.11 是无线局域网（WLAN）的标准，包括 802.11a、802.11b、802.11g、802.11n 和 802.11ac，工作在 2.4GHz～2.4835GHz 开放频段。IEEE802.11 无线局域网标准工作组研究开发了无线通信设备及其网络标准，其中 IEEE802.11a 和 IEEE802.11b 标准于 1997 年 6 月公

布，是第一代无线局域网标准，该标准定义了物理层和介质访问控制（MAC）层的规范。

标准中，物理层规范定义了 WLAN 中数据传输的信号特征和调制方式。在物理层标准中定义了两个 RF 传输方式和一个红外线传输方式，RF 传输采用扩频调制技术来满足大多数国家允许的安全工作规范。扩频调制分为直接序列扩频（DSSS）和跳频扩频（FHSS），工作在 2.4GHz～2.4835GHz 频段。介质访问控制（MAC）层使用载波监听多路访问/冲突避免（CSMA/CA）协议。由于在 RF 传输网络中，冲突检测比较困难，所以该协议用避免冲突检测代替 802.3 协议使用的冲突检测，使用信道空闲评估（CCA）算法来决定信道是否空闲，通过测试天线口能量和决定接收信号强度 RSSI 来完成。

使用 IEEE802.11b 标准的无线局域网带宽最高可达 11Mb/s，比 IEEE802.11 标准快 5 倍，扩大了无线局域网的应用范围。IEEE802.11b 使用的是开放的 2.4GHz 频段，不需要申请即可直接使用。它与 IEEE802.3 以太网原理很相似，都是采用载波监听的方式来控制网络中信息的传送。不同之处是以太网采用的是 CSMA/CD 技术，而 802.11b 无线局域网则引进了冲突避免（CA）技术，从而避免了网络中冲突的发生，带宽可达 11Mb/s，提高了网络效率。

802.11b 运作模式基本分为点对点模式和基本模式两种。点对点模式是指无线网卡和无线网卡之间的通信方式。只要 PC 插上无线网卡即可与另一台具有无线网卡的 PC 连接，对于小型的无线网络来说是一种方便的连接方式，最多可连接 256 台 PC。基本模式是指无线网络规模扩充或无线和有线网络并存时的通信方式，这是 802.11b 最常用的方式。此时，插上无线网卡的 PC 需要由接入点（AP）与另一台 PC 连接。接入点负责频段管理及漫游等指挥工作，一个接入点最多可连接 1024 台 PC（无线网卡）。

802.11g 是一种混合标准，使用 2.4GHz 频率，可提供 54Mb/s 的带宽。它既能适应传统的 802.11b 标准在 2.4GHz 频率下提供 11Mb/s 的数据传输速率，也符合 802.11a 标准在 5GHz 频率下提供 56Mb/s 的数据传输速率。此外，还有一些 802.11g+标准的产品，可以提供 108Mb/s 的传输速率，但没有通过 IEEE 的认证。

802.11g 混合标准进一步推动了 802.11 无线局域网的发展，几种标准的比较如表 4-2 所示。

表 4-2　几种 WLAN 标准的比较

| 项目 \ 标准 | 802.11b | 802.11g | 802.11a | HiperLAN/2 |
|---|---|---|---|---|
| 工作频段 | 2.4GHz | 2.4GHz | 5GHz 以上 | 5GHz 以上 |
| 传输带宽 | 11Mb/s | 22Mb/s | 54Mb/s | 54Mb/s |

802.11n 是在 802.11g 和 802.11a 的基础上发展起来的，最大的特点是速率大为提高，理论速率可达 600Mb/s（主流为 300Mb/s）。802.11n 工作在 2.4GHz 和 5GHz 两个频段。802.11n 于 2009 年得到正式批准，采用 MIMO OFDM 技术、智能天线技术和软件无线电技术。其中 MIMO OFDM 技术将 MIMO（多入多出）技术与 OFDM（正交频分复用）技术相结合，提高了无线传输质量，也使传输速率得到极大提升。

MIMO 技术也称多入多出（Multiple Input Multiple Output）技术，是 20 世纪末美国贝尔实验室提出的一种新兴多天线通信技术，在发射端和接收端均采用多重天线（或阵列天线）和多通道，可提高数据传输速率。

2016 年 7 月，802.11n 标准升级到最新的 802.11ac 标准，802.11ac 提供高达 1Gb/s 带宽，工作在 5GHz，实现多站式无线局域网通信。

### 4.5.3 无线局域网的网络模型

WLAN 网络模型如图 4-19 所示。实际的无线局域网可用局域网交换机，来实现 802.1X 认证协议中的端口控制功能。为保证网络的安全性，在无线局域网的出口和认证端应加上防火墙。RADIUS 服务器和数据库还可以采取主、备结构，以保证网络的健壮性。

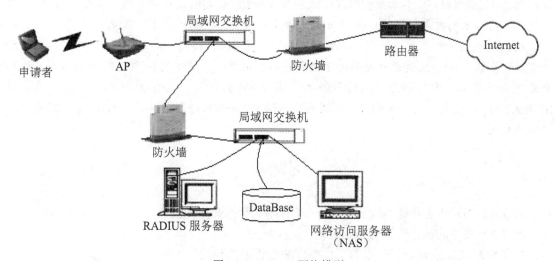

图 4-19 WLAN 网络模型

无线局域网的认证端由 RADIUS 服务器、网络访问服务器（Network Access Server，NAS）和数据库（Data Base，DB）组成。其中 RADIUS 是一种用于在需要认证时，在其链接的网络访问服务器（NAS）和共享认证服务器之间进行认证、授权和记帐信息的文档协议。

（1）网络访问服务器 NAS。作为 RADIUS 服务器的客户端，向 RADIUS 服务器转交用户的认证信息，并在用户通过认证之后，向 RADIUS 服务器发送计费信息。

（2）RADIUS 服务器。作为认证系统的中心服务器，它与 NAS、数据库相连，它接收来自 NAS 提交的信息，对数据库进行相应的操作，并把处理结果返回给 NAS。

（3）数据库 DB。用于保存所有的用户信息、计费信息和其他信息。用户信息由网络管理员添加至数据库中；计费信息来自 RADIUS 服务器；其他信息包括日志信息等。

### 4.5.4 无线局域网的应用前景

随着 802.11 性价比实质性的提高，人们把无线局域网作为有线局域网的延伸。无线局域网技术的高带宽、大数据量的特点决定了它主要应用于无线数据需求较大的用户。使用无线局域网不仅可以减少对布线的需求和与布线相关的一些开支，还可以提高灵活性和移动性。在国内，WLAN 的技术和产品在实际应用中已经很普遍。由于无线局域网不可替代的优点，其正迅速地应用于需要在移动中联网和在网间漫游的场合，并在不易布线的地方和远距离的数据处理节点中提供强大的网络支持。

随着人们对移动性访问和存储信息的需求越来越多，在一些诸如远程医疗、无人机、移动办公、移动交易、移动社交等领域中 WLAN 将会有越来越大的发展，获得更加广泛的应用。

# 本章小结

局域网以总线型、环型、星型拓扑结构为主，数据的传输在共享介质上进行，因此基本不存在路由选择问题。局域网的体系结构将数据链路层分为逻辑链路控制子层和介质访问控制子层。决定局域网性能的主要因素是拓扑结构、所选择的介质及介质访问控制技术。本章对局域网的特点、拓扑结构、参考模型以及以太网作了介绍。以太网是目前局域网数量最多的一种，但随着网络技术的发展，高速以太网出现，传统以太网的技术也在不断改变。

虚拟局域网虽然不是一种新的网络，但作为一种新的网络技术，在实际中非常实用，请读者注意掌握。WLAN 是近年发展迅速的一种新型网络，它遵循 IEEE802.11 无线标准。这部分着重讲述了几个新兴的无线局域网技术，如 MIMO 技术、OFDM 技术等，以及最新的 IEEE802.11g/n 无线标准。随着移动互联网、移动 PC 和智能手机的普及，WLAN 已经展现出广阔的应用前景。

# 习题 4

1. LAN 的特点是什么？近些年来 LAN 有哪些新的变化和发展？
2. LAN 常用的拓扑结构有哪几种？
3. CSMA/CD 访问控制技术的工作原理和过程是怎样的？
4. 为什么采用 CSMA/CD 技术冲突仍是难以避免的，而采用 Token（令牌）方式不会出现冲突？
5. 共享 LAN 与交换 LAN 的主要区别是什么？
6. 什么是 VLAN？VLAN 的实现是基于什么？
7. 什么是 WLAN？IEEE802.11 标准的工作模式是什么？
8. 在 WLAN 中，采用什么访问控制技术可以完全避免冲突？
9. 简述 IEEE802.11g 和 IEEE802.11n 标准，并说明什么是 MIMO 技术？

# 第 5 章　局域网组网技术

 本章导引

　　由于局域网是目前个人、企业、单位或部门应用最多的一种网络，了解和掌握局域网的组网原理和技术就显得尤为重要。为此，本章首先讲述局域网的基本组网设备，其中重点讲述网卡和局域网交换机的工作原理；然后讲述局域网的常用组网技术和方法；最后简单介绍智能大楼的概念和局域网结构化布线技术。

## 5.1　局域网组网设备

　　组建基于客户机/服务器（Client/Server）模式的局域网时，首先需要有服务器和客户机。其中服务器（Server）指在网络环境中为客户机（Client）提供各种服务的专用计算机，是网络的重要组成部分。服务器往往要求具备比较高的配置。服务器要求具有较高的"可靠性"、较好的"可利用性"、一定的"可扩展性"和"可管理性"。服务器通常有文件服务器、视频服务器、应用服务器、通信服务器等。随着网络规模的不断扩大，开始采用"服务器集群"等新技术。

　　客户机是指客户使用的连入网络的计算机，也可称为工作站。客户机是网络的前端，网络用户通过它接受网络的服务，访问网络的共享资源。因此网络客户机（工作站）应当具有接受网络服务、访问网络资源和接受网络管理的接口和能力。各种类型的计算机（在更多情况下，台式 PC 和笔记本 PC）均可作为网络客户机。客户机具有自己单独的操作系统，以便独立工作，其操作系统的类型应根据需要进行选择，常用的有 Windows 98/NT/2000/XP 等。

　　除了服务器和客户机外，组建局域网的基本网络设备主要是网卡、网线、集线器、交换机、路由器、防火墙等。

### 5.1.1　网卡

　　要组建网络，选择合适的网卡非常重要。随着计算机网络技术的发展，以及各种应用环境和应用层次的需求，出现了各种不同类型的网卡，网卡的划分标准也因此呈现多样化。

　　（1）网卡的类型。

　　1）按照网卡支持的网络类型分类。分为以太网卡、PCMCIA 网卡、ARCnet 网卡、ATM 网卡和 FDDI 网卡等。

　　2）按照网卡支持的传输速率分类。主流的网卡主要有 10Mb/s 网卡、100Mb/s 以太网卡、10/100Mb/s 自适应网卡、1Gb/s 网卡和 10Gb/s 以太网卡等。

　　3）按所支持的总线接口分类。根据计算机总线接口的不同，常用的网卡分为 ISA 网卡、PCI 网卡、PCMCIA 网卡和 USB（Universal Serial Bus，通用串行总线）网卡等。ISA 网卡有 16 位和 32 位两种，适用于 PC 和 PC XT 总线，现已逐渐被淘汰。PCI 网卡有 32 位和 64 位两种类型，适用于 Intel 主导的总线规格，是最为常用的一种网卡，如图 5-1 所示。PCMCIA 网卡有多种规格，是专为笔记本电脑方便地接入网络而设计的网卡。

图 5-1　PCI 网卡

USB 接口是一种新型的接口总线技术，其传输速率远高大于传统的并行口和串行口，设备安装简单并且支持热插拔。USB 网卡适用于总线规格，是外置的，一端为 USB 接口，另一端为 RJ-45 接口，目前分为 10M 和 10/100M 自适应两种。如图 5-2 所示为带有 D-Link DSB-650TX USB 接口的网卡。

图 5-2　带 D-Link DSB-650TX USB 接口的网卡

4）按网络接口的类型分类。网卡最终要与网络连接，必须要有一个接口，使网线通过它与其他计算机网络设备连接起来，不同的网络接口适用于不同的网络类型。目前常见的接口主要有以太网的使用双绞线的 RJ-45 接口、细同轴电缆的 BNC 接口和粗同轴电缆的 AUI 接口、现在广泛使用的各种光纤接口（如 SC、ST、FC、LC 光纤接口等），以及 FDDI 接口、ATM 接口等。有的网卡为了适用于更广泛的应用环境，提供了两种或多种类型的接口，例如有的网卡能同时提供 RJ-45、FC 或 ST 等多种接口。

如图 5-3（a）所示是一款笔记本电脑专用的 PCMCIA 双绞线以太网卡和转接线，不过也有一些 PCMCIA 笔记本电脑直接提供 RJ-45 专用以太网卡，如图 5-3（b）所示。

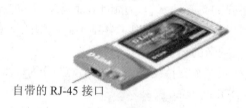

自带的 RJ-45 接口

（a）PCMCIA 双绞线以太网卡和转接线　　　（b）RJ-45 专用以太网卡

图 5-3　以太网卡

5）按所支持的传输介质分类。可分为双绞线网卡、粗缆网卡、细缆网卡、光纤网卡和无线网卡等。这些网卡带有相应的介质接头，如光纤网卡是带有 SC 或 ST 接口的网卡。

6）按应用的领域分类。网卡分为应用于工作站的网卡和应用于服务器的网卡。前面介绍的基本上都是工作站网卡，其实也可以应用于普通的服务器上。但在大型网络中，服务器通常都有专门的网卡。这种网卡相对于工作站所用的普通网卡来说，在带宽（通常在 100Mb/s 以上，主流服务器的网卡都为 64 位千兆网卡）、接口数量、稳定性、纠错等方面都有较为明显的提高。有的服务器网卡还支持冗余备份、热插拔等服务器专用功能。

（2）网卡的结构。

网卡主要由主控编码芯片、调控元件、BOOTROM 插槽和指示灯等部件组成。

（3）网卡的 MAC 地址。

为了标识网上的每台主机，需要给每台主机上的网络适配器（网卡）分配一个唯一的通信地址，该地址也称为网卡的物理地址或 MAC 地址。

不同的网卡其地址不同，每块网卡有唯一的地址，由网卡生产商"固化"在其中。IEEE 委员会为每一个网卡生产商分配了一段网卡地址，生产商只能生产这一段地址内的网卡，且不能重复，否则同一网卡地址的网卡在连接入网时就会发生冲突。网卡地址规定由 12 位十六进制数组成，长度为 48 比特，共 6 字节，如图 5-4 所示。其中，前 3 字节为 IEEE 分配给厂商的厂商代码，后 3 字节为网络适配器编号。例如，某网卡的地址为 00-30-21-0B-5E-43，其中，前 6 位是厂商编号，后 6 位是唯一的网卡编号，将其转换为二进制则是 12×4=48 位，即 6 字节。在 Windows 2000 中可用测试程序 Ipconfig 查看网卡的 MAC 地址。

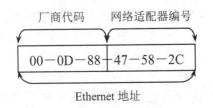

图 5-4　MAC 地址的组成

（4）网卡的工作方式。

在正常情况下，一个网络接口只响应以下三种数据帧：与自己硬件地址相匹配的数据帧、广播帧、组播帧。

在一个实际的网络中，数据的收发由网卡完成。网卡接收到传输来的数据后，网卡内的程序根据接收数据帧的目的 MAC 地址以及网卡的接收模式来判断并确定是否接收。

（5）网卡的接收模式。

网卡的设置包括 IRQ（Interrupt Request）号（即"中断请求"，简称中断号）、I/O 地址、DMA（Direct Memory Access，直接内存访问）等。但通常网卡都是即插即用（PnP）的，无需设置。其中 IRQ 是就声卡、调制解调器等外部设备而言的，在一般情况下并不使用，也就是说，不占用 CPU 的工作时间。当用户需要播放声音文件、上网时，声卡、调制解调器就会向 CPU 发出申请，要求 CPU 分配一些工作时间给它们。但此时往往 CPU 正在进行其他工作，怎么办？这时"中断"就起作用了。CPU 会给发出中断申请的外部设备一个中断号，也就是 IRQ 号，以后这个外部设备就使用这个中断号来工作，一旦有工作要求，CPU 就会响应，暂时分出一段时间为这个外部设备工作。

而 DMA 是指由 DMA 控制器直接掌管总线，CPU 把总线控制权交给 DMA 控制器，而在结束 DMA 传输后，DMA 控制器立即把总线控制权交回给 CPU。DMA 控制器获得总线控制权后，CPU 即刻挂起，由 DMA 控制器直接控制 RAM 与 I/O 接口进行 DMA 传输。在 DMA 控制器的控制下，在存储器和外部设备之间直接进行数据传输，不需要中央处理器的参与。所以，如果采用 DMA 传输方式，则无需 CPU 直接控制传输，通过硬件为 RAM 与 I/O 设备开辟一条直接传输数据的通路，可使 CPU 的效率大为提高，如图 5-5 所示。

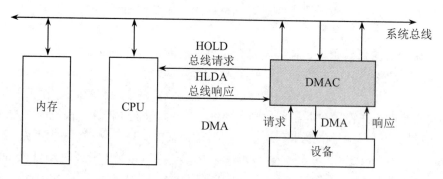

图 5-5　DMA 控制原理

网卡有以下四种工作模式：

（1）广播模式：该模式下的网卡能够接收网络中的广播信息。

（2）组播模式：设置在该模式下的网卡能够接收组播数据。

（3）直接模式：在这种模式下，只有目的网卡才能接收该数据。

（4）混杂模式：这种模式下的网卡能够接收一切通过它的数据，而不管该数据是否是传给它的。

因此，在网络安全中，常将网卡设置为混杂模式，以截（捕）获所有通过该网卡所在网段的数据包，通过分析数据包来检测是否存在入侵。

### 5.1.2　集线器

#### 1. 集线器概述

集线器也称集中器，英文简称为 Hub，工作在物理层，是中继器的一种改进，作用与中继器类似，与中继器的区别仅在于它能够提供更多的端口服务，如图 5-6 所示。集线器的主要功能是对接收到的信号进行再生整形、放大，以增大网络的传输距离，同时把所有节点集中在以它为中心的节点上，但不具备自动寻址功能，即不具备交换功能，所有传到集线器的数据均被广播到与之相连的所有端口，容易形成广播风暴。以集线器为中心节点的优点是：当网络系统中某条线路或某节点出现故障时，不会影响网上其他节点的正常工作，它提供多通道通信，从而极大地提高了网络速度。

图 5-6　集线器

## 2. 集线器的分类与不足

集线器也像网卡一样是伴随着网络的产生而产生的，它的产生早于交换机，更早于后面将要介绍的路由器等网络设备，所以它属于一种传统的网络设备。集线器有以下几类：

（1）按端口数量分类。集线器主要有 8 口、16 口和 24 口等几大类。服务器与集线器的连接一般需要通过 UP-Link 端口。对于带 UP-Link 端口的集线器，最多可连接 N 个工作站。

（2）按带宽分类。集线器分为 10Mb/s、100Mb/s 和 10/100Mb/s 自适应型三种。不过，要注意这里所指的带宽是指整个集线器所能提供的总带宽，而并非每个端口所能提供的带宽。假若集线器带宽为 10Mb/s，现共有 16 个端口，则每个端口的平均带宽就只有（10/16）Mb/s 了。这点与交换机有根本的区别。

随着网络技术及高端应用的发展，集线器的局限性也越来越突出。集线器主要有以下三点不足：

（1）用户带宽共享，带宽受限。集线器的每个端口并没有独立的带宽，而是所有端口共享总的背板带宽，用户端口带宽较窄，且随着所接用户的增多，用户的平均带宽不断减少，不能满足对网络带宽有严格要求的网络应用，如多媒体、流媒体应用等环境。

（2）广播方式，易造成网络风暴。集线器是一个共享网络设备。它本身不能识别目的地址，只是采用广播方式向所有节点发送，即当同一局域网内的 A 主机给 B 主机传输数据时，它将向网络上的所有节点同时发送这一信息，然后，每一台主机通过验证数据包头的地址来确定是否接收。这种方式，一方面很容易造成网络堵塞，因为接收数据的只有一个终端节点，而现在对所有节点都发送，绝大部分数据流量是无效的，这样就造成整个网络数据传输效率相当低；另一方面，所发送的数据包每个节点都能监听到，安全性差。

（3）半双工传输，通信效率低。集线器在某一时刻，每一个端口只能进行一个方向的数据通信（即半双工方式），而不能像交换机那样进行双向全双工传输，效率低。

因此，集线器（Hub）正逐渐被 LAN 交换机（Switch）所取代。

### 5.1.3　交换机

## 1. 交换机的主要特性

交换机的英文是 Switch，它是集线器的升级换代产品。从外观上来看，它与集线器没有多大差别，但在实际性能上交换机有很大的改进。由于集线器在共享介质传输、单工数据操作和广播数据发送方式等方面存在不足，决定了它很难满足用户速度和性能上的要求。交换机则克服了集线器的不足，因此在各骨干网络中得到了广泛应用。交换机的主要特性如下：

（1）低交换传输延迟。交换机的主要特点是低交换传输延迟，从传输延迟时间的量级来看，交换机为几十微秒（μs），网桥为几百微秒，而路由器为几千微秒。

（2）高传输带宽。对于 10Mb/s 的端口，半双工端口带宽为 10Mb/s，全双工端口带宽为 20Mb/s；对于 100Mb/s 的端口，半双工端口带宽为 100Mb/s，全双工端口带宽为 200Mb/s。

（3）允许 10/100Mb/s 共存。典型的交换机允许一部分端口支持 10Base-T（速率为 10Mb/s），另一部分端口支持 100Base-T（速率为 100Mb/s），交换机可以完成不同端口速率之间的转换，使得 10Mb/s 与 100Mb/s 两种网卡共存。在采用了 10/100Mb/s 自动监测技术时，交换机的端口支持 10/100Mb/s 两种速率以及全双工/半双工两种工作方式。端口能自动测试出所连接的网卡的速率是 10Mb/s 还是 100Mb/s，是全双工方式还是半双工方式，端口能自动识别并做相应的调整，大大减轻了网络管理的负担。

（4）支持 VLAN 服务。如前所述，VLAN 是把局域网划分成若干子网的一种技术。交换机是 VLAN 的基础，通过交换机的过滤和转发可以有效地隔离广播风暴。目前以太网交换机基本上都支持 VLAN 服务。

（5）端口独享带宽。交换机的每一个端口都独享交换机的一部分带宽，这样在速率上对每个端口来说有了根本保障。为了实现交换机之间的互联或与高档服务器的连接，交换机一般拥有一个或几个高速端口，如 1000Mb/s 以太网端口、FDDI 端口或 155M ATM 端口，从而保证整个网络的传输性能。

2. 交换机的主要功能

交换机基于 MAC 地址识别，能完成数据包的封装和转发、物理编址、网络拓扑结构、差错校验、帧序列和流量控制等功能。一些交换机还具备对 VLAN 和链路汇聚的支持，而现代高档交换机集成有路由器和防火墙的功能。一般来说，交换机的每个端口都用来连接一个独立的网段，但是有时为了有更快的接入速度，可以把一些重要的网络计算机（如网络的关键服务器或重要用户等）直接接到交换机端口。

另外，交换机还具有"自动学习"MAC 地址的功能：它对第一次没有成功发送到目的地址的数据包，再次对所有节点同时发送，通过目的节点的响应找到目的地址，然后把这个地址加入到自己的 MAC 地址列表中，这样，下次再发送到这个节点时就不会出错。

3. 交换机的工作原理

交换机和集线器在外形上非常相似，均为多端口设备，而且都遵循 IEEE802.3 及其扩展标准，介质访问控制方式也均为 CSMA/CD，但是它们在原理上有着根本的不同。简单地说，以交换机为中心节点构建的网络称为"交换式网络"，每个端口都能独享带宽，所有端口都能够同时进行通信，从而能在全双工模式下提供双倍的传输速率。而集线器构建的网络称为"共享式网络"，在同一时刻只能有两个端口（接收数据的端口和发送数据的端口）进行通信，所有的端口共享带宽。

（1）交换机的结构与工作过程。

典型的交换机结构与工作过程如图 5-7 所示。图中的交换机有 6 个端口，其中端口 1、4、5、6 分别连接了节点 A、节点 B、节点 C 和节点 D，交换机的"端口号/MAC 地址映射表"就可以根据以上端口号与节点 MAC 地址的对应关系建立起来，如果节点 A 与节点 D 要同时发送数据，那么，它们可以分别在以太帧的目的地址字段（DA）中填上该帧的目的地址。例如，节点 A 要向节点 C 发送帧，那么该帧的目的地址 DA=节点 C；节点 D 要向节点 B 发送帧，那么该帧的目的地址 DA=节点 B。当节点 A、节点 D 同时通过交换机传送以太帧时，交换机的交换控制中心根据"端口号/MAC 地址映射表"的对应关系找出对应帧目的地址的输出端口号，它就可以为节点 A 到节点 C 建立端口 1 到端口 5 的连接，同时为节点 D 到节点 B 建立端口 6 到端口 4 的连接。这种端口之间的连接可以根据需要同时建立多条，也就是说，在多个端口之间可同时建立多个临时专用通道，也称"并发连接"，当然这种连接是一种"虚连接"。

交换机拥有一条很高带宽的背部总线和内部交换矩阵，它的所有端口都挂接在这条背部总线上。控制电路收到数据包以后，处理端口会查找内存中的 MAC 地址（网卡的硬件地址）

对照表以确定目的 MAC 的网卡挂接在哪个端口上,通过内部交换矩阵(见图 5-7 中的转发机构)直接将数据包传送到目的端口,而不是所有节点,若目的 MAC 不存在,才广播到所有的端口。这种方式一方面明显地提高了效率,不会浪费网络资源;另一方面它只是对目的地址发送数据,所以不易造成网络堵塞,且数据传输也较为安全。

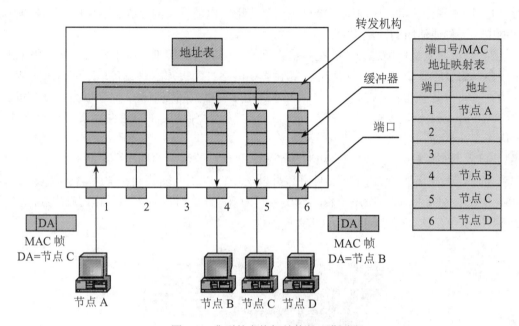

图 5-7　典型的交换机结构与工作过程

如上所述,从一个端口发过来的数据,其中含有目的地的 MAC 地址,交换机会在缓存(内存)中所保存的“端口号—MAC 地址”表里寻找与这个数据包中包含的目的 MAC 地址相对应的节点,并在这两个节点间建立一个连接,这样它们就可以不受干扰地进行通信了。通常一台交换机具有 1024 个 MAC 地址(即 1MB)空间,基本能满足实际需求。同时由于交换机是全双工传输,所以它可同时在多对节点之间建立多个临时专用通道(即“并发连接”)。

(2)交换机的“自学习”功能。

从前面可以知道,交换机里存有“端口号—MAC 地址”表,但问题是刚接入网的交换机如何知道网络中各节点的地址呢?“端口号—MAC 地址”表是怎样建立的?实际上初始的 MAC 地址表是空白的,交换机能够自动根据收到的以太帧中的源 MAC 地址更新地址表中的内容。当一台计算机打开电源后,安装在该系统中的网卡会定期发出空闲包或信号,交换机即可据此得知它的存在及其 MAC 地址,即所谓的“自动地址学习”。交换机使用的时间越长,学到的 MAC 地址就越多,未知的 MAC 地址就越少,因而广播的包就越少,速度也就越快。

另外一个问题是,交换机是否会永久性地记住所有的端口号—MAC 地址关系呢?由于交换机中的内存容量有限,因此,能够记忆的 MAC 地址数量也是有限的。为此,交换机设定有一个自动老化时间(又称“忘却机制”),若某 MAC 地址在一定时间(默认为 300s)内不再出现,那么交换机将自动把该 MAC 地址从地址表中清除。当下一次该 MAC 地址重新出现时,将会被当作新地址处理。因此，交换机不会永久性记住端口号－地址表中的信息。

4. 交换机的类型

交换机具有广泛的应用，因此出现了各种类型的交换机，主要是为了满足各种不同应用环境的需要，下面介绍一些主流类型。

（1）广域网交换机。广域网交换机主要是应用于电信城域网互联、互联网接入等领域的广域网中，提供通信用的基础平台。

（2）局域网交换机。这种交换机是最常见的。局域网交换机应用于局域网络，用于连接终端设备，如服务器、工作站、集线器、路由器、网络打印机等网络设备，提供高速的独立通信通道。局域网交换机中又有许多不同的类型，主要有以太网交换机、快速以太网交换机、千兆位（1Gb/s）以太网交换机、万兆位（10Gb/s）以太网交换机、FDDI 交换机、ATM 交换机和令牌环交换机等。

1）以太网交换机。以太网交换机是最普遍、最便宜的，它的档次多，品种齐全，应用领域也非常广泛，在各种规模的局域网中都可以使用。以太网交换机包括多种网络接口，如 RJ-45、BNC、AUI 和 SC，所用的传输介质分别为双绞线、细同轴电缆、粗同轴电缆和光纤。如图 5-8 所示是一款带有 RJ-45 和 AUI 接口的以太网交换机。

图 5-8  带有 RJ-45 和 AUI 接口的以太网交换机

2）千兆位以太网交换机。千兆位以太网交换机用于目前较新的一种网络——千兆位以太网中，该网络也称为"吉位以太网"，一般用于大型网络的骨干网段。所采用的传输介质有光纤、双绞线两种，对应的接口为 SC 接口和 RJ-45 接口。如图 5-9 所示是两款千兆位以太网交换机。

图 5-9  千兆位以太网交换机

3）万兆位以太网交换机。万兆位以太网交换机主要是为了适应当今万兆位以太网的接入，一般用于骨干网段，采用的传输介质为光纤，接口方式相应为光纤接口（ST 接口或 SC 接口）。现在，万兆位以太网的应用还不是很普遍。如图 5-10 所示是一款万兆位以太网交换机产品，它全部采用光纤接口。

图 5-10　万兆位以太网交换机

4）ATM 交换机。ATM 交换机是用于 ATM 网络的交换机产品，也是一种高速交换机，其价格一般较高。在有线电视的 Cable Modem 互联网接入法中，局端常采用 ATM 交换机。它的传输介质一般采用光纤，接口类型同样有两种：以太网 RJ-45 接口和光纤接口，这两种接口适合与不同类型的网络互联。如图 5-11 所示是为一款 ATM 交换机产品。

图 5-11　ATM 交换机

（3）第三层交换机。网络设备都对应工作在 OSI/RM 模型的一定层次上，工作的层次越高，说明其设备的技术性越高，性能也越好。传统的交换机本质上是具有流量控制能力的多端口网桥，即传统的（二层）交换机。后来人们把路由技术引入交换机，开发了所谓的"第三层交换机"，即交换机由原来工作在 OSI/RM 的第二层发展到现在可以工作在第三层。交换机（二层交换）的工作原理和网桥一样，是工作在数据链路层的联网设备，而"第三层交换机"是指工作在第三层（网络层）可进行路由选择的交换机。

第二层交换机只能工作在数据链路层，它依赖于数据链路层中的信息（如 MAC 地址）完成不同端口数据间的线速交换。而第三层交换机既可以工作在第二层也可以工作在第三层——网络层，它比第二层交换机功能更强，同时兼有路由和实现不同网段之间数据的线速交换等功能。这种交换机采用模块化结构，以适应灵活配置的需要。目前，在大中型网络中，第三层交换机已经成为标配。如图 5-12 所示是 3COM 公司的一款第三层交换机。

图 5-12　第三层交换机

（4）第四层交换机。第四层交换机是采用第四层交换技术而开发出来的交换机产品，工作于 OSI/RM 模型的第四层，即传输层，直接面对具体应用。第四层交换机支持的协议有：HTTP、FTP、Telnet、SSL 等。在第四层交换机中为每个供搜寻使用的服务器设立虚 IP 地址（VIP），每组服务器支持一种应用，它也是采用模块结构的。如图 5-13 所示是一款第四层交换机产品。

图 5-13　第四层交换机

第四层交换技术相对原来的第二层、第三层交换技术具有明显的优点，从操作方面来看，第四层交换是稳固的，因为它将数据包控制在从源端到目的端的区间中；另一方面，路由器或第三层交换机只是检测包头中的 TCP 端口数字，根据应用建立优先级队列，路由器根据链路和网络可用的节点决定包的路由，而第四层交换机则是在可用的服务器和性能基础上先确定区间。

需要说明的是，所有的交换机从协议层次上来说，都是向下兼容的，也就是说所有的交换机都能工作在第二层。

5. 交换机的工作模式

交换机为了提高数据交换的速度和效率支持多种工作模式，主要有以下三种：

（1）直接交换方式。在直接交换方式中，交换机只要接收并检测到目的地址字段，就立即将该帧转发出去，而不管这一帧数据是否出错。帧出错检测任务由节点主机完成。这种交换方式的优点是交换延迟时间短，缺点是缺乏差错检测能力，不支持不同输入/输出速率端口之间的帧转发。

（2）存储－转发交换方式。在存储－转发方式中，交换机先完整地接收发送帧，进行差错检测，如果接收到的帧是正确的，则根据帧的目的地址确定输出端口号，然后再转发出去。这种交换方式的优点是具有帧差错检测能力，并能支持不同输入/输出速率端口之间的帧转发，缺点是交换延迟时间将会增加。

（3）混合交换方式。改进的交换方法是将以上两种方式结合起来。在接收到帧的前 64 个字节后，判断以太帧的帧头字段是否正确，如果正确则转发出去。这种方法对于短的以太帧来说，其交换延迟时间与直接交换方式比较接近；而对于长的以太帧来说，由于它只对帧的地址字段和控制字段进行差错检测，因此交换延迟时间将会减少。

6. 交换机的端口与连接

（1）交换机的端口。交换机的端口按其对带宽的占用形式可分为专用端口和共享端口两种：所谓"专用端口"指该端口带宽被接入该端口的某节点所专用（独占），所谓"共享端口"指该端口带宽被接入该端口的多个节点共享（如该端口接了一台 Hub）；按其工作方式可分为半双工端口和全双工端口；按其结构可分为普通端口、级联端口和堆叠端口：普通端口在交换机中占大多数，有 16 口、24 口和 48 口。每个端口的 8 个脚中，用于通信的只有 1、2、3、6 这 4 个脚，其中 1、2 脚接收信号，3、6 脚发送信号，需要注意的是，网卡上的 RJ-45 端口与交换机的普通端口的通信脚排列是相同的；级联端口简称"级联口（UP-Link）"，在每台交换机中一般都有一个，专用于交换机之间的级联，它的 1、2、3、6 这 4 个通信脚排列正好与普通端口相反，即 1、2 脚发送信号，3、6 脚接收信号，级联口具有最大的传输速率，用于接主干交换机；堆叠是指将一台以上的交换机组合起来共同工作，以便在有限的空间内提供尽可能多的端口。多台交换机经过堆叠形成一个堆叠单元。堆叠端口采用专用的堆叠模块和堆叠总线进行堆叠，不占用网络端口；多台交换机堆叠后具有足够的系统带宽，VLAN 等功能不受影响。

（2）交换机之间的连接形式。交换机主要有两种连接形式：级联和堆叠。级联是交换机的某个端口与其他交换机的级联端口相连，而堆叠是通过交换机的背板连接起来的，如图 5-14 所示。交换机背板及各种连接线如图 5-15 所示。

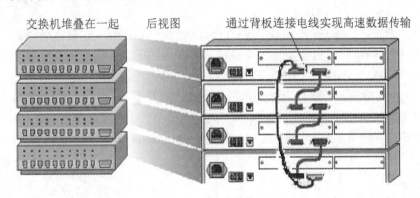

图 5-14　交换机的堆叠

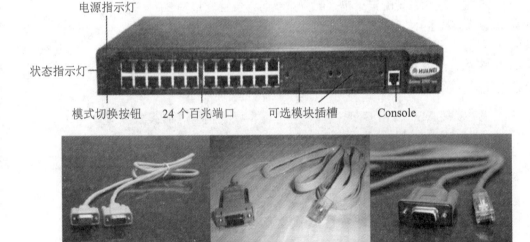

图 5-15　交换机背板及各种连接线

虽然级联和堆叠都可以实现端口数量的扩充，但是多台交换机级联后在逻辑上仍是多个被网管的设备，而堆叠后的多台交换机在逻辑上是一个被网管的设备。堆叠与级联这两个概念既有区别又有联系。堆叠可以看作是级联的一种特殊形式。它们的不同之处在于：级联的交换机之间可以相距很远，而一个堆叠单元内的多台交换机之间的距离非常近，一般不超过几米；级联采用"UP-Link 口"，而堆叠采用专用的堆叠模块和堆叠电缆。一般来说，不同厂家、不同型号的交换机可以互相级联，堆叠则不同，它必须在可堆叠的同类型交换机（至少应该是同一厂家的交换机）之间进行；级联仅仅是交换机之间的简单连接，堆叠则是将整个堆叠单元作为一台交换机来使用，这既增加端口密度又增加系统带宽。

7. 交换机的配置

下面以全球著名的网络设备商 Cisco 公司生产的 Catalyst 1900 系列交换机为例介绍交换机的配置过程。对一台新的 Catalyst 1900 交换机，使用它的默认配置就可以工作了。这是因为它是一种将软件装在内存（Flash Memory）中的硬件设备，当加电时，它首先要进行一系列自检，对所有端口进行测试之后，交换机就处于工作状态。这时它的交换表是空的，通过自学习来了解各个端口的设备连接情况，并将设备的 MAC 地址记录在交换表中，当有信息交换时，交换机就根据交换表进行数据转发。

为便于网络管理，Catalyst 1900 交换机自己有一个 MAC 地址，这样就可以为它分配一个 IP 地址和屏蔽码。网络管理员需要通过交换机的串口连接一台终端或仿真终端，为它指定一个 IP 地址，其默认值是 0.0.0.0。指定 IP 地址以后，网络管理员就可以通过网络进行远程管理了。Catalyst 1900 交换机的配置界面是菜单形式，默认配置下，它的所有端口都属于同一个虚拟局域网，很多情况下都不需修改。

将计算机串口通过 RS-232 电缆与 Catalyst 1900 的 Console 端口（Console 端口是网管型交换机的配置端口，用来配置交换机，只有网管型交换机才有，如图 5-16 所示）连接，然后按下列步骤进行配置：

（1）运行仿真终端软件，Catalyst 1900 启动。

（2）回车后进入主菜单。

（3）按 S 键，进入系统配置菜单（配置系统名、位置、日期）。

（4）在主菜单中按 N 键进入网络管理菜单。

（5）配置 IP 地置。

（6）配置 SNMP 参数。

经过上述配置后，交换机就可以正常工作了。

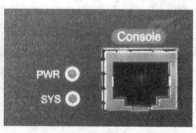

图 5-16　网管型交换机上的控制（Console）端口

8. 交换机与集线器的区别

交换机与集线器主要有以下四个方面的区别：

（1）工作层次不同。集线器工作在第一层（物理层），而交换机至少是工作在第二层，更高级的交换机可以工作在第三层（网络层）和第四层（传输层）。

（2）数据转发方式不同。集线器的数据传输方式是广播方式，而交换机的数据传输是有目的的，只有在 MAC 地址表中找不到目的地址的情况下才使用广播方式发送。

（3）带宽占用方式不同。集线器的所有端口是共享总带宽，而交换机的每个端口是独占带宽，这样交换机上每个端口的带宽比集线器端口的可用带宽要高，所以交换机的传输速率比集线器高、时延小。

（4）通信方式不同。集线器只能采用半双工方式进行传输，因为集线器是共享传输介质的，这样在上行通道上集线器一次只能传输一个任务，要么是接收数据，要么是发送数据。而交换机是采用全双工方式来传输数据的，因此可同时进行数据的接收和发送，这不但使数据的传输速度大大加快了，而且使整个系统的吞吐量比集线器至少要快一倍。

### 5.1.4　调制解调器、打印机与电源

#### 1. 调制解调器

调制解调器（Modem）由发送、接收、控制、接口、操纵面板及电源等部分组成。终端设备以二进制串行信号形式提供发送的数据，经接口转换为内部逻辑电平送入发送部分，经调制电路调制成线路要求的信号向线路发送。接收部分接收来自线路的信号，经滤波、反调制、电平转换后还原成数字信号送入数字终端设备。

电话线使通信的双方在相距几千千米的地方相互通话，在这些设备上若再配置 Modem，则能通电话的地方就可以传输数据，如图 5-17 所示。一般电话线路的话音带宽在 300～3400Hz 范围内，用它传送数字信号，其信号频率也必须在该范围内。常用的调制方法有三种：频移键控（FSK）、相移键控（PSK）和相位幅度调制（PAM）。

图 5-17　调制解调器连接图

（1）频移键控（FSK）。用特殊的音频范围来区别发送数据和接收数据。如调频 Modem Bell-103 型发送和接收数据的二进制逻辑被指定的专用频率是：发送，信号逻辑 0、频率 1070Hz，信号逻辑 1、频率 1270Hz；接收，信号逻辑 0、频率 2025Hz，信号逻辑 1、频率 2225Hz。

（2）相移键控（PSK）。高速的 Modem 常用四相制或八相制，四相制是用 4 个不同的相位表示 00、01、10、11 四个二进制数，如调相 Modem Bell-212A 型，它可以使 300b/s 的 Modem 传送 600b/s 的信息，但控制复杂。

（3）相位幅度调制（PAM）。PAM 是相位调制和幅度调制相结合的方法，用 16 个不同的相位和幅度电平使 1200b/s 的 Modem 传送 19200b/s 的数据信号，这种 Modem 一般用于高速同步通信中。

普通的 Modem 通常通过 RS-232C 串行口信号线与计算机连接。RS-232 的电气特性属于非平衡传输方式，抗干扰能力较弱，故传输距离较短，约为 15m。

#### 2. 打印机与电源

网络环境下配置打印机，应考虑 PC 配置的打印机是本地用还是网络共享。若是网络共享，则应设为"共享"的网络打印机；也可配置一台打印服务器并连接几台打印机；若要高速打印，还需配置专用的打印服务器。

为使数据在电源出故障的情况下不至于丢失，可以给计算机配备 UPS。工作站可配后备式 UPS，服务器配在线式 UPS（500～1000VA），而机房则可配置"净化交流电源"（1000～3000VA）（如配电柜）。

对于组建局域网所需的各种基本设备，在实际的网络规划和设计中还需要根据具体的网络方案和网络拓扑结构进行合理选择，以获得最优的性价比和网络性能。

# 5.2 常用局域网组网方法

### 5.2.1 双绞线组网

双绞线组网连接图如图 5-18 所示。

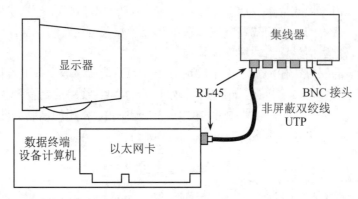

图 5-18 双绞线组网连接图

1. 10Mb/s 以太网

按照 10Base-T 标准，10Mb/s 以太网为星型拓扑结构，所需的基本硬件设备有：带 RJ-45 接口的以太网卡、集线器（Hub）、3 类或 5 类 UTP、RJ-45 连接头（俗称水晶头）、专用网钳。组网规则与方法：工作距离最大为 100m，级联不超过 4 级，只用 2 对芯线（1236 线）通信，如图 5-19 所示。

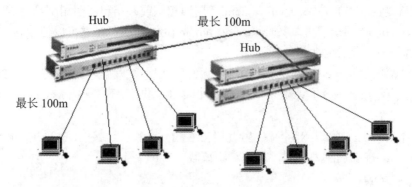

图 5-19 10Mb/s 以太网组网连接图

2. 100Mb/s 以太网

100Mb/s 以太网也称快速以太网，所需基本硬件设备包括：100Mb/s 的 Hub 或 100Mb/s 以太网交换机、10Mb/s 的 Hub、10/100Mb/s 自适应以太网卡、5 类 UTP 或光缆。100Base-T 的网卡有 3 种，即分别支持符合 100Base-TX、100Base-T4 和 100Base-FX 标准的网卡。其组网方法与 10Mb/s 以太网类似，但可以使用交换机，如图 5-20 所示。

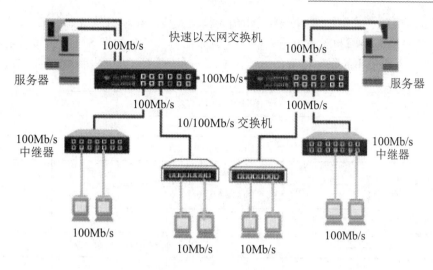

图 5-20　快速以太网组网连接图

### 5.2.2　光纤组网

**1. 千兆位（1000Mb/s）以太网**

千兆位以太网（1Gb/s 以太网）作为一种高速以太网技术，传输介质主要采用光纤或 5 类双绞线，它给用户带来了提高核心网络性能的有效解决方案。千兆位以太网技术仍然是以太网技术，采用了与 10Mb/s 以太网相同的帧格式、帧结构、网络协议、全/半双工工作方式、流控模式和布线系统，可与 10Mb/s 或 100Mb/s 以太网很好地配合工作。

10Mb/s 或 100Mb/s 以太网可平滑地升级到千兆位以太网，而不必改变网络应用程序、网管部件和网络操作系统，能够最大程度地保护用户投资。千兆位以太网基本的硬件设备包括 1Gb/s 以太网交换机、1Gb/s 以太网卡、100Mb/s 以太网交换机、10/100Mb/s 自适应以太网卡，传输介质为 5 类 UTP 或光缆。

千兆位以太网有四个标准：1000Base-T（5 类 UTP，100m）、1000 Base-CX（屏蔽双绞线，300m）、1000 Base-LX（单模光纤，3000m）和 1000Base-SX（多模光纤，300～550m），所遵循的协议有 IEEE802.3z（支持光纤和宽带同轴电缆）和 IEEE802.3ab（支持 5 类 UTP），如图 5-21 所示。

千兆位以太网主要考虑如何合理地分配网络带宽，实际中可根据网络的规模与布局选择二级、三级星型拓扑结构，即多级星型结构，组网方法如图 5-22 所示，但应该注意以下两点：

（1）主干部分若选千兆位以太网交换机，支线部分可选小型千兆位以太网交换机或 100Mb/s 交换机。

（2）部门一级选 100Mb/s 交换机或 Hub，用户端（桌面）选用 10/100Mb/s 自适应以太网卡。

**2. 万兆位（10Gb/s）以太网**

万兆位以太网（10Gb/s 以太网）使用 IEEE802.3 以太网介质访问控制（MAC）协议、IEEE802.3 以太网帧格式，不需要修改以太网介质访问控制（MAC）协议或分组格式。万兆位以太网采用光纤组网，主要用于组建骨干网络。它由光源（光发送机）、传输介质和检测器（光接收机）三部分组成。光源和检测器的工作由光端机完成。光端机是将多个 E1（通常速率为 2.048Mb/s，此标准为中国和欧洲采用）信号变成光信号并传输的设备（它的作用主要就是实现光/电转换）。一般最小的光端机可传输 4 个 E1，最大的光端机可传输 4032 个 E1。

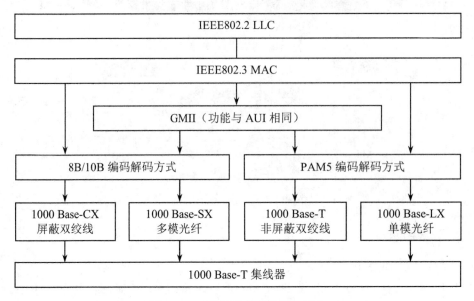

图 5-21　千兆位以太网的四种标准

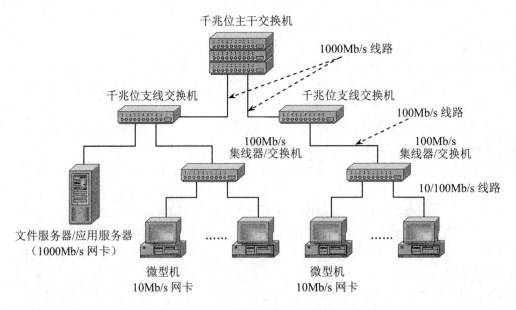

图 5-22　千兆位以太网组网连接图

万兆位以太网技术非常适合建立交换机到交换机的连接，可以支持交换机与服务器之间的互联（数据中心 IDC）。万兆位以太网能与 10/100Mb/s 或千兆位以太网无缝地集成在一起，符合网络使用的基本设计准则。

如今，随着万兆位芯片价格的不断下降以及传输网络带宽的不断升级，万兆位以太网技术已成为市场的主流产品，再加上网络传输和交换容量的进一步增大，万兆位交换机的需求正在不断增加，应用已经普及。

# 5.3　结构化布线技术

在计算机网络的组网过程中，网络布线是一个重要组成部分。布线结构是否合理、布线的质量好坏，将直接影响到整个网络系统的工作。据统计，网络中70%的故障都是由布线不当引起的。布线应采用国际上通用的 TIA/EIA 结构化布线标准。20 世纪 90 年代以来，非屏蔽双绞线已经在电信业得到了广泛的应用。为了节约资源、提高线缆的复用，人们将电话线路的连接方法应用到网络的布线中。因此，从某种意义上说，结构化布线并不是一个全新的概念，它只是在传统的电话线路基础上加入了计算机通信的特征。

布线是网络实现的基础，它支持数据、话音及图形图像等的传输要求，支持 UTP、光纤、STP、同轴电缆等各种传输载体，支持多用户多类型产品的应用，支持高速网络的应用，是计算机网络和通信系统的有力支撑。

## 5.3.1　结构化布线系统的构成

所谓结构化布线是指用一套标准的组网器件按照标准的连接方法进行的规范化布线，也称为"综合布线"。按照一般划分，结构化布线系统包括六个子系统：户外系统、垂直竖井系统、平面楼层系统、用户端子系统、机房子系统和布线配线系统，如图 5-23 所示。

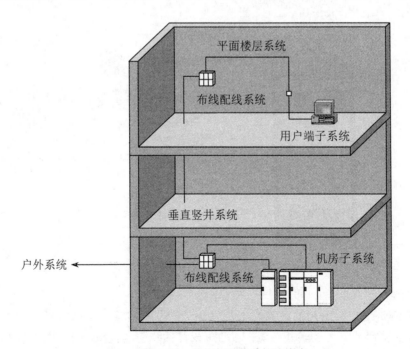

图 5-23　结构化布线系统的构成

### 1．户外系统

户外系统是指楼房之间的通信设备及通道。若网络分布在建筑大楼之间，则每栋大楼的入口会有干线进入。在入口子系统中应包括两种配线架：建筑物配线架和建筑群配线架。前者用来连接大楼内的垂直干缆，后者用来连接大楼之间的干缆。主干交换机所在的设备间应位于入口附近，它提供户外建筑物与大楼内布线的连接点。

2. 垂直竖井系统

垂直竖井系统主要是把每楼层的配线架与设备间串联起来，或是通过大楼的入口与其他大楼的网络相连。垂直竖井系统由以下两种电缆组成：连接各楼层的垂直电缆和连接不同大楼的电缆。此外，连接网络机房与大楼主干线的电缆也可看成是垂直竖井系统的组成部分。主干线上承载了各分支电缆汇总的网络流量，主干线必须具有较高的网络带宽，否则会成为信息传输的瓶颈。

垂直竖井系统包括主干电缆、中间交换和主交接、机械终端和用于主干到主干交换的接插线或插头。主干布线要采用星型拓扑结构，接地应符合 TIA/EIA607 规定的要求。

3. 平面楼层系统

平面楼层系统是指从机房的布线架到用户端子区的这段电缆，它包含水平线缆、电缆连接头、配线架与跳线。

指定的拓扑结构为星型拓扑。结构水平布线可选择的介质有 3 种：100Ω UTP 电缆、150Ω STP 电缆和 62.5/125μm 光缆。

由于双绞线的传输距离限制为 100m，因此用户计算机与交换机中间的实际线长是三段线长之和，这三段线是：L，信息插座网络接口至计算机的活动短线；M，水平电缆；N，配线架到交换机的跳线，要求 L+M+N≤100m，如图 5-24 所示。通常，活动短线和跳线的长度较短，把水平电缆的长度限制在 90m 之内。

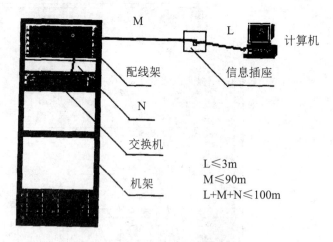

图 5-24 平面楼层系统的构成

4. 用户端子系统

用户端子系统是用户端所在的区域，主要包括用户设备连接的信息插座与活动短线：信息插座包括 RJ-45 接口或光纤的转接头等；活动短线包括线缆与接头，用于连接网卡与信息插座的接口。

每 10 平方米的工作区应布置一个信息插座，每个信息插座上建议配置两个以上的网络接口，一个用于传输声音（电话线路口），一个用来传输数据（计算机网络口），这两种线路可以说是办公大楼必备的配置。用户端子区布线要求相对简单,这样就容易移动、添加和变更设备。

### 5. 机房子系统

机房是指建筑物每个楼层中用于放置网络设备及器材的场所。集线器或交换机、配线架、机柜、UPS 等放置在其中。在计划机房时,每一个楼层最好能垂直连接起来,贯穿整栋大楼。这样可缩短网络主干电缆的长度,使得布线更集中、管理更容易。每一个楼层的机房应有垂直互通的管道,干线电缆必须在管道内穿越,通常应有护套管保护电缆。机房最好由 UPS 系统供电,它是布线系统最主要的管理区域,所有楼层的数据都由电缆或光纤传送至此。

### 6. 布线配线系统

布线配线系统由各种跳线板和跳线组成,连接各子系统,该系统一般放在机柜内,机柜用于放置网络设备,如交换机、配线架、UPS 或者其他的网络设备等都可以放置到机柜中,这样做有助于对网络电缆的管理。因机房网络线缆繁多,故不要乱放器材。布线配线系统包括使用配线架以交接(用跳线或软线连接)或互联的方式管理垂直竖井系统和平面楼层系统,以及使用标签夹条标识电缆(或光缆)等。

#### 5.3.2 标准组网器件

结构化布线系统中,标准的组网器件主要包括连接器、传输线、插头/插座、跳线、配线架、插座板、线槽和管道等。结构化布线与传统布线系统的最大区别是:布线的结构与当前所连接的设备无关,同一条线路的接口可以连接不同的设备,如多媒体线和多媒体插座。在每个工作区至少应有两个信息插座,一个用于语音,另一个用于数据。

结构化布线系统所用的设备器件主要有配线架、跳线、接插软线(活动短线)、机架、信息插座、标签夹条等。

(1)配线架。配线架有电缆配线架和光缆配线架。前者用于连接电缆的是接线块和连接块,后者使用光纤连接器。如图 5-25 所示是一种叫做 110 的配线架。

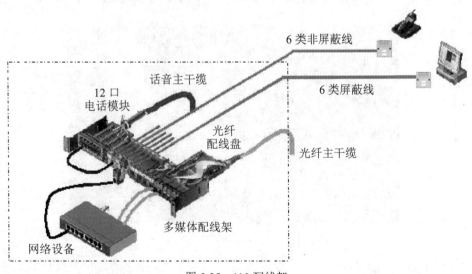

图 5-25 110 配线架

(2)跳线。跳线通常用来管理垂直竖井系统与平面楼层系统的转接,配线架与集线器或交换机之间的连接以及对用户端子系统的管理，如把某个信息插座添加至网络或从网络中移出。如图 5-26 所示是 RJ-45 跳线。

图 5-26　RJ-45 跳线

（3）接插软线。接插软线也称活动短线，用于用户端子区中，是电缆或光缆接头的连接线，用来连接终端客户机与信息插座，如图 5-27 所示。

图 5-27　接插软线

（4）机架。机架是放置网络设备的柜式或支架式设备，如图 5-28 所示。

图 5-28　机架

（5）信息插座。信息插座是结构化布线系统在各用户端子区的接口，与水平电缆和水平光缆相连接。其上的接口有电源插座、RS-232 并口、RJ-45 和 RJ-11 或光缆接口等，接口与活动短线相连，如图 5-29 所示。

图 5-29　信息插座

（6）标签夹条。在结构化布线系统中因为线缆多，常用标签夹条来给线缆作标记，其中标签夹条上不仅有编号，还采用不同的颜色，以使每条线缆都能标记得很清楚。

### 5.3.3　TIA/EIA-568A/B 标准

TIA/EIA-568A/B 标准由美国通信工业协会（TIA）和电子工业协会（EIA）共同制定，于 1995 年底推出。TIA/EIA-568A/B 标准的全名是 Commercial Telecommunications Cabling Standard（商业电信通信布线标准），收录在 ANSI（美国国家标准协会）标准中，事实上已成为世界通用的信息系统布线标准，后面该标准简称为 568A/B。该标准所涉及的是结构化布线系统，当然还有其他结构化或综合布线系统的标准，如国际标准化组织（ISO）推出的相应标准 ISO/IECIS11801，但 568A/B 标准是最详尽、最完善的。

1．制定 568A/B 标准的目的

（1）提出商业大楼的网络布线或与信息相关的其他电缆布线系统的合理配置建议，为服务商和所有者提供规划与实施的标准。

（2）对各种电缆系统制定性能与技术指标，作为测试与验收的依据。

2．568A/B 标准的主要内容

（1）规定通信电缆布线应使用的器材，并作为制造厂商遵循的国际标准。

（2）提出对网络拓扑结构与电缆距离的建议。

（3）定义测试电缆品质的重要参考指标、接头与引脚的连接方式、电缆系统的使用年限等。

3．568A/B 定义的结构化布线系统

568A/B 定义的商业大楼电缆布线系统是一个结构化的综合布线系统标准，由建筑物入口子系统、设备间子系统、干线子系统、机架子系统、水平布线子系统和工作区子系统组成。

568A 标准和 568B 标准统称"568 标准"，限于篇幅，本书不再详述。

### 5.3.4　智能大楼简介

1．智能大楼的概念

智能大楼（也称智慧大厦）是指把计算机网络、信息服务、安全（供电、供水、防盗等）、监控等系统集成在一起的商业大楼。智能大楼整体采用结构化布线，对各个系统的布线进行统一设计，而且与大楼的土建施工同步完成。

1984 年，世界上第一座智能大楼诞生。人们对美国哈特福特市的一座老式大楼进行改造，对空调、电梯、照明、防火防盗系统等采用计算机监控，为客户提供话音通信、文字处理、电子邮件、情报资料等信息服务。

智能大楼具有集舒适性、安全性、方便性、经济性和先进性于一体的特点。它包括中央计算机控制系统、楼宇自动控制系统、办公自动化系统、通信自动化系统、消防自动化系统、安保自动化系统、结构化布线系统等，通过对建筑物的 4 个基本要素（结构、系统、服务和管理）以及它们内在联系最优化的设计，提供一个投资合理同时又拥有高效率的便利快捷、高度安全的环境空间。前述的结构化布线系统是实现这一目标的基础。

2. 智能大楼的组成

智能大楼主要由主控中心、楼宇自动化系统、通信自动化系统、办公自动化系统和综合布线系统五大部分组成。如图 5-30 所示，这是一个理想的智能建筑系统解决方案。

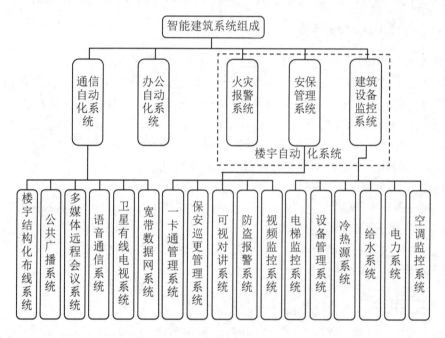

图 5-30　智能建筑系统解决方案

（1）主控中心。主控中心是以计算机为主体的智能大楼的最高层控制中心，它通过综合布线系统将各子系统连为一体，对整个大楼实施统一管理和监控，同时为各子系统之间建立起一个标准的信息交换平台。

（2）楼宇自动化系统。楼宇自动化系统主要包括能源管理、给排水监控系统、消防及紧急报警系统（如烟雾感应器）、安保监控系统、空调系统和其他设备监控系统等。它们完成如下基本功能：各类参数的实时控制与监视、各种动力设备的启/停控制与监视、各类设备运行状态显示、设备非正常状态的报警、动力设备的节能控制。这些都建立在综合布线系统之上。

（3）通信自动化系统。通信自动化系统主要提供大楼内外的一切语音和数据通信。程控交换机主要完成电话和传真业务，将来可实现综合业务数字网。数据通信主干网（计算机网络系统 CN，包括一个高速主干网，每一楼层设置一个到几个 LAN，大楼内网与外网通过高速主干网连接）可提供从 10Mb/s 到 1000Mb/s 的数据传输速率，将国内外各种信息迅速送到办公桌上的计算机设备，而且能使楼内各用户之间根据各自的要求相互传递信息。

（4）办公自动化系统。办公自动化系统除了计算机和网络设备外，还包括电子邮件、电视会议、个人办公事务处理、综合管理和辅助决策等系统。事务处理主要用于文字处理、办公服务、综合管理，提供如公文、档案、信息等的管理。辅助决策提供从低级到高级的、为领导办公服务的决策支持。电视会议可以消除时间观念，打破地理区域的限制，它改变了人们的时空观念，为用户节约时间、节约经费、提高工作效率提供了切实可行的途径。

（5）结构化布线系统。结构化布线系统即综合布线系统，是大楼所有信息的传输系统，利用双绞线或光缆来完成各类信息的传输，区别于传统楼宇信息传输系统的是它采用模块化设计，统一标准实施，以满足智能化建筑的高效、可靠、灵活性等要求。

3．智能大楼的布线标准

1985 年初，计算机工业协会（CCIA）提出对大楼布线系统标准化的倡导，美国电子工业协会（EIA）和美国电信工业协会（TIA）开始标准化制定工作，于 1995 年颁布了 ANSI TIA/EIA 568 标准（商业大楼电信布线标准），该标准将所有的语音信号、数字信号、视频信号以及监控系统的配线经过统一规划设计后综合在一套标准系统内。这套标准系统不仅能为用户提供电信服务，而且能为用户提供通信网络服务、安全报警服务、监控管理服务。这个系统具有很大的灵活性，在各种设备位置改变、局域网结构变化时，不需要进行重新布线，只要在配线间进行适当的布线调整即可实现。

智能大楼的布线系统和大楼的供电系统一样，是一项大楼建设的基础工程。大楼的布线系统是建筑物结构的组成部分，应在土建施工过程中同步完成。它一旦完成，基本上就固定下来不再改动，所以，在建筑设计开始时就要全面考虑。在结构规划、内部连接方式、通信带宽与设备种类等方面，必须进行全面规划、合理设计，以满足用户的最终要求为原则，并留有一定的余地，以适应技术的发展与业务量的扩充。

# 本章小结

本章讲述了局域网的主要组网设备。计算机要接入网络必须配置网卡，网卡是最基本的数据处理和网络通信设备。随着网络技术的发展，交换机正在逐渐代替集线器而成为主流组网设备，而且交换机技术还在不断更新，请同学们重点掌握网卡和交换机的功能、原理和应用，掌握 MAC 地址的含义，交换机的端口和主要性能参数，理解第三层交换机的原理，了解结构化布线技术。

结构化布线是构建局域网的基础工作，采用这项技术可降低组网成本，提高局域网的可靠性。有关智能大楼的知识，本书只是做了一个简要介绍。

# 习题 5

1．在 LAN 中，对基于 C/S 模式的服务器在性能方面有什么要求？

2．网卡的 MAC 地址为什么必须是唯一的？它由多少位十六进制数组成？

3．网卡有几种接收模式？可接收几种数据帧？若要接收所有数据帧，应将网卡设置成什么模式？

4．局域网交换机与 Hub 的主要区别是什么？

5．什么是交换机的背板带宽和并发连接？

6．简述交换机"MAC 地址—端口号"表的建立过程，请问交换机总是记住其中的信息吗？

7．UTP 组网中如遵循 568B 标准，其 8 根芯线的颜色如何排列？

8．多台交换机之间连接时，级联和堆叠两种连接方式有什么区别？Console 端口有什么用途？

9．简述第三层交换机的定义，它工作在 OSI 模型的第几层？

10．结构化布线系统主要由哪几部分组成？简述智能大楼的基本构成。

# 第 6 章　网络操作系统

**本章导引**

  任何计算机系统都由硬件和软件两大部分组成，计算机网络系统也不例外。前面几章介绍了计算机网络系统的硬件部分，本章开始介绍计算机网络系统的软件部分。计算机网络系统的软件包括系统软件和应用软件，本章主要介绍计算机网络的系统软件，即网络操作系统。网络操作系统是整个网络软件系统的核心，没有网络操作系统，网络就无法正常运行和工作。本章主要讲述网络操作系统的定义、功能、组成、原理以及与单机操作系统的区别，典型网络操作系统的管理应用和安全机制等。

## 6.1　网络操作系统概述

### 6.1.1　网络操作系统的定义与分类

1. 网络操作系统的定义

  网络操作系统（Network Operation System，NOS）是指运行在硬件基础上，对网络进行操作和管理的系统软件，是网络软件系统的核心和平台。它负责建立一种集成的网络环境，为用户有效地使用和管理网络资源提供网络接口和网络服务。NOS 是整个网络的核心，它通过对网络资源的管理使网络用户能方便地相互通信和共享网络资源。

  具体来讲，网络操作系统是一种能操作系统的软件程序，是向计算机提供网络服务的一种特殊的操作系统。网络操作系统在计算机一般操作系统下工作，它可实现一般操作系统的所有功能，即进程管理、存储管理、设备管理、文件管理和作业管理五大功能，同时操作系统增加了网络操作所需要的如下功能：

  （1）支持多任务。能同时处理多个应用程序，每个应用程序在不同的内存空间运行。

  （2）支持大内存。支持较大的物理内存，以便应用程序能够更好地运行。

  （3）支持对称多处理。支持多个 CPU 以减少事务处理时间，提高操作系统性能。

  （4）支持网络负荷平衡。能够与其他计算机构成一个虚拟系统，满足多用户访问时的需要。

  （5）支持远程管理。能够支持用户通过 Internet 进行远程管理和维护。

  目前，广泛应用的网络操作系统有：Microsoft 公司的 Windows 系列、Windows Server 系列，Novell 公司的 NetWare 系统，UNIX 系统和 Linux 系统等。其中 Microsoft 公司的网络操作系统一般只在中低档服务器中使用，高端服务器通常采用 UNIX、Linux 或 NetWare 等网络操作系统。

2. 网络操作系统的分类

  （1）局域网操作系统的分类。

  局域网操作系统可分为两大类：任务型局域网操作系统和通用型局域网操作系统。任务型局域网操作系统是为某一种特殊网络应用要求而设计的；通用型局域网操作系统能提供基本的网络服务功能，以支持各个领域的需求。

通用型局域网操作系统又分为变形系统和基础系统两类。变形系统是以原单机操作系统为基础，通过增加网络服务功能构成的局域网操作系统；基础系统是以计算机裸机的硬件为基础，根据网络服务的特殊要求，直接利用计算机硬件和少量软件资源进行设计的局域网操作系统。

（2）一般网络操作系统的分类。

按网络工作模式可分为以下三种：

1）集中模式网络操作系统。

这种操作系统由分时操作系统加上网络功能演变而成。系统基本单元由一台主机和若干台与主机相连的终端构成，信息的处理和控制是集中的。如 UNIX 就是这类系统的典型代表。

2）客户机/服务器模式网络操作系统。

这种模式是最流行的网络工作模式。服务器是网络的控制中心，并向客户提供服务。客户是用于本地处理和访问服务器的站点。如 NetWare 就是这类系统的典型代表。

3）对等模式网络操作系统。

采用这种模式的站点都是对等的，既可以作为客户访问其他站点，又可以作为服务器向其他站点提供服务。

按网络操作系统所安装的位置可分为以下两种：服务器端网络操作系统和客户端网络操作系统。注意，本章所讲的网络操作系统都是指服务器端网络操作系统。在局域网中，服务器端可采用微软的网络操作系统，如 Windows NT 4.0 Server、Windows 2003 Server，以及新的 Windows 2008 Server 等，而在客户端可采用微软的 Windows 9x/ME/XP/7/10 等网络操作系统。

（3）常用网络操作系统。

1）Windows 系列。

Windows 系列操作系统是微软开发的一种界面友好操作简便的网络操作系统，其客户端包括：Windows 95/98/ME、Windows 2000 Professional 和 Windows XP/7/10 等，服务器端包括：Windows NT Server、Windows 2000 Server 和 Windows Server 2003 等。Windows 操作系统支持即插即用、多任务、对称多处理和群集等功能。

2）UNIX 操作系统。

UNIX 操作系统是 1969 年由AT&T的贝尔实验室开发的，是一种多用户、多任务的网络操作系统，支持多种处理器架构，按照操作系统的分类属于分时操作系统。UNIX 操作系统功能强，安全性和稳定性较高。

3）Linux 操作系统。

Linux 操作系统是芬兰赫尔辛基大学学生 Linux Torvalds 开发的、具有 UNIX 操作系统特征的网络操作系统。Linux 操作系统的最大特征在于其源代码是向用户完全公开的，任何一个用户都可根据自己的需要修改 Linux 操作系统的内核。

（4）Mac OS 操作系统。

Mac OS 是一种运行于苹果 Macintosh 系列计算机上的操作系统，是首个在商用领域成功的图形用户界面操作系统，现行最新的系统版本是 OS X 10.10 Yosemite。在 PC 上运行的 Mac

系统称为 Mac PC。Mac 系统是基于 UNIX 内核的图形化操作系统，一般情况下，在普通 PC 上无法安装。

（5）网络操作系统与一般操作系统的区别。

网络操作系统是网络上各计算机方便有效地相互通信和共享网络资源，为网络用户提供所需的各种服务的软件和有关规程的集合。它除具有操作系统应具有的处理机管理、存储器管理、设备管理和文件管理等功能外，还具有以下功能：

1）提供高效、可靠的网络通信功能。

2）提供多种网络服务功能，如远程作业录入和处理、文件传输服务、电子邮件服务、远程打印服务等。

### 6.1.2　网络操作系统的功能

网络操作系统是人机交流（互）的桥梁，是各种应用软件的平台，主要功能如下：

（1）文件服务。文件服务是网络操作系统最重要、最基本的服务。文件服务器以集中方式管理共享文件，为网络提供完整的数据、文件、目录服务。用户根据所规定的权限对文件进行建立、打开、删除、读写等操作。

（2）打印服务。打印服务也是网络操作系统提供的基本网络服务功能。共享打印服务可以通过设置专门的打印服务器来实现，打印服务器也可由文件服务器或工作站兼任。局域网中可以设置一台或多台共享打印机，向网络用户提供远程共享打印服务。打印服务实现对用户打印请求的接收、打印格式的说明、打印机的配置、打印队列的管理等功能。

（3）数据库服务。随着网络应用的扩展，用户对网络数据库服务的需求日益增加。C/S 工作模式以数据库管理系统为后援，将数据库操作与应用程序分离开来，分别由服务器端数据库和客户端工作站来执行。用户可以使用结构化查询语言 SQL 向数据库服务器发出查询请求，由数据库服务器完成查询后再将结果传送给用户。C/S 工作模式优化了网络操作系统的协同性，增强了系统的服务功能。

（4）通信服务。网络操作系统提供的通信服务主要有：工作站与工作站之间的对等通信、工作站与主机之间的通信等。

（5）信息服务。网络可以以存储－转发方式或对等（点对点）通信方式向用户提供电子邮件服务，也可以提供文本文件、二进制数据文件的传输服务以及图像、视频、语音等数据的同步传输服务。

（6）分布式服务。网络操作系统的分布式服务功能将不同地理位置的局域网中的资源组织在一个全局的、可复制的分布式数据库中，网络中的多个服务器均有该数据库的副本。用户在一个工作站上注册便可与多个服务器连接。服务器资源的存放位置对于用户来说是透明的，用户通过简单的操作就可以访问网中的资源。

## 6.2　Novell NetWare 系统

### 6.2.1　NetWare 的特点与组成

NetWare 是 Novell 公司在 1980 年推出的一种网络操作系统。该系统提供透明的远程文件访问以及大量其他分布式网络服务，包括共享打印机、支持各种应用软件，如电子邮件的传输和数据库的访问。NetWare 规定了 OSI 参考模型的上面五层并可以运行在任意介质访问协议（第二层）上，常用的版本有 3.11、3.12、4.10、4.11、5.0 等。

另外，NetWare 可以运行在从个人计算机到大型机的各种计算机系统上。NetWare 及其支持的相关协议通常与其他多种通用协议共存于同一物理信道中，包括 TCP/IP、DECnet 和 AppleTalk 协议。

NetWare 采用客户机/服务器（C/S）结构，通过远程程序调用支持远程访问服务。当本地客户机程序向远程服务器发送一个调用程序请求时便开始实现远程程序调用过程,然后服务器执行该远程调用程序并返回信息到本地客户机。

1. NetWare 的特点

（1）结构灵活、软硬件适应性强。NetWare 可支持多种不同类型的网络拓扑结构（如总线型、星型、环型及其混合型），也支持使用多种操作系统（如 DOS、OS/2、Windows、UNIX、Macintosh 等）和各种总线结构，并支持多种不同类型的 LAN 网卡（如 Novell 网卡、3Com 网卡和 Token Ring 网卡等）。

（2）性能良好。NetWare 是一种多任务、高性能的网络操作系统，它可直接对文件服务器的 CPU 和存储器进行管理，从而使访问存储器的速度更快更有效；NetWare 支持多任务的实时操作，在服务器上可同时运行存储管理进程、文件管理进程、网络服务进程和通信服务进程等；NetWare 提供多用户对硬件资源的并发访问服务和对文件系统的统一管理服务。NetWare 能够根据当前网络的使用情况进行自动的系统动态配置，使系统在重负荷下具有较高的性能；NetWare 还具有网络运行监控、网络记账和系统容错等功能。

（3）安全和可靠性措施完善。NetWare 提供了多级的网络安全保护措施，增强了网络的安全性；NetWare 还提供三级系统容错、事务跟踪系统 TTS、数据备份和 UPS 监控功能，保证和加强了系统数据的完整性和可靠性。

（4）较先进的目录管理。在传统的文件/目录管理中，目录是系统结构的一个组件，向其他应用程序提供服务，但它没有向类似的用户和应用程序提供集成管理的机制。而 NetWare 的目录服务（NetWare Directory Service，NDS）解决了这个问题。NDS 是一种面向对象的目录服务，它把系统文件/目录、应用程序、用户及打印机等网络资源均作为对象进行管理。无论这些资源的地理位置如何，NDS 均可对其进行任意访问。

（5）开放式的模块化结构和网络开发环境。NetWare 将各种服务和实用程序设计成独立模块，即可加载模块（NLM）。每个 NLM 都是具有独立功能的程序，系统管理员可根据网络应用环境的需要进行 NLM 的安装和拆除。NetWare 的模块化结构使系统具有良好的可扩充性。NetWare 还提供了多种应用程序接口，形成了开放式的开发平台，允许用户根据自己的需要开发可在 NetWare 环境下运行的应用程序。

（6）方便的网络管理。NetWare 提供了多个用于网络管理和网络监控的实用程序，如基于 DOS 的 SYSCON/NETADMIN 和基于 Windows 的 Administrator/NWADMIN，可在服务器或远程工作站上运行的可加载监控模块 MONITOR,用于从远程工作站维护 NetWare 的远程管理实用程序 RMF 和进行服务器设置的 SERVMAN 等。

总之，NetWare 操作系统对网络硬件的要求较低（工作站只要是 286 机即可），在无盘工作站组建方面有优势，同时兼容 DOS 命令,应用环境与 DOS 相似。经过长时间的发展，具有相当丰富的应用软件支持，技术完善、可靠，常用的版本有 3.11、3.12 和 4.10、4.11、5.0 等。NetWare 服务器对无盘站和游戏的支持较好，常用于教学网和游戏厅。

2. NetWare 的组成

NetWare 包括：网络操作系统、网络服务软件和网络通信软件等。

（1）网络操作系统。网络操作系统是 NetWare 的核心，它由文件服务器软件、工作站软件和其他部分组成。文件服务器软件安装在文件服务器上，实现网络资源的调度和分配，提供各种网络服务和管理功能；工作站软件安装在工作站上，主要实现工作站的启动、与服务器的逻辑连接、服务器与其他工作站的信息交互和系统重定向等工作。

（2）网络服务软件。在文件服务器上运行的服务软件是客户机/服务器程序，它为网络用户提供了文件服务、打印服务、数据库服务、通信服务和邮件服务等。

（3）网络通信软件。网络通信软件的任务是提供服务器和工作站之间的信息交互功能，建立网络各节点与服务器之间的通信。通信软件可以在 IPX/SPX、TCP/IP 等通信协议的支持下实现各节点之间或不同网络之间的通信。

### 6.2.2 NetWare 的管理与服务

1. NetWare 的管理

NetWare 的管理包括网络安全管理、网络可靠性管理、网络用户管理、网络资源管理、网络性能管理、网络配置管理、网络故障管理等功能，本章仅介绍网络安全管理、网络可靠性管理和网络用户管理。

（1）网络安全管理。NetWare 提供的安全管理措施有以下四级：

1）入网安全。NetWare 的入网安全包括用户名/口令安全限制、入网时间限制、入网站点限制和入网次数限制等。

网络管理员根据需要，在服务器的账号数据库中为每个要使用网络的用户建立一个账号，用户账号包括用户名、用户口令。管理员可对用户的入网时间段进行限制，比如限制某用户只能在星期一、星期三、星期五上午 9:00～11:00 内入网；可对用户入网使用的站点进行限制，如限制某用户只能在 6 号机上入网；可对用户账号使用的磁盘空间进行限制；可对同一个用户名的入网次数进行限制。

2）权限安全。一个用户入网后，并不意味着其能够访问网络中的所有资源。用户访问网络资源的能力将受到访问权限的限制。访问权限控制一个用户能访问哪些资源（包括目录和文件），以及对这些资源能进行哪些操作。

用户访问权限由受托者指定继承权限过滤组成。网络管理员通过受托者指定将访问某种资源的权限授予指定的用户，该用户只能按规定的权限使用网络资源。继承权限过滤是指在建立文件和目录等网络资源时从父目录中能继承的权限，可以通过继承权限过滤增加或删除某些继承的权限。这样，受托者指定和继承权限过滤的组合就可以建立一个用户访问网络资源的有效权限，从而控制用户对网络资源的访问。NetWare 系统对文件/目录的用户访问权限有 8 种，分别是读、写、建立、删除、修改、文件浏览、访问控制和管理权限。这些权限可以单独使用，也可以组合起来使用。其中，管理权限最大。

3）属性安全。属性用来直接规定目录和文件的访问特性。对目录和文件以及打印机等资源都可以设置某些属性，通过设置资源属性可以控制用户对资源的访问。

属性是直接设置给目录和文件的，它对所有用户都具有约束权。一旦目录、文件具有了某些属性，用户（包括超级用户）访问网络资源的能力就不能超出这些属性规定的访问权，即不论用户的访问权限如何，只按照自身的属性实施访问控制。比如某文件具有只读属性，对其有读写有效权限的用户也不能写该文件。

要修改目录或文件属性，必须有对该目录或文件的修改权；要改变其他用户对目录或文件的权限，用户必须有对该目录或文件的访问控制权。属性可以控制一些受托者权限不能控制的权限，如属性可以控制一个文件是否可以同时被多个用户使用。

在 NetWare 系统中，目录一般有隐藏、清除、改名禁止、系统、删除禁止等属性；文件有归档、拷贝禁止、删除禁止、隐藏、仅执行、索引、清除、只读、读写、改名禁止、可共享、系统、事务、读审计、写审计等属性。

4）服务器安全。NetWare 系统文件服务器安全的内容包括：NetWare 保证文件服务器上的软件只能从系统目录中装载到网络上，而只有网络管理员才具有访问系统目录的权限；管理员也可通过装入实用程序 MONITOR 封锁住服务器控制台；系统授权的控制台操作员才有操作服务器的权限，禁止非控制台操作员操作服务器。

Novell 网中可设置多个服务器，每个服务器完成本系统的安全管理而不依赖其他服务器。每个服务器具有自己的管理员和管理员口令。

（2）网络可靠性管理。局域网的可靠性在很大程度上取决于对服务器硬件的故障检错和纠错能力。Novell 对文件服务器的共享硬盘采取了较多的可靠性措施，具体又分为五个级别。

第 1 级是对硬盘目录和文件分配表（FAT）的保护，NetWare 在硬盘的不同区域保存双份的目录和文件分配表，如果一处损坏，系统会自动转向另一处，并在硬盘中另外找一处安排副本。每次启动文件服务器都要例行检查目录和文件分配表的副本，以确认其一致性，目录和文件分配表的复制均由系统自动完成。

第 2 级是对硬盘表面损坏时的数据保护。为了防止将数据写入磁盘的不可靠块，采用了热调整（Hot Fix）和写后读验证这两个互补技术进行数据保护。热调整技术先在磁盘上划出小部分区域（默认值为硬盘容量的 2%）作为热调整重定向区，用于存放因硬盘上的主数据存储区损坏而被重定向的数据块。

第 3 级是采用磁盘镜像的方法实现对硬盘驱动器损坏的保护。所谓磁盘镜像，即在一个磁盘通道上有两个成对的磁盘驱动器，同一数据分别写在两个硬盘上，如果一个硬盘驱动器损坏，另一个硬盘能单独运行，不会造成数据丢失和系统停止。磁盘镜像仅用于对硬盘驱动器损坏的保护，磁盘通道控制板的损坏不能得到保护。

第 4 级是采用磁盘双工对磁盘通道或硬盘驱动器损坏起到保护作用。磁盘双工是采用两个磁盘通道，每个磁盘通道接磁盘镜像对中的一个硬盘。这样，不仅在通道发生损坏时有保护功能，而且传送数据速度也比单纯的磁盘镜像快得多。

第 5 级是 NetWare 的一个称为"事务跟踪系统（TTS）"的附加容错功能，用以防止数据写到数据库时因系统故障而造成的数据库损坏。TTS 起作用时，NetWare 将数据库变更的整个过程看成是单个事务，仅当所有文件更正之后事务才算整个完成。如果在一个事务执行期间发生系统故障，TTS 便放弃这一事务已做的所有修改并返回到数据库的原始状态。

（3）网络用户管理。NetWare 的网络用户主要有三种：网络管理员（也叫超级用户或系统管理员）、工作组用户和一般用户。各类用户在网络中有不同的权限、职责和管理范围。权限最高的用户可以增加、删除权限较低的用户，为他们设置权限，检查他们的工作，同时可以在权限更高的用户授予的权限范围内对文件、目录和卷进行操作。

超级用户对网上的所有用户和信息具有绝对权威，主要职责是管理网络上的各种用户和磁盘上的各种文件/目录资源，保证网络的正常运行。超级用户可对网上的任何目录和文件进行各种操作。工作组用户的权限比超级用户小，但比一般用户大。工作组用户可以管理由他们自己建立的用户和组，或由超级用户指定他们作为管理员管理的但不是自己建立的用户和组。一般用户可以执行管理员或工作组用户赋予的访问网上资源的权利，还可以利用网络进行通信。

网络用户的建立、修改和删除，用户的入网限制、权限设置和资源使用等管理由系统实用程序 SYSCON（NetWare 3.x）、NETADMIN（基于 DOS 的 NetWare 4.x）和 NWANDMIN 实现。

2. NetWare 的服务

（1）NetWare 目录服务。目录服务是 NetWare 的重要特征之一，该服务将网络上的所有用户、网络服务器和网络资源的有关信息存放在一种数据库中，该数据库称为 NetWare 目录数据库（NDB）。网络管理员和用户通过访问目录数据库来迅速定位用户和网络资源。

目录服务采用了面向对象的思想，将所有的网络用户和网络资源都作为对象处理。在 NDB 中，数据一般不是根据对象的物理位置进行组织的，而是根据机构的组织结构将对象组织成层次（树型）结构，这就形成了网络的目录树。管理员可以根据需要对目录树进行扩充或删减。

目录服务中的对象包括用户对象和资源对象，通过 NDB 管理这些对象，可以跟踪和定位网络中的用户和资源。用户对象主要是指管理员用户、工作组用户和一般用户，而资源对象是指文件服务器中的目录、文件、打印机和其他可共享的设备。对象中包含用户或资源的有关信息，这些信息构成了对象的属性。

（2）NetWare 文件服务。系统软件和应用软件以文件形式存放在文件服务器中，NetWare 服务器对文件进行统一且高效的管理，为用户提供共享文件服务和文件/目录结构。

每个文件服务器至少要创建一个卷（SYS 卷），最多可创建 64 个卷。在卷下可建立目录和子目录，目录采用层次结构，卷是层次结构的最高级。服务器的卷一旦确定，便可以在其上建立目录。NetWare 的目录一般包括系统文件目录、应用程序目录、工作目录和用户自身目录等。系统文件目录是在安装服务器系统软件时自动建立的，而应用程序目录、工作目录和用户自身目录等可由网络管理员和用户利用 NetWare 实用程序及 DOS 或 Windows 方法建立。

系统文件目录包括 SYSTEM 目录、PUBLIC 目录、MAIL 目录、LOGIN 目录、ETC 目录和 DELETED.SAV 目录，主要存放系统文件、用户使用的实用程序、用户标识、注册正本、入网程序和可恢复的文件等。

（3）NetWare 打印服务。NetWare 可装入模块、菜单驱动实用程序和命令行提供 NetWare 打印服务。在 NetWare 4.x 打印环境中，虽然基本的打印选择项和以前的 NetWare 版本中的情况相同，但是 NetWare 目录服务（NDS）和基于 Windows 的实用程序却提供了新的打印管理方式。NetWare 打印服务使用文件服务器上运行的中央服务器作为打印服务器管理网络上的共享打印机。共享打印机包括连接到打印服务器上的打印机和连接到网络工作站的打印机。打印系统包括以下部件：

1）打印队列。打印队列是保存网络用户打印工作组的缓冲器，它保存这些打印工作直到它们被打印为止，打印队列存在于网络目录。当一个用户将一个打印工作送到一台打印机时，NetWare 就将这个工作发送到与这台打印机相应的一个队列中。

2）打印机。每个网络共享打印机必须进行配置，并且被赋予一个名字。打印机可以直接连接到打印服务器上，或连接到这个网络上的独立工作站。一台打印服务器管理打印工作流，通过打印队列送到打印机。许多队列可能将它们的打印工作送到一台打印机上，或者多台打印机为一个打印队列服务。打印服务器 PSERVER.NLM 模块把队列和打印机连接到打印服务器上，它就像一些连续进程那样在这个服务器上运行。一台打印服务器可以处理多达 256 个网络打印机。

## 6.3  Windows 2000 Server 系统

### 6.3.1  Windows 2000 Server 的特点与管理

**1. Windows 2000 Server 的特点**

Windows 2000 Server 是 Windows 2000 系列操作系统的一员，Windows 2000 有以下四个版本：

（1）Windows 2000 Professional（专业版）。Windows 2000 Professional 其实是 Windows NT Workstation（Windows NT 工作站）的最新版本，是专为各种桌面计算机和便携机开发的操作系统。它继承了 Windows NT 的先进技术，提供了高层次的安全性、稳定性和系统性能。对于网络系统管理员而言，Windows 2000 Professional 是一套更具有可管理性的桌面系统，无论是部署、管理还是为它提供技术支持都更加容易。

（2）Windows 2000 Server（服务器版）。Windows 2000 Server 是在 Windows NT Server 4.0 的基础上开发的，它作为专为服务器开发的多用途操作系统，是一个性能更好、工作更加稳定、管理更容易的软件平台，它最重要的改进是在"活动目录"目录服务技术上。"活动目录"集成在系统中，采用 Internet 标准技术，是一种具有扩展性的多用途目录服务。

（3）Windows 2000 Advanced Server（高级服务器版）。该版本最初的名称是 Windows NT Server 5.0 Enterprise Edition（服务器企业版），除具有 Windows 2000 Server 的所有功能和特性外，还提供了比之更强的特性和功能：更强的 SMP 扩展能力、更强的对称多处理器支持（支持数达到 4 路）、更强大的集群功能、更高的稳定性，从而为核心业务提供更高的稳定性。例如，把两台基于 Intel 结构的服务器组成一个集群，可以获得很高的可用性和可管理性。

（4）Windows 2000 Datacenter Server（数据中心服务器版）。微软推出的这个版本支持 16 路对称多处理器系统以及高达 64GB 的物理内存，将集群和负荷平衡服务作为标准特性。另外，该版本为大型的数据仓库、科学和工程模拟、联机交易服务等应用进行了专门的优化。

本节主要讲述 Windows 2000 Server（服务器版）网络操作系统。

**2. Windows 2000 Server 的管理**

Windows 2000 Server 的管理与 Novell NetWare 系统相比，在目录管理、文件管理、存储管理和远程管理等方面做了较大的改进。

（1）活动目录。Windows 2000 Server 研发了"活动目录"（Active Directory）。活动目录是从一个数据存储开始的，它采用了类似交换服务器（Exchange Server）的数据存储，称为可扩展存储服务（Extensible Storage Service，ESS），特点是不需要事先定义数据库的参数，可以做到动态地增长，性能优良。活动目录的分区称为"域"（Domain），一个域可存储上百万的对象。

活动目录包括目录和与目录相关的服务两个方面。目录是存储各种对象的一个物理上的容器，目录服务是使目录中所有信息和资源发挥作用的服务。活动目录是一个分布式的目录服务，信息可以分散在多台不同的计算机上，保证快速访问和容错；同时不管用户从何处访问或信息处在何处，都对用户提供统一的视图。

Active Directory 安装好后，可以从管理工具中看到三个菜单，分别是 Active Directory 用户和计算机、Active Directory 域和信任关系、Active Directory 站点和服务。

（2）文件服务。Windows 2000 Server 新增了分布式文件系统、用户配额、加密文件系统、磁盘碎片整理和索引服务等功能。

分布式文件系统（Distributed File System，DFS）在 Windows 2000 Server 中得到了增强，它不管文件的物理分布情况，可把文件组织成树状的分层次逻辑结构，便于用户访问文件资源、加强容错能力和均衡网络负荷等。建立了分布式文件系统之后，可以从文件树的根节点开始寻找文件，无须考虑文件的物理存储位置，即使文件的物理存储位置有变动，也不会影响用户的使用。这是一个透明的高扩展性的文件管理方案。

Windows 2000 Server 采用了 NTFS 5 的文件系统，在 NTFS 4 的基础上增加了两个新的特别访问许可，即权限改变和拥有所有权。

（3）存储服务。Windows 2000 Server 的存储管理体现在动态磁盘卷管理、磁盘碎片整理和自动系统恢复等几个方面，它集成了动态磁盘卷管理，提供了在线的磁盘卷创建、扩展或镜像，甚至增加新的磁盘，不需要重新启动计算机。同时，Windows 2000 也提供了自我描述的磁盘、简化的任务和直观的用户界面。此外，Windows 2000 Server 还通过层次性存储管理、支持新兴存储访问协议等方法来降低存储的成本。层次性存储管理是建立在远程存储服务之上的，能够不增加磁盘就可以在服务器上增加新的空间。层次性存储管理自动地监测本地硬盘上剩余空间的大小。如果在一个主要硬盘上的自由空间下降到一个事先设定的水平，层次性存储管理会自动把本地数据复制到远程存储上。

（4）智能镜像。Windows 2000 Server 进一步加强了对变化和配置的管理，这一技术称为智能镜像。智能镜像包括四个方面：远程安装、用户数据管理、应用软件管理和用户设置管理，它使管理员把精力集中在使用计算机的用户上，而不是机器上。

智能镜像是 Windows 2000 Server 的核心特性之一，是活动目录、组策略、脱机文件夹等一系列技术配合作用的总称。面对瞬息万变的业务需要，主动地管理系统的变化和配置是必要的。

（5）远程安装。Windows 2000 Server 提供了一个特别的工具，称为 Riprep。管理员安装了标准的桌面操作系统并配置好应用软件和一些桌面设置，然后使用 Riprep 工具制作一个 Image 文件，把它放到远程安装服务器上，供客户端远程启动进行安装时选用，这样使得部署大量 Windows 2000 Server 系统时变得非常方便。

### 6.3.2　DHCP 和 IIS 服务的配置

**1. DHCP 概述**

DHCP 是 Dynamic Host Configure Protocol（动态主机配置协议）的缩写。它是一个局域网的网络协议，使用UDP协议工作，主要有两个用途：一是给内部网络或网络服务供应商自动分配 IP 地址；二是给用户或者内部网络管理员作为对所有计算机进行中央管理的手段，在 RFC 2131 中有详细的描述。DHCP 有 3 个端口，其中 UDP67 和 UDP68 为正常的 DHCP 服务端口，分别作为 DHCP Server 和 DHCP Client 的服务端口；546 号端口用于 DHCPv6 Client，而不用于 DHCPv4，是为 DHCP failover（故障转移）服务的，这是需要特别开启的服务，DHCP failover 用来做"双机热备"。

DHCP 的功能是为客户端动态分配 IP 地址，减轻网络管理员的负担。管理员通过 DHCP 服务器集中指定全局和子网特有的 TCP/IP 参数（包含 IP 地址、网关、DNS 服务器等）供整个网络使用。客户机不需要手动配置 TCP/IP，并且，当客户机断开与服务器的连接后，旧的 IP 地址将被释放以便重用。DHCP 的工作过程如图 6-1 所示。

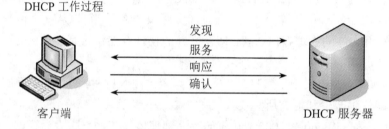

图 6-1　DHCP 的工作过程

根据这个特性，假如现在有 20 个合法的 IP 地址，而需要管理的机器有 50 台，只要这 50 台机器中同时使用服务器 DHCP 服务的机器不超过 20 台，就不会产生 IP 地址资源不足的问题。如果已配置冲突检测设置，则 DHCP 服务器在将租约中的地址提供给客户机之前会试用 Ping 测试作用域中每个可用地址的连通性。这可确保提供给客户的每个 IP 地址都没有被使用手动 TCP/IP 配置的另一台非 DHCP 计算机使用。

**2. DHCP 的设置**

（1）打开 DHCP 管理器。选择"开始"→"所有程序"→"管理工具"→DHCP 命令，默认已经有服务器的 FQDN（Fully Qualified Domain Name，完全合格域名），如 wy.wangyi.santai.com.cn，如图 6-2 所示。

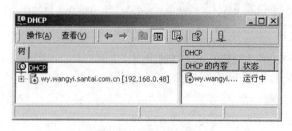

图 6-2　DHCP 界面

（2）如果列表中还没有任何服务器，则需要添加 DHCP 服务器。选择 DHCP 并右击，在弹出的快捷菜单中选择"添加服务器"命令，再选择"此服务器"复选项，单击"浏览"按钮选择（或直接输入）服务器名 wy（即用户服务器的名字）。

（3）打开作用域的设置界面。先选中 FQDN 名字，再右击并选择"新建作用域"命令。

（4）设置作用域名。这里"名称"项只是作为提示用，可填任意内容，如图 6-3 所示。

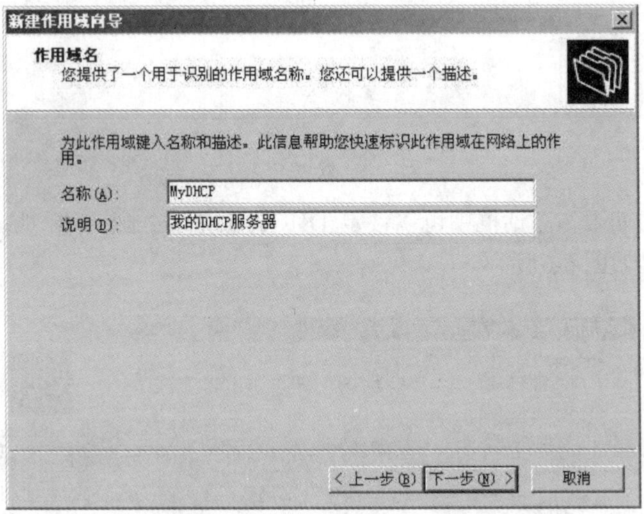

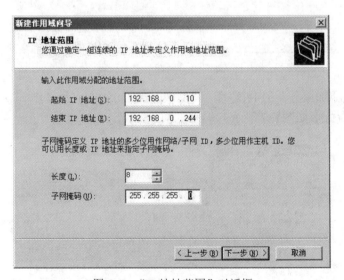

图 6-3　"作用域名"对话框

（5）设置可分配的 IP 地址范围，比如可分配 192.168.0.10～192.168.0.244，则在"起始 IP 地址"文本框中填写 192.168.0.10，在"结束 IP 地址"文本框中填写 192.168.0.244，"子网掩码"文本框中为 255.255.255.0，如图 6-4 所示。

图 6-4　"IP 地址范围"对话框

（6）如果有必要，可在下面的文本框中输入欲保留的 IP 地址或 IP 地址范围，如图 6-5

所示，否则直接单击"下一步"按钮。

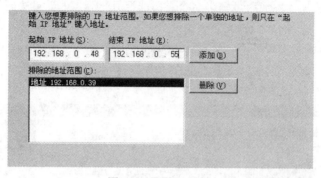

图 6-5　设置 IP 地址

（7）在"租约期限"对话框中可以设定 DHCP 服务器分配的 IP 地址的有效期，比如设一年（即 365 天），如图 6-6 所示。

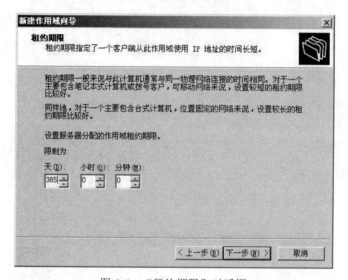

图 6-6　"租约期限"对话框

（8）输入并添加服务器的 IP 地址 192.168.0.48，再根据提示操作，最后单击"完成"按钮结束设置。设置好后如图 6-7 所示。

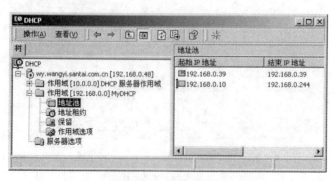

图 6-7　IP 地址的范围

### 3．DHCP 设置后的验证

将任何一台本网内的工作站的网络属性设置成"自动获得 IP 地址"，并将 DNS 服务器设为"禁用"，网关栏保持为空，重新启动成功后，运行 ipconfig（Windows XP 中）命令即可看到各项已分配成功。

### 4．IIS 服务的配置

IIS（Internet Information Services，互联网信息服务）是微软出品的架设 Web、FTP、SMTP 服务器的一套整合软件，捆绑在 Windows 2000 Server 中。最早 IIS 是随 Windows NT Server 4.0 一起提供的文件和应用程序服务器，是在 Windows NT Server 上建立 Internet 服务器的基本组件，它与 Windows NT Server 完全集成，之后内置在 Windows 2000 Server 和 Windows Server 2003 中一起发行。

IIS 作为一种 Web（网页）服务组件，可构建 Web 服务器、FTP 服务器、NNTP 服务器和 SMTP 服务器，分别用于网页浏览、文件传输、新闻服务和邮件发送。打开控制面板中的"添加/删除程序"对话框，可以选择添加 IIS 服务的组件，如图 6-8 所示。

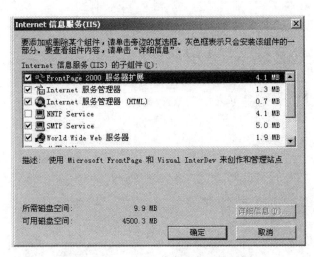

图 6-8　"Internet 信息服务"对话框

### 5．Web 服务器下 IIS 的配置

IIS 默认的 Web（主页）文件存放于系统根区的%system%\Inetpub\wwwroot 中，主页文件就放在这个目录下。出于安全考虑，建议用 NTFS 格式使用 IIS 的所有驱动器。

（1）快速配置好默认的 Web 站点。

打开 IIS 管理器，选择"开始"→"管理工具"命令打开的窗口中选择"Internet 信息服务"或直接在"运行"对话框中输入%SystemRoot%\System32\Inetsrv\iis.msc。安装好的 IIS 已经自动建立了管理和默认两个站点，如图 6-9 所示，其中"管理 Web 站点"用于站点远程管理，可以暂时停止运行，但最好不要删除，否则重建时会很困难。在浏览器中输入 http://localhost/iishelp/iis/misc/default.asp 地址，微软已经预先把详尽的帮助资料放到 IIS 中。

右击已存在的"默认 Web 站点"并选择"属性"命令，开始配置 IIS 的 Web 站点。每个 Web 站点都具有唯一的、由三个部分组成的标识，用来接收和响应请求的分别是端口号、IP 地址和主机头名。

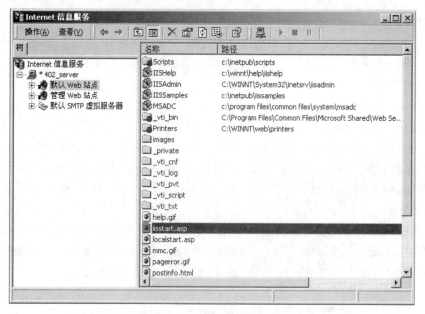

图 6-9　IIS 的 Web 站点配置

　　浏览器访问 IIS 的过程是：IP→端口→主机头→该站点主目录→该站点的默认首文档。所以，IIS 的整个配置流程应该按照访问顺序进行设置。

　　1）配置 IP 和主机头。这里可以指定 Web 站点的 IP，如果没有特别需要，则选择"全部未分配"；如果指定了多个主机头，则 IP 一定要选为"（全部未分配）"，否则访问者会无法访问，如图 6-10 和图 6-11 所示。

图 6-10　"默认 Web 站点属性"对话框

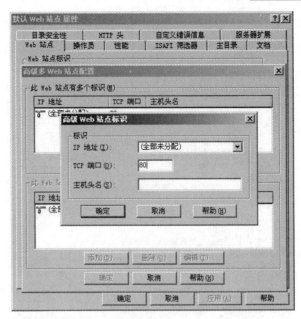

图 6-11 "高级 Web 站点标识"对话框

如果 IIS 只有一个站点，则不需要写入主机头标识。然后配置好端口，Web 站点的默认访问端口是 TCP 80，如果修改了站点端口，则访问者需要输入http://yourip端口才能够进行正常访问。

2）指定站点主目录。主目录是用来存放站点文件的位置，默认是%system%\Inetpub\wwwroot。可以选择其他目录作为存放站点文件的位置，单击"浏览"按钮选择路径。

这里还可以赋予访问者一些权限，如目录浏览等。基于安全考虑，微软建议在 NTFS 磁盘格式下使用 IIS，如图 6-12 所示。

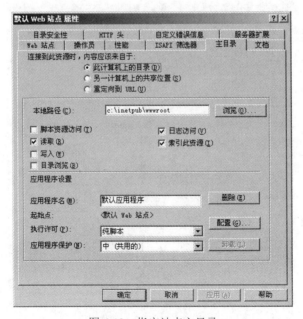

图 6-12 指定站点主目录

3）设定默认文档。每个网站都会有默认文档，默认文档就是访问者访问站点时首先要访问的那个文件，如 index.htm、index.asp、default.asp 等。这里需要指定默认的文档名称和顺序，如图 6-13 所示。

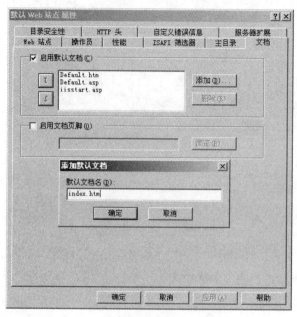

图 6-13　设定默认文档

注意，这里的默认文档是按照从上到下的顺序读取的。

4）设定访问权限。一般赋予访问者有匿名访问的权限，其实 IIS 已经默认在系统中建立了"IUSR_机器名"这种匿名用户了，如图 6-14 所示。

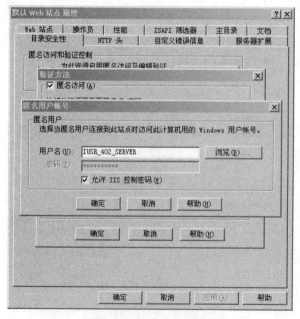

图 6-14　设定访问权限

　　按照向导建立新站点。如果想建立新的站点，可以按照 IIS 的向导进行设置，如图 6-15
所示。

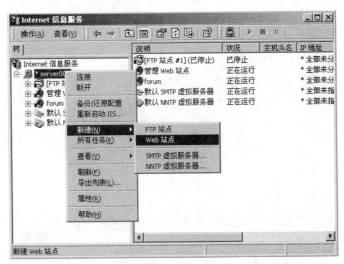

图 6-15　建立新站点

　　在 IP 地址下拉列表中可以选择 Web 服务器 IP，默认情况下应该选择"（全部未分配）"（注
意，通过这个下拉列表可以查看用户是否有公网 IP）。TCP 默认端口是 80，如果修改了端口号，
则需要用"http://ip:端口"格式进行浏览，如图 6-16 所示。站点主机头使该站点指定一个域名，
如http://abc.vicp.net。可以在一个相同的 IP 下指定多个主机头，默认为"无"。

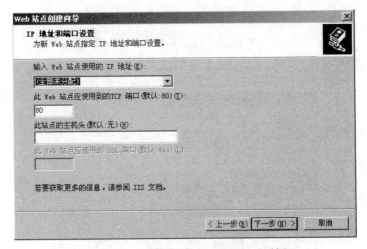

图 6-16　"IP 地址和端口设置"对话框

　　用户可以选择 Web 站点主目录，该目录用于存放主页文件；选中"允许匿名访问此 Web
站点"复选项，则任何人都可以通过网络访问你的 Web 站点，如图 6-17 所示。Web 站点的访
问权限可以设定允许或禁止读取、运行脚本等权限，如图 6-18 所示。

　　（2）Web 站点的常规设置。

　　选中刚建立的站点并右击，在弹出的快捷菜单中选择"属性"命令，弹出"我的站点　属
性"对话框，如图 6-19 所示。

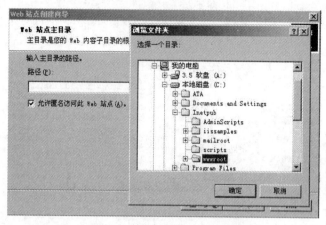

图 6-17　Web 站点主目录设置

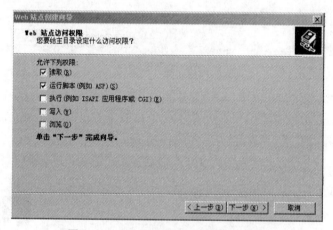

图 6-18　"Web 站点访问权限"对话框

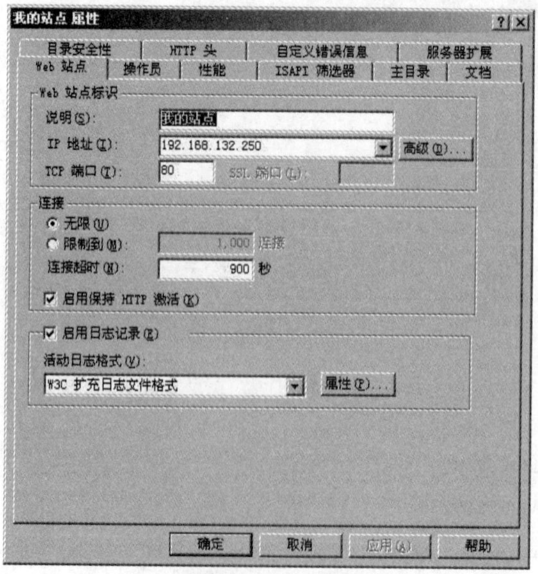

图 6-19　"我的站点 属性"对话框

1）说明：站点的说明，将出现 IIS 管理界面中的站点名称。

2）IP 地址：常规情况下可选择"（全部未分配）"。高级选项中可设定主机头高级 Web 站点标识等。

3）TCP 端口：指定该站点的访问端口，浏览器访问 Web 的默认端口是 80。

4）连接：选择"无限"单选项允许同时发生的连接数不受限制；选择"限制到"单选项设置同时连接到该站点的连接数（在后面的文本框中键入允许连接的最大数目）。设定连接超时，如选择"无限"单选项，则不会断开访问者的连接。

5）HTTP 激活：允许客户保持与服务器的开放连接，而不是使用新请求逐个重新打开客户连接。禁用保持 HTTP 激活会降低服务器性能，默认情况下启用保持 HTTP 激活。

6）日志记录：可选择日志格式 IIS、ODBC 或 W3C 扩充格式，并可定义记录选项，如访问者 IP、连接时间等。

7）操作员：设定操作 IIS 管理的用户，默认情况下只允许管理员权限可操作和管理 IIS。也可以添加多个用户或用户组参加 IIS 的管理和操作。

主目录用于设定该站点的文件目录，可以选择本地目录或另一台计算机的共享位置，如图 6-20 所示。站点目录的存放位置确保有该目录的控制管理权限。访问设置中可指定哪些资源可访问，哪些资源不可访问，需要注意的是"目录浏览"和"日志访问"复选项，选择"日志访问"复选项，IIS 会记录该站点的访问记录，可以选择记录哪些资料，如 IP 时间等。应用程序设置中，配置访问者能否执行程序和执行哪些程序。

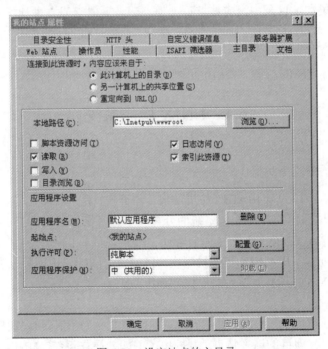

图 6-20　设定站点的主目录

8）主文档：设定该站点的首页文件名，访问者会按照默认文档的顺序访问该站点，如图 6-21 所示。要在浏览器请求指定文档名的任何时候提供一个默认文档，请选择"启用默认文档"复选项。默认文档可以是目录的主页或包含站点文档目录列表的索引页。

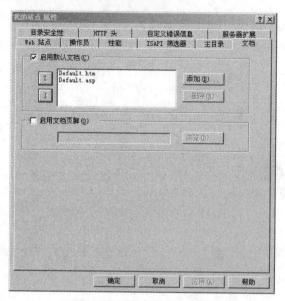

图 6-21　设定站点的首页文件名

要添加一个新的默认文档，请单击"添加"按钮。可以使用该特性指定多个默认文档，并按出现在列表中的名称顺序提供默认文档。

要更改搜索顺序，则选择一个文档并单击箭头按钮。要从列表中删除默认文档，则单击"删除"按钮。如果在主目录中没有该首页文件，请马上建立或者进行相关设置。

要自动将一个 HTML 格式的页脚附加到 Web 服务器发送的每个文档中，则选择"启用文档页脚"复选项。页脚文件不应该是一个完整的 HTML 文档，而应该只包括需要用于格式化页脚内容、外观和功能的 HTML 标签。要指定页脚文件的完整路径和文件名，则单击"浏览"按钮。

# 6.4　UNIX 操作系统

## 6.4.1　UNIX 概述

UNIX 操作系统于 1969 年由AT&T的贝尔实验室开发，是一种多用户、多任务的网络操作系统，支持多种处理器架构，按照操作系统的分类属于分时操作系统。UNIX 操作系统功能强，安全性和稳定性较高。UNIX 是使用命令运行、极具灵活性的一种网络操作系统，主要有 IBM-AIX、SUN-Solaris、HP-UNIX 等多种版本。目前它的商标权由国际开放标准组织所拥有，只有符合单一 UNIX 规范的UNIX 系统才能使用 UNIX 这个名称，否则只能称为类 UNIX（UNIX-like）。

早在 20 世纪 60 年代末，AT&T 贝尔实验室的研究人员为了满足研究环境的需要，结合多路存取计算机系统研究项目的诸多特点，开发出了 UNIX 操作系统。UNIX 针对小型机环境开发，是一种集中式、分时多用户网络操作系统，但 UNIX 本身固有的可移植性使它也能用于其他类型的计算机，如小型机、多处理机和大型机等。

UNIX 操作系统主要由以下三部分组成：

（1）操作系统内核（Kernel）。内核是 UNIX 系统的核心管理和控制中心，直接控制着计算机的各种资源，能有效地管理硬件设备、内存空间和进程等，使得用户程序不受错综复杂的硬件事件细节的影响。

（2）系统调用。供程序开发者开发应用程序时调用系统组件，包括进程管理、文件管理、设备状态等。

（3）应用程序。包括各种开发工具、编译器、网络通信处理程序等，所有应用程序都在 Shell 的管理和控制下为用户服务。其中，Shell（又称外壳文件）是 UNIX 内核与用户之间的接口，是 UNIX 的命令解释器。常见的 Shell 有 Bourne Shell（bh）、Korn Shell（ksh）、C Shell（csh）等。

UNIX 系统最先在 PDP-7 计算机（如图 6-22 所示）上使用。PDP-7 是由迪吉多公司研发的一款 MiniPC，1969 年，肯·汤普逊利用一台 PDP-7 计算机写出了第一版的 UNIX 操作系统。

图 6-22　PDP-7 计算机

目前，UNIX 仍在不断变化，其版权所有者不断变更，授权者的数量也在增加。UNIX 的版权曾经为 AT&T 所有，之后Novell拥有了 UNIX。有很多厂商在取得了 UNIX 的授权之后，开发了自己的 UNIX 产品，如 IBM 的AIX、惠普的HP-UX、太阳微系统的Solaris和硅谷图形公司的IRIX。

UNIX 因其安全可靠、高效强大的特点在服务器领域得到广泛的应用，它是科学计算、大型机、超级计算机等所用操作系统的主流。现在其仍然应用于对稳定性要求极高的场合，如网络数据中心。

IEEE 为 UNIX 制定了一个POSIX标准（即 IEEE1003 标准），国际标准名称为 ISO/IEC9945。它通过一组最小的功能定义了在 UNIX 操作系统和应用程序之间兼容的语言接口。POSIX 的含义是 Portale Operating System Interface（可移植操作系统接口），X 表明其 API 的传承。

### 6.4.2　UNIX 的特点

UNIX 操作系统主要具有以下特点：

（1）UNIX 是一个多用户、多任务的分时网络操作系统。

（2）UNIX 是由 C 语言编写的，这使得系统易读、易修改、易移植。

（3）UNIX 提供了丰富的系统调用，整个系统的实现紧凑、简洁。

（4）UNIX 提供了功能强大的可编程的 Shell 语言（外壳语言）作为用户界面，具有简洁、高效的特点。

（5）UNIX 系统采用树状目录结构，具有良好的安全性、保密性和可维护性。

（6）UNIX 系统采用进程对换（Swapping）的内存管理机制和请求调页的存储方式，实现虚拟内存管理，可大大提高内存的使用效率。

（7）UNIX 系统提供多种通信机制，如管道通信、软中断通信、消息通信、共享存储器通信、信号灯通信。

（8）UNIX 具有良好的用户界面；程序接口提供了 C 语言和相关库函数及系统调用，命令接口是 Shell，UNIX 有三种主流的 Shell，即 bh、ksh 和 csh，同时为用户提供了数千条系统命令，有助于系统操作和系统管理，管道机制也是其独有的特性，系统的可操作性很强。

（9）UNIX 为用户提供了良好的开发环境。UNIX 的默认安装一般都包括标准的 C 语言编译器 CC，新版本的 UNIX 还包括 GCC，程序员可以利用它们来开发 C 和 C++应用程序，同时提供了 make、ccs、rcs 等版本控制程序，有利于大型项目的开发；同时 UNIX 还支持数十种流行程序开发语言。

（10）UNIX 支持集群和分布式计算，适合当今的 Internet，其 telnet 适合用户的远程管理。

（11）UNIX 完善的系统审计，除了提供 syslog 系统审计，还提供 sulog、lastlog、wtmplog 等，同时用户还可以自定义日志文件，并方便地对这些 log 文件进行查看、分类。

（12）UNIX 系统具有较强的稳定性和健壮性，支持如 DDI8 设备驱动程序、64 位技术、多路 I/O 等众多技术，同时支持控制器热插拔、硬盘跨接和镜像等，能满足复杂的应用要求。

本节对 UNIX 系统只做简要介绍，有兴趣的同学可参考其他专业书籍。

# 6.5  Linux 操作系统

### 6.5.1  Linux 概述

Linux 是 1991 年底由芬兰大学生 Linux Torvalds 开发的基于 Intel 386 体系结构的一种网络操作系统。Linux 系统结构清晰、功能简捷，系统本身及其生成工具的源代码是开放的，所以，Linux 是一种免费使用和自由传播的类 UNIX操作系统，许多大专院校和科研机构的研究人员都把它作为学习和研究的对象。Linux 是一个稳定可靠、功能完善的操作系统，它具有很强的适应性，能适应各种不同的硬件平台。

Linux 作为一种基于POSIX和 UNIX 的多用户、多任务、支持多线程和多 CPU 的操作系统，能运行主要的 UNIX 工具软件、应用程序和网络协议，支持 32 位和 64 位硬件。Linux 继承了 UNIX 以网络为核心的设计思想，是一个性能稳定的多用户网络操作系统。

Linux 存在着许多不同的版本，但它们都使用了Linux 内核。严格来讲，Linux 这个词本身只表示 Linux 内核，但实际上，人们常用 Linux 表示整个基于 Linux 内核的使用各种工具和数据库的操作系统。Linux 可安装在各种计算机硬件设备中，如手机、平板电脑、路由器、视频游戏控制台、台式机、大型机和超级计算机。

Linux 常用的版本有：FreeBSD、Solaris、Ubuntu、Debian 等，它也有中文版的。Linux 在安全性和稳定性方面得到用户充分的肯定。随后 Red Hat、InfoMagic 等公司也开发出了以 Linux 为核心的操作系统版本，大大推动了 Linux 的商品化。

作为一个操作系统，Linux 几乎满足当今 UNIX 操作系统的所有要求，因此它具有 UNIX 操作系统的基本特征。

（1）Linux 完全支持 POSIX 1003.1 标准，该标准定义了一个最小的 UNIX 操作系统接口。Linux 设置了部分 System V 和 BSD 的系统接口，使其成为一个完善的 UNIX 程序开发系统。

（2）支持多用户访问和多任务编程。Linux 是一个多用户操作系统，它允许多个用户同时访问系统而不会造成用户之间的相互干扰。另外，Linux 还支持真正的多用户编程，一个用户可以创建多个进程，并使各个进程协同工作来完成用户的需求。

（3）采用页式存储管理。页式存储管理使 Linux 能更有效地利用物理存储空间，页面的换入换出为用户提供了更大的存储空间。

（4）支持动态链接。用户程序的执行往往离不开标准库的支持，一般的系统往往采用静态链接方式，即在装配阶段就已将用户程序和标准库链接好，这样，当多个进程运行时，可能会出现库代码在内存中有多个副本而浪费存储空间的情况。Linux 支持动态链接方式，运行时才进行库链接，如果所需要的库已被其他进程装入内存，则不必再装入，否则从硬盘中将库调入，这样能保证内存中的库程序代码是唯一的。

（5）支持多种文件系统。Linux 能支持多种文件系统，包括 EXT2、EXT、XIAFS、ISOFS、HPFS、MSDOS、UMSDOS、PROC、NFS 等。Linux 最常用的文件系统是 EXT2，它的文件名长度可达 255 字符，并且还有许多特有的功能，使它比常规的 UNIX 文件系统更加安全。

（6）支持 TCP/IP 和 PPP 协议。在 Linux 中，用户可以使用所有的网络服务，如网络文件系统、远程登录等。SLIP 和 PPP 能支持串行线上 TCP/IP 协议的使用，使用户可用一个高速 Modem 通过电话线连入 Internet。

### 6.5.2　Linux 系统组成

Linux 主要由存储管理、进程管理、文件系统、进程间通信等几部分组成，在许多算法及实现策略上借鉴了 UNIX 的一些技术。

（1）存储管理。Linux 采用页式存储管理机制，每个页面的大小随处理机芯片而不同。例如，Intel 386 处理机页面大小可为 4KB 和 2MB，而 Alpha 处理机页面大小可为 8KB、16KB、32KB 和 64KB。页面大小的选择对地址变换算法和页表结构会有一定的影响，如 Alpha 的虚地址和物理地址的有效长度随页面尺寸的变化而变化，这种变化必将在地址变换和页表项中有所反映。

在 Linux 中，每个进程都有一个比实际物理空间大得多的进程虚拟空间，为了建立虚拟空间和物理空间之间的映射，每个进程还保留一张页表，用于将本进程空间中的虚地址变换成物理地址。页表还对物理页的访问权限做出了规定，定义了哪些页可读写，哪些页是只读页，在进行虚实变换时，Linux 将根据页表中规定的访问权限来判定进程对物理地址的访问是否合法，从而达到存储保护的目的。

Linux 存储空间分配遵循的是不到有实际需要的时候决不分配物理空间的原则。当一个程序加载执行时，Linux 只为它分配了虚空间，只有访问某一虚地址而发生了缺页中断时才为它分配物理空间，这样就可能出现某些程序运行完成后，其中的一些页从来没有装进过内存的情况。这种存储分配策略带来的好处是显而易见的，因为它最大限度地利用了物理存储器。

（2）进程管理。在 Linux 中，进程是资源分配的基本单位，所有资源都是以进程为对象进行分配的。在一个进程的生命周期内，它会用到许多系统资源，会用 CPU 运行其指令，用存储器存储其指令和数据，它也会打开和使用文件系统中的文件，直接或间接用到系统中的物理设备。因此，Linux 设计了一系列的数据结构，它们能准确地描述进程的状态和其资源使用情况，以便能公平有效地使用系统资源。Linux 的调度算法能确保不出现某些进程过度占用系统资源而导致另一些进程无休止地等待的情况。

进程的创建是一个复杂的过程，通常的做法需要为子进程重新分配物理空间，并把父进程空间的内容全盘复制到子进程空间中，开销非常大。为了降低进程创建的开销，Linux 采用了 Copy on write 技术，即不拷贝父进程的空间，而是拷贝父进程的页表，使父进程和子进程共享物理空间，并将这个共享空间的访问权限设置为只读。当父进程和子进程的某一方进行写操作时，Linux 检测到一个非法操作，这时才对要写的页进行复制。这一做法免除了只读页的复制，从而降低了开销。

（3）文件系统。Linux 最重要的特征之一就是支持多个不同的文件系统，如前所述，Linux 支持的文件系统多达十余种，随着时间的推移，这一数目还在不断增加。在 Linux 中，一个分离的文件系统不是通过设备标识（如驱动器号或驱动器名）来访问，而是把它合到一个单一的目录树结构中，通过目录来访问，这一点与 UNIX 十分相似。Linux 用安装命令将一个新的文件系统安装到系统单一目录树下的某一目录中，一旦安装成功，该目录下的所有内容将被新安装的文件系统覆盖，当文件系统被卸下后，安装目录下的文件将会被重新恢复。

### 6.5.3　Linux 的不足与发展

Linux 从出现至今，其发展速度是惊人的，这与它的开放性和优良的性能是分不开的。但 Linux 也有许多不足之处，如设计思想过多地受到传统操作系统的约束，没有体现出当代操作系统的发展潮流，具体表现在以下五个方面：

（1）不是一个微内核操作系统。

（2）不是一个分布式操作系统。

（3）不是一个安全的操作系统。

（4）没有用户线程。

（5）不支持实时处理。

Linux 的代码是用 C 语言而不是用 C++语言编写的。尽管 Linux 有不足，但其发展潜力仍然很大，其发展的动力就是遍布全球、为数众多的 Linux 爱好者。今后 Linux 将会朝着完善功能、提高效率的方向发展，包括允许用户创建线程、增加实时处理功能、开发适合多处理机体系结构的版本等。

### 6.5.4　Linux 与 UNIX 的区别

Linux 与 UNIX 相比，主要有以下区别：

（1）UNIX 是在 POSIX 之前研发的，而 Linux 是在 POSIX 之后研发的，最初的 Linux 是仿制 UNIX 的，所以很多 Linux 软件与 UNIX 是相通的，Linux 可看成是 UNIX 的一个分支，别的分支还有 freebsd 等。

（2）UNIX 是命令行下的操作系统，Linux 是增加了窗体管理的操作系统。

（3）UNIX 是一个功能强大、性能全面的多用户、多任务操作系统，可应用于从巨型机到普通 PC 等的多种不同平台上。而 Linux 是一种外观和性能与 UNIX 相同或更好的操作系统。但是要注意，Linux 不源于任何版本 UNIX 的源代码，并不是 UNIX，而是一个类似于 UNIX 的系统。

（4）从发展的背景看，Linux 是从 UNIX 发展而来的。这种继承使得 Linux 的用户能从 UNIX 获得支持和帮助，因为 UNIX 是使用最普遍、发展最成熟的操作系统。

（5）Linux 是一种源码开放、免费的操作系统，而 UNIX 系统基本上是有偿使用的。这使得人们能够免费得到很多 Linux 的版本以及为其开发的应用软件。目前在网上看到的很多自由软件都能在 Linux 系统上运行，而且一些世界级的优秀程序员还在努力开发和提供基于 Linux 的共享软件。

（6）UNIX 和 Linux 都是操作系统的名称，但 UNIX 这四个字母同时还作为商标归 SCO 所有。Linux 有 RedHat Linux、SuSe Linux、Slakeware Linux、国内的红旗 Linux 等，还有 Turbo Linux。UNIX 主要有 SUN 的 Solaris、IBM 的 AIX、HP 的 HP-UX，以及 x86 平台的 SCO UNIX。UNIX 多数是硬件厂商针对自己硬件平台的操作系统，主要与 CPU 等有关，如 SUN 的 Solaris 作为商用，定位在其使用 SPARC/SPARCII 的 CPU 的工作站及服务器上。

（7）在性能上，Linux 没有 UNIX 那么全面，但对个人用户和小型应用来说已经足够。在一些常用 UNIX 系统的环境中，如银行、民航、电信部门，一般都是固定机型的 UNIX。如电信部门 SUN 的居多，民航部门 HP 的居多，银行则是 IBM 的居多。

总之，Linux 是在 UNIX 的基础上发展起来的，它源于 UNIX 但不同于 UNIX。本节只是对 Linux 系统进行一个简要介绍，有兴趣的同学可参考其他专业书籍。

# 本章小结

网络操作系统（NOS）是网络的核心，它支持对局域网和广域网的管理。读者在学习过程中应对网络操作系统的定义、主要功能、分类、配置和管理服务等有所了解，把其强大的功能应用于网络中。注意掌握网络操作系统与一般操作系统的区别、活动目录的概念、DHCP 和 IIS 的配置，以及 UNIX 和 Linux 操作系统的特点、基本功能以及两者的区别，理解 NetWare 系统的安全管理功能与容错机制，了解 Windows 2000 Server 系列操作系统在网络中的应用。

# 习题 6

1. 网络操作系统（NOS）有哪些主要功能？
2. 网络操作系统与 PC 操作系统有什么区别？
3. NetWare 操作系统的安全管理功能有哪些？
4. NetWare 有几级系统容错机制？当磁盘通道损坏时，应采用磁盘镜像还是磁盘双工？
5. 简述 UNIX 系统的主要特点。
6. Windows 2000 有哪几种版本？各版本可支持多少个 CPU？
7. 什么是 NTFS？什么是 DHCP 和 IIS？
8. UNIX 操作系统有哪些主要特点？它与 Linux 操作系统的主要区别有哪些？

# 第 7 章　网络互联技术

 本章导引

　　迄今为止，都是假定所讨论的网络是单个的同种协议网，网络中每台机器的对应层次的协议相同。但实际上存在着许多不同（如体系结构不同）的网络，包括各种各样的局域网和广域网，大量协议被广泛地应用于每一层。本章将详细讨论两个或多个网络构成互联网的原理与技术。

## 7.1　网络互联概述

　　网络互联是指利用一定的技术和方法，由一种或多种通信处理设备将两个或两个以上的网络连接起来构成一个更大的网络系统的技术，它是解决不同网络之间用户互联、互通的关键技术。这里不仅包括同构网的互联，也包括异构网和不同厂家网络的互联。网络互联包括两个方面的内容：一是将多个独立的、小范围的网络连接起来构成一个较大范围的网络；二是将一个节点多、负荷重的大网络分解成若干小网络，再利用互联技术把这些小网络连接起来。如因特网就融入了多种网络互联技术。

### 7.1.1　网络互联的动力与问题

#### 1. 网络互联的动力

　　随着 LAN 的发展和广泛应用，许多企事业单位和部门都构建了自己的内部网（主要是LAN），网络的应用和区域内信息的共享促使用户有向外延伸的需求，否则，这些内部网可能就是一个"信息孤岛"，没有充分发挥作用。因此，网络互联是计算机网络发展和应用的必然要求。推动网络互联技术发展的动力主要来自以下四个方面：

　　（1）经济全球一体化。全球性的跨国企业带来了全球性的市场，为增强企业的竞争力，往往要将分布在世界各地的各子公司计算机网络互联起来，这也是适应现代国际化企业管理模式的重要技术手段。这种需求迫使计算机厂商耗费巨资去研究网络互联技术，客观上推动了网络互联技术的发展。

　　（2）新的网络应用不断出现。随着计算机应用技术的飞速发展，多媒体网络应用已成为现实。电视会议、远程医疗、网上教学、电视点播、网络并行计算等新的技术对网络带宽、服务质量提出了更高的要求，这也促使传统的互联网技术发生变化，以适应新的应用发展的要求。

　　（3）LAN 技术及高速 LAN 的发展。网络已从初期的广域网发展到城域网和局域网。局域网已从共享介质局域网向交换式局域网发展。各种高速网络的发展与应用已经形成了高速网络与传统网络并存的局面，多协议互联技术已成为网络互联技术的又一个重要课题。

　　（4）信息高速公路的发展。信息高速公路的建设是全球信息化发展的重要标志，而网络互联技术是实现信息高速公路计划的关键技术。一个国家的信息高速公路就是要将不同地区、不同行业、不同类型的网络系统互联起来，以实现网络的互联、互通与互操作，要实现这个目

标，就必须发展网络互联技术。

2．网络互联的问题

计算机网络互联是一个复杂的过程，涉及多项技术，需要解决很多问题。

（1）系统标识问题。计算机网络把两台或更多的计算机用同一网络介质连接在一起，网络介质可以是线路、无线频率或任何其他通信介质。为此，网络中的每个系统都必须唯一标识，否则一个系统无法与另一个系统通信。几乎所有传输都必须明确地寻址到一个系统，且所有传输都必须含有可识别的源地址和目的地址，以便其响应（或出错报文）能正确地返回给发送者。

在一个计算机网络中，可以用多种方法为主机设定地址。如从 1（或其他数字）开始，对所有主机连续编号，或为每台主机随机指派地址，或每台主机使用一个全球唯一地址。这几种方法均有缺点。如果该网络不与其他网络合并，则为主机连续编号的方法没有问题。但实际上，各部门间的网络经常需要合并，整个机构也是如此。而使用随机地址的方法则带来了特定网络中或合并的网络间的唯一性问题。最后，每台主机使用全球唯一地址的方法虽然解决了地址重复问题，但需要一个中央授权机构来发放地址，在我国这个中央授权机构就是中国互联网信息中心（CNNIC）。我国互联网用户的 IP 地址都由 CNNIC 授权发布。

（2）硬件接口设备地址关联问题。不同的硬件系统可以通过 IP 网络连接起来，这些硬件系统包括：①节点，即实现 IP 的任何设备；②路由器，即可以转发并非寻址到自己的数据的设备，换言之，路由器可以接收发往其他地址的包并进行转发，这主要是由于路由器连接了多个物理网络；③主机，即非路由器的任何网络节点。

实际上，对于绝大部分网络接口设备都有授权机构来确保每个接口设备制造商使用自己的地址范围，从而可以保证每个设备具备一个全球唯一的号码。这意味着网络中的数据可以直接定向到与网络中每个系统使用的网络硬件接口关联的地址（如 IP 地址或 MAC 地址），这就从根本上解决了网络中目的主机之间网络地址关联以便发送数据的问题。

（3）业务流跟踪和选路问题。如果所有网络都是同一种类型，如以太局域网，则网络互联很容易实现。连接局域网的方法之一是使用网桥，网桥将监听两个网络上的业务流，如果发现有数据从一个网络传送到另一个网络，它将该数据重传到目的网络。但是，连接较多局域网的复杂的互联网络很难处理，要求连接 LAN 的设备能够了解每个系统的地址和网络位置。即便是同一地点和同一网络上的系统，随着系统数量的增加，对业务流跟踪和选路的任务也较为困难。

### 7.1.2　网络互联的类型与层次

1．网络互联的类型

在计算机网络中，通常把体系结构相同（主要指网络协议相同）的网络称为同构网，而体系结构不同的网络称为异构网，被互联的网络统称为子网。网络互联包括同构网和异构网的互联，因此，网络互联的类型有 LAN-LAN 互联、LAN-WAN 互联、LAN-WAN-LAN 互联和WAN-WAN 互联四种。

（1）LAN-LAN 互联。由于局域网种类较多（如令牌环网、以太网等），其使用的软件也较多，因此，LAN 之间的互联较为复杂。对不同标准的异种局域网而言，既可实现从低层到高层的互联，也可只实现低层（在数据链路层上，例如网桥）上的互联。在实际的网络应用中，LAN-LAN 互联可以分为以下两种：

1）同种局域网互联。同种局域网互联是指符合相同协议的局域网之间的互联，例如两个以太网之间或者两个令牌环网之间的互联。同种局域网之间的互联比较简单，使用网桥可以将分散在不同地理位置的多个局域网互联起来。

2）异型局域网互联。异型局域网互联是指不符合相同协议的局域网之间的互联，例如以太网与令牌环网之间的互联。异型局域网之间的互联也可以用网桥来实现，但是网桥必须支持要互联的网络使用的协议，即要能支持不同协议之间的转换。以太网、令牌环网与令牌总线网都属于传统的共享介质局域网。

网桥（Bridge）也叫桥接器，如图7-1所示，是互联局域网的一种帧存储－转发设备。它能将两个以上的LAN在数据链路层互联起来，使LAN上的所有用户都可访问服务器，如图7-2所示。早期它是两端口二层网络设备，用来连接不同网段。

图7-1 网桥

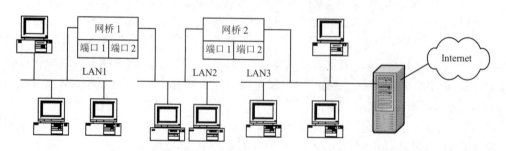

图7-2 网桥互联LAN

（2）LAN-WAN互联。不同地方（可能相隔很远）的局域网要借助于广域网互联。LAN-WAN互联也是常见的方式之一。LAN-WAN互联可以通过网关（Gateway）或路由器（Router）来实现。其中网关又称网间连接器、协议转换器，如图7-3所示。它在网络层以上实现网络互联，是较复杂的网络互联设备，可用于两个高层协议不同的网络互联，既可以用于WAN互联，也可以用于LAN互联。

图7-3 网关

（3）LAN-WAN-LAN 互联。两个分布在不同地理位置的局域网通过广域网实现互联，也是常见的互联类型之一。LAN-WAN-LAN 互联主要通过路由器（Router）来实现。如图 7-4 所示为常见路由器。

图 7-4　路由器

LAN-WAN-LAN 互联结构改变了传统接入模式（即主机通过广域网中的通信控制处理机的传统接入模式），因此，大量的主机通过局域网接入广域网（如 Internet），这是今后接入广域网的主要方法。

（4）WAN-WAN 互联。这种互联相对于以上三种互联要容易，因为广域网的协议层次常处于 OSI 七层模型的低层，不涉及高层协议。著名的 X.25 标准就是实现 X.25 网互联的协议。帧中继、X.25 网、DDN 均为广域网，它们之间的互联属于广域网的互联，目前没有公开的统一标准。

WAN-WAN 互联也是目前常见的方式之一，这种互联可以通过路由器或网关实现，这样连入各个广域网的主机资源可以实现共享。

2．网络互联的层次

（1）相关概念。

在网络系统集成中，经常遇到"互联""互通"与"互操作"这三个术语。从网络互联角度看，网络的互联、互通与互操作表示不同的内涵。

互联（Interconnection）是指在两个物理网络之间至少有一条在物理上连接的线路，它为两个网络的数据交换提供了物质基础和可能性，但并不能保证两个网络一定能够进行数据交换，这要看两个网络的通信协议是否兼容。

互通（Intercommunication）是指两个网络之间可以交换数据。例如，在 Internet 中，虽然 TCP/IP 协议屏蔽了物理网络的差异性，但不同网络互联的计算机之间可以交换数据。因此，互通仅仅涉及通信的两台计算机之间的端－端连接与数据交换，它为不同计算机系统之间的互操作提供了条件。

互操作（Interoperability）是指网络中不同计算机系统之间具有透明地访问对方资源的能力。因此，互操作性是由高层软件来实现的，例如应用网关等。

互联、互通、互操作表示了三个含义。互联是基础，互通是手段，互操作是网络互联的目的。

（2）网络互联的层次。

根据 OSI 参考模型的层次划分，网络协议分别属于不同的层次，因此，网络互联也可以在不同的层次上实现，如图 7-5 所示。既可以在物理层实现互联，也可以在数据链路层、网络层以及更高层实现互联。当然，要在不同的层次上实现互联，需要有相应层协议和相应网络设备的支持。

图 7-5　不同层次上实现的网络互联

1）物理层互联。物理层互联的设备是中继器（Repeater）。中继器在网络互联中起到延长网段与放大信号的作用，用于两个网络节点之间物理信号的双向转发工作。它不对数据进行任何处理，主要是完成物理层的功能，负责在两个节点上按位传递信息，完成信号的复制、调整和放大功能。

2）数据链路层互联。数据链路层互联的设备是网桥（Bridge）。网桥在网络互联中起到数据接收、地址过滤与数据转发的作用，用来实现多个网络系统之间的数据交换。用网桥实现数据链路层互联时，互联网络的数据链路层与物理层的协议可以相同也可以不同。

3）网络层互联。网络层互联的设备是路由器（Router）。网络层互联主要是解决路由选择、拥塞控制、差错处理、分段技术等问题。如果网络层协议相同，则互联主要是解决路由选择问题。如果网络层协议不同，则需要使用多协议路由器（Multiprotocol Router）。用路由器实现网络层互联时，互联网络的网络层及以下各层的协议可以相同也可以不同。

4）高层互联。传输层及以上各层协议不同的网络之间的互联属于高层互联，实现高层互联的设备是网关（Gateway）。一般来说，高层互联使用的网关很多是应用层网关，因此高层互联的网关通常又被称为应用层网关（Application Gateway）。如果使用应用层网关来实现两个网络的高层互联，那么两个网络的应用层及以下各层网络协议可以不同。

## 7.2　网络互联设备

### 7.2.1　中继器与网桥

#### 1. 中继器

中继器是连接网络线路的一种装置，用于两个网络节点之间物理信号的双向放大工作。它是最简单的一种网络互联设备，主要完成物理层的功能，负责在两个节点的物理层上按位传送信息，完成信号的复制、调整和放大功能，以此延长网络长度。它在 OSI 参考模型中的位置是物理层。由于存在损耗，在线路上传输的信号功率会逐渐衰减，衰减到一定程度时将造成信号失真，因此会导致接收错误。中继器就是为解决这一问题而设计的，它完成物理线路的连接，对衰减的信号进行放大，保持与原数据信号相同，如图 7-6 所示。

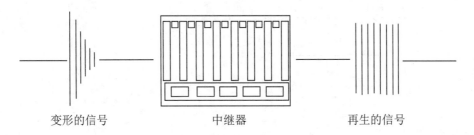

变形的信号　　　　　　　　中继器　　　　　　　　再生的信号

图 7-6　中继器中信号的整形放大

如图 7-7 所示是一种中继器，图 7-8 所示是一种无线中继器。

图 7-7　中继器　　　　　　　　　　　图 7-8　无线中继器

一般情况下，中继器两端连接的是相同的介质，但有的中继器也可以完成不同介质的转接工作。从理论上讲，中继器的使用是无限的，网络也因此可以无限延长。而事实上这是不可能的，因为在网络标准中对信号的延迟范围作了具体的规定，中继器只能在此规定范围内进行有效的工作，否则会引起网络故障。在以太网标准中约定，一个以太网上只允许出现 5 个网段，最多使用 4 个中继器，而且其中只有 3 个网段可以挂接计算机终端。

2.　网桥

网桥（Bridge）也称桥接器，是连接两个局域网的存储－转发设备，用它可以完成具有相同或相似体系结构网络系统的连接，如图 7-9 所示是一种网桥，图 7-10 所示是一种无线网桥。

图 7-9　网桥　　　　　　　　　　　图 7-10　无线网桥

一般情况下，被连接的网络系统都具有相同的逻辑链路控制规程（LLC），但介质访问控制协议（MAC）可以不同。网桥是数据链路层的连接设备，确切地说，它工作在 MAC 子层上。网桥在两个局域网的数据链路层（DDL）间传送信息，在 OSI/RM 中的位置如图 7-11 所示。

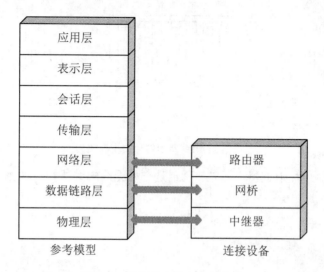

图 7-11　连接设备与 OSI 协议集

网桥是为局域网存储－转发数据而设计的，它对末端节点用户是透明的，末端节点在其报文通过网桥时并不知道网桥的存在。网桥可以将相同或不相同的局域网联在一起，组成一个扩展的局域网络。

网桥又可以分为以下两种：

（1）透明网桥（Transparent Bridge）。透明网桥又称生成树网桥。它对用户"完全透明"，在拥有多个 LAN 的单位用户中使用时，只需要把连接插头插入网桥即可，不需要任何设置，现有 LAN 的运行完全不受网桥的任何影响。透明网桥以混杂方式工作，它接收与之连接的所有 LAN 传送的每一帧。当一帧到达时，网桥必须决定将其丢弃还是转发，如果要转发，则必须决定发往哪个 LAN。这需要通过查询网桥中的大型地址表中的目的地址来做出决定。该表可列出每个可能的目的地以及它属于哪一条输出线路（LAN）。

透明网桥采用的算法是逆向学习法（Backward Learning）。网桥能看见所连接的任一 LAN 上传送的帧，通过查看源地址即可知道在哪个 LAN 上可访问哪台机器，然后在地址表中添上此项。到达帧的路由选择过程取决于发送的 LAN（源 LAN）和目的地所在的 LAN（目的 LAN），具体按如下原则进行操作：

● 如果源 LAN 和目的 LAN 相同，则丢弃该帧。

● 如果源 LAN 和目的 LAN 不同，则转发该帧。

● 如果目的 LAN 未知，则进行广播。

为了提高可靠性，可以在 LAN 之间设置并行的两个或多个网桥，但是，这种配置引起了另外一些问题，因为在拓扑结构中产生了回路，可能引发无限循环，其解决方法就是使用生成树算法。生成树算法可解决无限循环问题，方法是让网桥相互通信，并用到达每个 LAN 的生成树覆盖实际的拓扑结构。使用生成树，可以确保任意两个 LAN 之间只有唯一的一条路径。一旦网桥商定好生成树，LAN 间的所有传送都遵从此生成树。由于从每个源到每个目的地只有唯一的路径，因此不可能再有循环。

（2）源路由选择网桥（Source Routing）。透明网桥的优点是易于安装，只需插进电缆即可。但是从另一方面来说，这种网桥并没有最佳地利用带宽，因为它们仅仅用到了拓扑结构的一个子集（生成树）。这两个（或其他）因素的相对重要性导致了 IEEE802 委员会内部的分裂。支持 CSMA/CD 和令牌总线的人选择了透明网桥，而令牌环网的支持者则偏爱一种称为源路由选择的网桥。

源路由选择的核心思想是假定每个帧的发送者都知道接收者是否在同一 LAN 上。当发送一帧到另外的 LAN 时，源机器将目的地址的高位设置成 1 作为标记。另外，它还在帧头加进此帧应走的实际路径。源路由选择网桥只关心那些目的地址高位为 1 的帧，当见到这样的帧时，它扫描帧头中的路由，寻找发来此帧的 LAN 的编号。如果发来此帧的 LAN 编号后接的是本网桥的编号，则将此帧转发到路由表中自己后面的 LAN；如果该 LAN 编号后接的不是本网桥，则不转发此帧。这一算法可通过软件、硬件或混合的办法具体实现。

源路由选择的前提是网中的每台机器都知道其他机器的最佳路径，如何得到这些路由是源路由选择算法的重要部分。获取路由算法的基本思想是：如果不知道目的地址的位置，源机器就发布一广播帧，询问它在哪里。每个网桥都转发该查找帧，这样该帧就可以到达网中的每一个 LAN。当答复回来时，途经的网桥将它们自己的标识记录在答复帧中，于是广播帧的发送者就可以得到确切的路由，并可从中选取最佳路由。

如表 7-1 所示，透明网桥一般用于连接以太网段，源路由选择网桥一般用于连接令牌环网段。

**表 7-1  两种网桥的比较**

| 特点 | 透明网桥 | 源路由选择网桥 | 注解 |
|------|---------|---------------|------|
| 连接方式 | 无连接 | 面向连接 | |
| 透明性 | 完全透明 | 不透明 | 透明网桥对主机来说是完全不可见的，而且它与现在所有的 802 产品完全兼容。源路由选择网桥既不透明又不兼容。如果要用源路由选择网桥，主机必须知道桥接模式，必须主动地参与工作 |
| 配置方式 | 自动 | 手工 | |
| 路由 | 次优化 | 优化 | 源路由选择网桥的优点之一是：从理论上讲，它可使用最佳路由，而透明网桥则只限于生成树；另外，源路由选择网桥还可以很好地利用网间的并行网桥来分散载荷。但在实际中，网桥能否利用这些理论上的优点还是个问题 |
| 定位 | 逆向学习 | 发现帧 | 逆向学习的缺点是：网桥必须一直等到碰巧有一特别的帧到来，才能知道目的地在何处；查找帧的缺点是：在有并行网桥的大型互联网中，会发生指数级的帧爆炸 |
| 失效处理 | 由网桥处理 | 由主机处理 | |
| 复杂性 | 在网桥中 | 在主机中 | 由于主机数量通常比网桥大一两个数量级，因此，最好把额外的开销和复杂性放到少量的网桥中而不是全部的主机中 |

### 7.2.2  路由器

#### 1. 路由器概述

路由器（Router）是一种典型的网络层互联设备。它能够将使用相同或不同协议的网段或网络连接起来，完成网络层中继或第三层中继的任务。路由器负责在两个局域网的网络层间传输数据,转发数据包时需要改变数据包的地址。它能根据信道的使用情况自动选择和设定路由,以最佳路径按前后顺序转发数据包,相当于网络中的枢纽和"交警"。它在 OSI/RM 中的位置如图 7-12 所示。

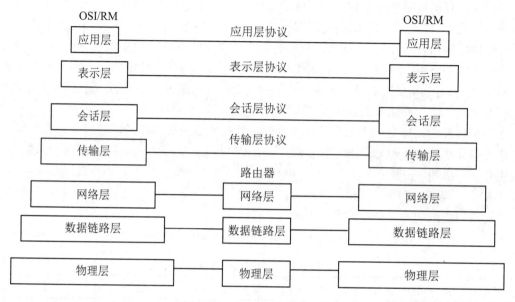

图 7-12　OSI/RM 上的路由器

路由器和交换机之间的主要区别:交换机工作在 OSI/RM 模型的第二层即数据链路层,转发交换的数据是数据帧;路由器工作在第三层即网络层,是为数据包选择路由。这一区别决定了路由器和交换机在传输信息的过程中需要使用不同的控制信息和实现方式。

2. 路由器的分类

从不同的角度,可以对路由器进行不同的分类。

（1）从支持网络协议角度,路由器分为:单协议路由器和多协议路由器。单协议路由器只能应用于特定的网络协议环境,一般是商家为与某种特定的网络协议相配套而开发的。多协议路由器可以支持当前流行的多种网络协议,具有广泛的适应性。它能提供一种管理手段来允许/禁止某种特定的协议,但不能提供各种应用协议之间的转换。

（2）从工作位置考虑,路由器分为:中间节点访问路由器和处于网络边缘的边界路由器。中间节点访问路由器主要用来连接远程节点进入主干网,一般由 1 个或 2 个 LAN 接口、2 个或 3 个 WAN 接口和 2 种或 3 种网络层协议（通常包括 IP 协议）组成,属于传统的路由体系结构。处于网络边缘的边界路由器建立了一种新的路由体系结构,特点是由一个中央路由器(或交换机)连接所有的外围和边界路由器。

（3）从连接规模考虑,路由器分为:接入路由器、企业或校园级路由器、骨干级路由器、太比特路由器（10Gb/s）和双 WAN 路由器等。其中,骨干级路由器实现企业级网络的互联,要求速度高和可靠性好,其采用如热备份、双电源、双数据通路等技术来获得可靠性,如图 7-13 所示。

双 WAN 路由器具有 2 个 WAN 口作为外网接入,这样内网计算机就可以通过双 WAN 路由器的负荷均衡功能同时使用 2 条外网接入线路,大幅提高了网络带宽,这种"带宽汇聚"和

"一网双线"的应用优势是传统单 WAN 路由器所没有的。图 7-14 所示为路由器图标。

图 7-13　骨干级路由器　　　　　　　　　　图 7-14　路由器图标

（4）从有线和无线考虑，路由器分为：有线路由器和无线路由器。如 3G 无线路由器采用 32 位 ARM9 微处理器，系统集成了从逻辑链路层到应用层的通信协议，并支持静态及动态路由、VPN、防火墙、NAT 等多种功能，可为用户提供安全、高速、稳定可靠、支持路由转发的无线路由网络。图 7-15 所示为无线路由器。

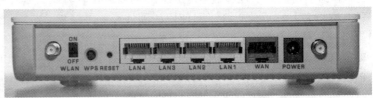

图 7-15　无线路由器

（5）按体系结构，路由器分为：第一代单总线单 CPU 路由器、第二代单总线主从 CPU 路由器、第三代单总线对称式多 CPU 路由器、第四代多总线多 CPU 路由器、第五代共享内存式路由器、第六代交叉开关式路由器和基于机群式的路由器等。

CPU 是路由器的心脏，在中低端路由器中，CPU 负责交换路由信息、路由表查找和转发数据包。此时，CPU 的性能直接影响路由器的吞吐量（路由表查找时间）和路由计算能力（影响网络路由收敛时间）等性能指标。而在高端路由器中，许多工作都由硬件（如 ASIC 专用芯片）来实现，如包转发和查询路由表，CPU 只实现路由协议、计算路由和分发路由表。因此，此时 CPU 的性能并不直接影响路由器的性能。

3. 路由器的功能

路由器作为网络中的核心互联设备，主要功能有以下几点：

（1）路由选择。当分组从互联网络到达路由器时，路由器能根据分组的目的地址按路由策略选择最佳路由将分组转发出去，并能随网络拓扑的变化而自动调整路由表。

（2）支持多协议及转换。路由器可对网络层及以下各层的协议进行转换，实现不同网络间的协议转换。不同的路由器有不同的路由器协议，支持不同的网络层协议。多协议路由器能支持如 IP、IPX、X.25 等多种协议，为不同类型的协议建立和维护不同的路由表。

（3）网络互联。路由器支持各种局域网和广域网接口，实现局域网和广域网互联，实现不同网络间互相通信。路由器不仅能连接同构 LAN，也能连接 LAN 和 WAN。

（4）流量控制。路由器不仅具有缓冲能力，而且还能控制收发双方的数据流量，使两者更加匹配。

（5）过滤与隔离。路由器能对网间信息进行过滤并隔离广播风暴，为网络提供一定的安全性。

（6）数据处理。路由器可提供包括分组转发、优先级、复用、加密、压缩和防火墙等功能。

（7）分段和组装。当多个网络通过路由器互联时，各网络传输的数据分组的大小可能不同，这就需要路由器对分组进行分段或组装。如果路由器没有分段组装功能，整个互联网络就只能按照允许的某个最短分组进行传输。

（8）网络管理。路由器连接多种网络，网间信息都要通过路由器，在这里对网络中的信息流、设备进行监控和管理比较方便。因此，高档路由器都配备了网络管理功能，如流量控制、配置、容错、统计等管理功能，以便提高网络的运行效率、可靠性和可维护性。

4. 路由器的工作原理

路由器用于连接多个逻辑上分开的网络，所谓逻辑网络是代表一个单独的网络或者一个子网。当数据从一个子网传输到另一个子网时，可通过路由器来完成。因此，路由器具有判断网络地址和选择路径的功能，它能在多网络互联环境中建立灵活的连接，用完全不同的数据分组（包）和介质访问方法连接各种子网，路由器只接收源站或其他路由器的信息，属于网络层的一种互联设备。它不关心各子网使用的硬件设备，但要求运行与网络层协议相一致的软件。一般来说，异种网络互联与多个子网互联常采用路由器来完成。

路由器的主要工作是，为经过路由器的每个数据包寻找一条最佳传输路径，并将该数据有效地传送到目的站点。因此，选择最佳路径的策略即路由算法是路由器的关键所在。为了完成这项工作，在路由器中保存着各种传输路径的相关数据——路由表（Routing Table），以供路由选择时使用。

路由器工作在 IP 协议网络层，用于实现子网之间转发数据。路由器都有多个网络接口，包括：局域网络接口和广域网络接口。每个网络接口连接不同的网络，路由器中记录了与每个网络端口相连的网络信息。同时路由器中还保存有一张路由表，其中记录去往不同网络地址对应的端口号。

Internet 用户使用的各种信息服务，其通信信息最终均归结为以 IP 包为单位的信息传送，IP 包除了包括要传送的数据信息外，还包含：信息的目的 IP 地址、源 IP 地址和相关控制信息。当路由器收到一个 IP 数据包时，它根据数据包中的目的 IP 地址查找路由表，然后按照查找的结果将此 IP 数据包送往对应端口。下一台 IP 路由器收到此数据包后继续转发，直至发到目的地。路由器之间通过路由协议进行路由信息的交换，从而更新路由表。

下面通过一个例子来说明路由器的工作原理。

【例 7.1】工作站 A 需要向工作站 B 传送信息（假定工作站 B 的 IP 地址为 192.120.0.5），它们之间需要通过多个路由器接力传递，路由器的分布如图 7-16 所示。

其工作原理如下：

1）工作站 A 将工作站 B 的地址 192.120.0.5 连同数据信息以数据包的形式发送给路由器 1。

2）路由器 1 收到工作站 A 的数据包后，先从报头中取出地址 192.120.0.5，再由路由表计算出发往工作站 B 的最佳路径 R1→R2→R5→工作站 B，并将数据包发往路由器 2。

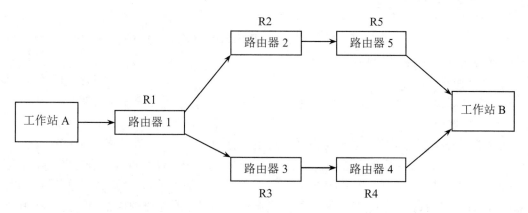

图 7-16　工作站 A 和工作站 B 之间的路由分布

3）路由器 2 重复路由器 1 的工作，并将数据包转发给路由器 5。

4）路由器 5 同样取出目的地址，发现 192.120.0.5 就在该路由器所连接的网段上，于是将该数据包直接交给工作站 B。

5）工作站 B 收到工作站 A 的数据包，一次通信过程结束。

5．路由表

路由表中保存着子网的标志信息、网上路由器的个数和下一个路由器的名字等内容。路由表可以是由系统管理员固定设置好的，也可以由系统动态修改；可以由路由器自动调整，也可以由主机控制。

路由表通常分为以下两种：

（1）静态路由表。

由系统管理员事先设置好的固定路径表称为静态（Static）路由表，一般是在系统安装时就根据网络的配置情况预先设定的，它不会随网络结构的改变而改变。

（2）动态路由表。

动态（Dynamic）路由表是路由器根据网络系统的运行情况而自动调整的路径表。路由器根据路由选择协议（Routing Protocol）提供的功能自动学习和记忆网络运行情况，在需要时自动计算数据传输的最佳路径。

6．路由器的组成

路由器主要由：输入端口、交换开关、输出端口、路由微处理器和其他端口等几部分组成。

（1）输入端口。

输入端口是输入数据包的进口处。端口通常由线卡提供，一块线卡支持 4、8 或 16 个端口，输入端口的功能有：

1）进行数据链路层的封装和解封装。

2）在转发表中查找输入包目的地址，从而决定目的端口（路由查找）。

3）为提高 QoS（服务质量），端口对收到的包划分服务级别。

4）端口要运行 SLIP（串行线网际协议）和 PPP（点对点协议）等数据链路层协议或 PPTP（点对点隧道协议）网络层协议。

（2）交换开关。

采用总线、交叉开关或共享存储器技术实现。

（3）输出端口。

负责对包进行存储，实现复杂的调度算法以支持优先级。与输入端口一样，输出端口也支持数据链路层的封装和解封装。

（4）路由微处理器。

计算转发路由表，实现路由协议，并运行对路由器进行配置和管理的软件。

（5）其他端口。

其他端口是指控制端口，由于路由器本身不带有输入和终端显示设备，但它需要进行配置后才能使用，所以路由器也有控制台端口（Console），用来与计算机终端进行连接，并通过特定软件进行配置。

所有路由器都有控制台端口，使管理员能够利用终端与路由器进行通信，完成路由器配置。该端口一般是 EIA/TIA-232 串行接口或 RJ-45 端口，用于在本地对路由器进行配置（首次配置必须通过控制台端口进行）。

Console 端口使用配置专用连线直接连接至计算机串口，利用终端仿真程序（如 Windows 下的"超级终端"）进行路由器本地配置，路由器的 Console 端口多为 RJ-45 端口。

### 7. 路由选择算法

在路由器的诸多功能中，核心功能就是路由选择。在数据报方式中，网络节点要为每个分组路由做出选择；在虚电路方式中，只需在连接建立时确定路由。确定路由选择的策略称为路由算法。

设计路由算法时要考虑诸多技术要素。第一，是选择最短路由还是选择最佳路由；第二，通信子网是采用虚电路方式还是采用数据报方式；第三，是采用分布式路由算法，即每节点均为到达的分组选择下一步的路由，还是采用集中式路由算法，即由中央节点或始发节点来决定整个路由；第四，要考虑关于网络拓扑、流量和时延等网络信息的来源；第五，确定是采用静态路由选择策略还是采用动态路由选择策略。

（1）静态路由选择策略。静态路由选择策略不需要利用网络信息，这种策略按某种固定规则进行路由选择，其中包括泛射路由选择、固定路由选择和随机路由选择三种算法。

1）泛射路由选择算法。这是一种最简单的路由算法。一个网络节点从某条线路收到一个分组后，再向除该线路外的所有线路重复发送收到的分组。结果，最先到达目的节点的一个或若干分组肯定经过了最短的路径，而且所有可能的路径都被尝试过。这种方法用于诸如军事网络等健壮性要求很高的场合。即使有的网络节点遭到破坏，只要源节点与目的节点间有一条信道存在，则泛射路由选择就能保证数据的可靠传送。另外，这种方法也可用于将一个分组数据源传送到所有其他节点的广播式数据交换中。它还可被用来进行网络的最短路径及最短传输时延的测试。

2）固定路由选择算法。这是一种使用较多的算法。每个网络节点存储一张表格（即固定的路由表），表格中每一项记录着对应某个目的节点的下一节点或链路。当一个分组到达某节点时，该节点只要根据分组上的地址信息便可从固定的路由表中查出对应的目的节点及应选择的下一节点。网络中一般都有一个网络控制中心，由它按照最佳路由算法求出每对源/目的节点的最佳路由，然后为每一节点构造一个固定路由表并分发给各个节点。这种算法简便易行，在负荷稳定、拓扑结构变化不大的网络中运行效果很好。

3）随机路由选择算法。在这种算法中，收到分组的节点后，在所有与之相邻的节点中为分组随机选择出一个节点。方法虽然简单，但实际路由不是最佳路由，这会增加不必要的负担，而且分组传输延迟也不可预测，因此，这种方法的应用并不广泛。

（2）动态路由选择策略。节点的路由选择策略根据网络当前的状态决定，称为动态路由选择策略。这种策略能较好地适应网络流量、拓扑结构的变化，有利于改善网络的性能。动态路由选择策略有独立路由选择、集中路由选择和分布路由选择三种算法。

1）独立路由选择算法。在该路由算法中，节点根据自己搜集到的有关信息做出路由选择的决定，与其他节点不交换路由选择信息。这种算法不能确定距离本节点较远的路由选择，但能较好地适应网络流量和拓扑结构的变化。另外，还有一种简单的独立路由选择算法叫热土豆（Hot Potato）算法，即当一个分组到来时，节点必须尽快脱手，将其放入输出队列最短的方向上排队，而不管该队列通向何方。

2）集中路由选择算法。集中路由选择也像固定路由选择一样，在每个节点上存储一张路由表。不同的是，固定路由选择算法中的节点路由表由人工制作，而在集中路由选择算法中的节点路由表由路由控制中心（Routing Control Center，RCC）定时根据网络状态计算、生成并分送到各相应节点。由于 RCC 掌握整个网络的信息，所以得到的路由选择是正确的，同时也减轻了各节点计算路由选择的负担。

3）分布路由选择算法。在用此算法的网络中，所有节点定期地与每个相邻节点交换路由选择信息。每个节点均存储一张以网络中其他节点为索引的路由选择表，网络中每个节点占用表中一项；每一项又分为两个部分，一部分是希望使用的到目的节点的输出线，另一部分是估计到目的节点需要的延迟或距离。

8. 路由器的性能指标与选用

在实际建网当中，选用路由器应考虑路由器的性能指标。路由器的性能指标主要有：吞吐量、路由表能力、时延、背板能力、丢包率、路由器中的操作系统、安全性、网络管理、可靠性和可用性、扩展能力等。路由器的系统交换能力与处理能力是一项重要指标，路由器的背板交换能力应达到 Gb/s 以上。在设备处理能力方面，当系统满负荷运行时，所有接口应能以线速处理短包，如 40 字节、64 字节，同时，高速路由器的交换矩阵应能无阻塞地以线速处理所有接口的交换，且与流量的类型无关。

（1）吞吐量。

吞吐量是指路由器的包转发能力，与路由器端口数量、端口速率、数据包长度、数据包类型、路由计算模式（分布或集中）、测试方法有关，一般泛指处理器处理数据包的能力。高速路由器的包转发能力至少能达到 20Mp/s。吞吐量主要包括以下两个方面：

1）整机吞吐量。

整机吞吐量指设备整机的包转发能力，是设备性能的重要指标。路由器工作时根据 IP 包头标记选择路径，因此，该性能指标是指每秒转发包的数量。整机吞吐量通常小于路由器所有端口吞吐量之和。

2）端口吞吐量。

端口吞吐量是指端口包转发能力，是路由器在某端口上的包转发能力。通常采用两个相同速率测试接口。一般测试接口可能与接口位置及关系相关，例如同一插卡上端口间测试的吞吐量可能与不同插卡上端口间的吞吐量不同。

（2）路由表能力。

如前所述，路由器是根据所建立及维护的路由表来决定包的转发。路由表能力是指路由表内所容纳路由表项数量的最大值。在 Internet 上执行 BGP 协议的路由器通常拥有数十万条路由表项。一般而言，高速路由器应能支持至少十万条路由，平均每个目的地址至少提供 2 条路径。

（3）时延。

时延是指数据包的第一个比特进入路由器到最后一个比特从路由器输出的时间间隔。该时间间隔是存储－转发方式工作的路由器的处理时间。时延与数据包长度和链路速率都有关，在路由器端口吞吐量范围内测试。时延对网络性能影响较大，作为高速路由器，在最差情况下，要求对 1518 字节及以下的 IP 包时延均小于 1 毫秒（ms）。

（4）背板能力

背板指输入端口与输出端口间的物理通路。背板能力是路由器的内部实现，传统路由器采用共享背板，但是作为高性能路由器不可避免地会遇到拥塞问题，其次也很难设计出高速的共享总线，所以现代高速路由器采用可交换式的背板。背板能力可体现在路由器的吞吐量上，背板能力通常大于依据吞吐量和测试包长度所计算的值。

（5）丢包率。

丢包率是指路由器在稳定的持续负荷下，由于资源缺少而不能转发的数据包在应该转发的数据包中所占的比例。丢包率用于衡量路由器在超负荷工作时的性能。丢包率与数据包长度和包发送频率相关。

（6）路由器中的操作系统。

路由器中的操作系统负责路由表的生成和维护，如 H3C 公司的 Comware 和思科公司的 IOS，像 PC 机上使用的 Windows 系统一样。另外，路由器中还有一个类似 PC 机中 BIOS 的 MiniIOS。

（7）安全性。

路由器是网络中比较关键的设备，应具有以下安全特性：

1）线路安全、可靠性高。可靠性主要体现在接口故障和网络流量增大两种情况下：当主接口出现故障时，备份接口自动投入工作，保证网络的正常运行；当网络流量增大时，备份接口又可承担负荷分担的任务。

2）能身份认证。路由器中的身份认证指访问路由器时的身份认证。

3）能访问控制。对路由器的访问控制有基于 IP 地址的访问控制和基于用户的访问控制。

4）能隐藏信息。与对端通信时，不一定需要用真实身份进行通信。通过地址转换，应能隐藏网内地址，只以公共地址的方式访问外部网络。除了由内部网络首先发起的连接，网外用户不能通过地址转换直接访问网内资源。

5）可数据加密。对路由器所发送的数据包进行加密，保证数据的私有性、完整性和包内容的真实性。

6）能提供攻击探测和防范。路由器作为内部网络对外的接口设备，是攻击者进入内部网络的第一个目标。在路由器上提供攻击探测可以防止一部分攻击。

（8）网络管理。

随着网络规模越来越大，网络的维护和管理尤为重要。网络管理是指网络管理员通过网络管理程序对网络上的资源进行集中化管理的操作，包括配置管理、计账管理、性能管理、差错管理和安全管理。设备所支持的网管程度体现设备的可管理性与可维护性，通常使用

SNMPv2 协议进行管理。网管粒度指示路由器管理的精细程度，如管理到端口、到网段、到 IP 地址、到 MAC 地址等粒度。

（9）可靠性和可用性。

1）设备的冗余。

冗余包括接口冗余、插卡冗余、电源冗余、系统板冗余等。冗余用于保证设备的可靠性与可用性，冗余量的设计应当在设备可靠性要求与投资间折中。路由器可以通过 VRRP 等协议来保证路由器的冗余。

2）热插拔组件。

由于路由器通常要求 24 小时工作，所以更换部件不应影响路由器工作，而部件热插拔是路由器 24 小时工作的保障。

3）可靠性规定。

高速路由器的可靠性与可靠性规定应达到以下要求：

● 系统应达到或超过 99.999%的可用性。

● 无故障连续工作时间：MTBF 大于 10 万小时。

● 故障恢复时间：系统故障恢复时间小于 30 分钟。

● 系统应具有自动保护切换功能。主备用切换时间应小于 50 毫秒。

（10）扩展能力。

扩展能力的大小主要看路由器支持的扩展槽数或扩展端口数。另外，在扩展计算机网络的过程中，免不了要给网络增减设备，可能会要插拔网络部件，能否支持带电插拔是路由器的一个重要性能指标。

实用中，可选择常用的桌面型路由器或大型企业网络的机架式路由器，桌面型路由器如 Intel 的 8100 和 Cisco 的 1600 系列，机架式路由器如 Cisco 2509、华为 2501（配置同 Cisco 2501）等。

总之，路由器作为一种连接不同传输速率的局域网和广域网的多端口设备，是互联网的主要节点设备，构成了 Internet 的骨架。它的处理速度是网络通信的主要瓶颈，而它的可靠性直接影响着网络互联的质量。因此，在园区网、地区网乃至整个 Internet 中，各种路由器是实现各种骨干网内部连接、骨干网间互联和骨干网与互联网互联互通的核心设备。

### 7.2.3 网关

顾名思义，网关（Gateway）是一个网络连接到另一个网络的"关口"。网关又称网间连接器，它在网络层以上实现网络的互联，即主要用于高层协议不同的网络互联。网关将具有不同体系结构的计算机网络连接在一起，在 OSI/RM 中它属于应用层设备，连接两个高层协议差别很大的计算机网络。按照不同的分类标准，网关也有很多种。其中 TCP/IP 协议里的网关是最常用的，本书所讲"网关"均指 TCP/IP 协议下的网关。

从原理上讲，网关实质上是一个网络通向其他网络的 IP 地址。例如有网络 A 和网络 B，网络 A 的 IP 地址范围为 192.168.1.1～192.168.1.254，子网掩码为 255.255.255.0；网络 B 的 IP 地址范围为 192.168.2.1～192.168.2.254，子网掩码为 255.255.255.0。在没有路由器的情况下，两个网络之间是不能进行 TCP/IP 通信的，即使是两个网络连接在同一台交换机（或集线器）

上，TCP/IP 协议也会根据子网掩码（255.255.255.0）判断出两个网络中的主机处在不同的网络里。要实现这两个网络之间的通信，必须通过网关。如果网络 A 中的主机发现数据包的目的主机不在本地网络中，就把数据包转发给自己的网关，再由网关转发给网络 B 的网关，网络 B 的网关再转发给网络 B 的某个主机（如图 7-17 所示）；网络 B 向网络 A 转发数据包的过程也是如此。

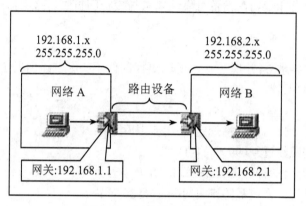

图 7-17　网关的工作过程

所以，只要设置好网关的 IP 地址，TCP/IP 协议就能实现不同网络之间的相互通信。那么这个 IP 地址是哪台机器的 IP 地址呢？网关的 IP 地址是具有路由功能的设备的 IP 地址，具有路由功能的设备可以是：路由器、运行路由协议的服务器和代理服务器，它们均可作为网关。

### 7.2.4　互联设备的选择

联网设备的层次关系如图 7-18 所示。

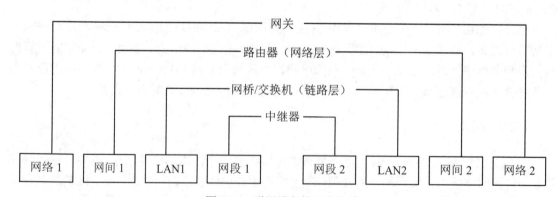

图 7-18　联网设备的层次关系

1. 网络互联设备的比较

上述几种网络互联设备的比较如表 7-2 所示。

（1）中继器。使用中继器连接网段安装容易、使用方便、价格便宜，并能保持原来的传输速率。然而，中继器并不具有差错检查和纠正功能，也不具有隔离冲突的功能，它只负责将一种信号从一种电缆段传到另一种电缆段上，而不管信号是否正常，即错误的数据经中继器后仍被复制到另一电缆段。

表 7-2　几种网络互联设备的比较

| OSI 层次 | 互联设备 | 作用 | 寻址功能 |
| --- | --- | --- | --- |
| 物理层 | 中继器、集线器 | 在电缆段间复制比特，放大电信号，扩展网络长度 | 无地址 |
| 数据链路层 | 网桥、交换机 | 在 LAN 之间存储转发数据链路帧 | MAC 地址 |
| 网络层 | 路由器 | 在异型网络间存储转发分组 | 网络地址 |
| 传输层及以上 | 网关 | 在传输层或传输层以上实现不同网络体系间的互联接口 | …… |

　　由于中继器双向传输电缆段间的所有信息，故很容易形成"广播风暴"，导致网络上的信号拥挤；同时，当某个网段有问题时会引起网段的中断。另外，中继器还会引起时延，某些中继器可以滤除噪声。

　　（2）网桥。网桥工作在数据链路层，在两个 LAN 段之间存储转发数据链路帧。它把两个物理网络连接成一个逻辑网络，功能是：实现不同类型的 LAN 互联；实现大范围 LAN 的互联；隔离错误帧；使各个 LAN 段内部信息包不被广播到另一个 LAN 段，进一步提高网络的安全性。

　　（3）路由器。如前所述，路由器适用于大规模的网络和复杂的网络拓扑结构，能实现负荷共享和最优路径，能更好地处理多媒体；安全性高；能隔离不需要的通信量，节省局域网的带宽，减轻主机负担。但是它不支持非路由协议、安装复杂、价格高。

　　网桥与路由器的比较：网桥并不了解其转发帧中高层协议的信息，使它能同时处理 IP、IPX 等协议，并提供将无路由协议的网络分段的功能，网桥只用 MAC 地址和物理拓扑进行工作。因此，网桥适用于小型且较简单的网络，网桥通常比路由器难以控制。路由器由于处理网络层的数据，使它更容易互联不同的数据链路层，如以太网段。IP 等协议有复杂的路由协议，提供了较多的网络如何分段的信息，同时使网管更易于管理路由。

　　（4）网关。当一个网络要和与其使用不同协议的网络相连时，应考虑选用网关，网关用于连接不同体系结构（协议）的网络。网关在传输层或传输层以上实现不同网络体系间的互联接口。

　　2．网络互联设备的选择

　　对网络互联设备的选择要视设备的具体特点与网络的性能要求而定。选择网络互联的层次越高，互联的代价就会越大，效率也会越低。一般来讲，如果互联差别较大的异构网，其安全性较好。典型的网络结构通常是一个主干网加上若干子网，在网络的不同层次应该选择不同的互联设备。

　　（1）主干网和子网之间通常可选用路由器进行连接。因为子网通常由网络管理部门分配不同的逻辑网号（网络标识）作为网络层地址，配备了网络层协议的路由器可在各个子网之间寻址和为分组进行路由选择。

　　（2）在子网的内部为了隔离冲突域，可分为若干网段，选用网桥或交换机连接。因为一个子网的逻辑地址相同，内部主机之间按与网卡捆绑的物理地址在第二层（数据链路层）寻址，网桥或交换机足以胜任，而第二层寻址比第三层寻址速度要快，因为少了一步从逻辑地址到物理地址的解析过程。

　　（3）对于网段来说，若网线长度不够，可以根据情况选用中继器连接或用集线器、交换机分级连接，延长网络直径，但要注意距离的限制。延长后的网线仍然只是物理信号的传输载体，与通过的数据类型及控制这些数据传输的协议无任何关系。

（4）当网络要和使用其他协议的网络相连时，应考虑选用网关，网关用于连接不同体系结构（协议）的网络。

总之，中继器、集线器主要用于扩展网络的距离，但受 MAC 定时特性的限制；网桥用于连接两个具有相同体系结构（协议）的网络；而用路由器连接的网络仍保持各自的网络地址；网关可用于连接两个具有不同体系结构（协议）的网络。

# 7.3 第三层交换技术

## 7.3.1 第三层交换技术概述

随着网络技术和网络应用的深入发展，网络在速度和网段这两个方面得到快速发展。局域网速度已从最初的 10Mb/s 提高到 100Mb/s，目前万兆（10Gb/s）以太网技术都已得到普遍应用。同时 FDDI 和 ATM 技术给用户带来了提高网络速度的更多选择。网络在网段方面也有了质的突破，已从早期共享介质的局域网发展到目前的交换式局域网。在网络系统集成的技术中，直接面向用户的第一层接口和第二层交换技术方面已取得令人满意的成果，但是作为网络核心并起到网间互联作用的路由器技术却没有质的突破。

传统的路由器基于软件、协议复杂，与局域网速度相比，其数据传输的效率较低。但同时它又作为网段（子网、虚拟网）互联的枢纽，这就使传统的路由器技术面临严峻的挑战。随着 Internet/Intranet 的迅猛发展和 B/S（浏览器/服务器）计算模式的广泛应用，跨地域和跨网络的服务急剧增加，改进传统的路由器技术迫在眉睫。在这种情况下，一种新的路由器技术应运而生，这就是第三层交换技术。

1. 第三层交换的原理

第三层交换设备是一个带有第三层路由功能的第二层交换机，但它是二者的有机结合，并不是简单地把路由器设备的硬件及软件叠加在局域网交换机上。从硬件的实现上看，目前，第二层交换机的接口模块都是通过高速背板/总线（速率可高达每秒几万兆）交换数据的，在第三层交换机中，与路由器有关的第三层路由硬件模块也插接在高速背板/总线上，这种方式使得路由模块可以与需要路由的其他模块间高速地交换数据，从而突破了传统外接路由器接口速率的限制（10Mb/s～100Mb/s）。不论是硬件还是软件方面，第三层交换机都做了重大的改进。

（1）第三层交换机的改进。

1）通过硬件对数据进行封包和转发。

2）通过第三层路由软件实现路由信息的更新、路由表的维护和路由的计算。

（2）第三层交换机的原理。

第三层交换机的原理用一个例子来说明，假设两个使用 IP 的站点通过第三层交换机进行通信，发送站在开始发送时已知目的站的 IP 地址，但尚不知道在局域网上发送所需要的 MAC 地址，而 IP 地址在 OSI 模型的第三层，MAC 地址在第二层，发送时需要封装第三层（32 位 IP 地址）和第二层（48 位 MAC 地址）的包头。

由于只知道目标 IP 地址，不知道目标 MAC 地址，又不能跨第二层和第三层，所以这时需采用地址解析（Address Resolution Protocol，ARP）协议来解析（确定）目标的 MAC 地址。

1）ARP 协议。

ARP（Address Resolution Protocol，地址解析协议）是根据 IP 地址获取物理地址（MAC 地址）的一个协议，由 IETF 在 1982 年 11 月发布。主机发送信息时，先将包含目标 IP 地址的 ARP 请求广播到网络上的所有主机，然后接收返回消息，以此确定目标的 MAC 地址，该 IP 地址和 MAC 地址将存入本机的 ARP 缓存中，下次请求时直接查询 ARP 缓存即可。ARP 缓存是用来储存 IP 地址和 MAC 地址的缓冲区，其本质是一个 IP 地址－MAC 地址对应表，表中记录网络上其他主机的 IP 地址和对应的 MAC 地址。

2）第三层交换原理。

发送站把自己的 IP 地址与目的站的 IP 地址进行比较，采用其软件中配置的子网掩码提取出网络地址来确定目的站是否与自己在同一子网内。这就分为两种情况：

- 若目的站 B 与发送站 A 在同一子网内，A 广播一个 ARP 请求，B 返回其 MAC 地址，A 得到目的站点 B 的 MAC 地址后将这一地址缓存起来，并用此 MAC 地址封包转发数据，第二层交换模块查找 MAC 地址表，确定将数据包发向目的端口。
- 若两个站点不在同一子网内，如发送站 A 要与目的站 C 通信，发送站 A 要向"默认网关"发出 ARP（地址解析）封包，而"默认网关"的 IP 地址已经在系统软件中设置。这个 IP 地址实际上对应第三层交换机的第三层交换模块。

所以，当发送站 A 对"默认网关"的 IP 地址广播出一个 ARP 请求时，若第三层交换模块在以往的通信过程中已得到目的站 C 的 MAC 地址，则向发送站 A 回复 C 的 MAC 地址；否则第三层交换模块根据路由信息向目的站广播一个 ARP 请求，目的站 C 得到此 ARP 请求后向第三层交换模块回复其 MAC 地址，第三层交换模块保存此地址并回复给发送站 A。以后，当再进行 A 与 C 之间的数据包转发时将用最终的目的站点的 MAC 地址封包，数据转发过程全部交给第二层交换处理，信息得以高速交换。

2．第三层交换的特点

第三层交换机其有机的硬件结合使得数据交换加速；优化的路由软件使得路由效率提高；除了必要的路由决定过程外，大部分数据转发过程由第二层交换处理；多个子网互联时只是与第三层交换模块的逻辑连接，不像传统的外接路由器那样需要增加端口，这样保护了用户的投资。因此第三层交换机的速度很快，接近第二层交换机的速度，同时比相同路由器的价格低很多。

基于以上原理，通常把第三层交换机称为"交换路由器"，因为它可工作在第三层，是一种路由设备，并可起到决定路由的作用；也可以把它称为"路由交换机"，因为它的速度极快，几乎达到第二层交换的速度，它也可工作在第二层。

### 7.3.2　第三层交换技术及应用

1．第三层交换机分类

第三层交换机可以根据其处理数据的不同而分为纯硬件和纯软件两大类。

（1）纯硬件的第三层交换机相对来说，技术复杂、成本高，但是速度快、性能好、带负荷能力强。其原理是采用 ASIC（Application Specifical Integrated Circuit，专用集成电路）芯片用硬件方式进行路由表的查找和刷新。当数据由端口的接口芯片接收进来以后，先在第二层交换芯片中查找相应的目的 MAC 地址，如果查到，则进行第二层转发，否则将数据送至第三层引擎。在第三层引擎中，ASIC 芯片查找相应的路由表信息，与数据的目的 IP 地址相比对，然后发送 ARP 数据包到目的主机，得到该主机的 MAC 地址，将 MAC 地址发到第二层芯片，由第二层芯片转发该数据包。

（2）基于软件的第三层交换机较简单，但速度较慢，不适用于主干网络。其原理是采用 CPU 用软件的方式查找路由表，如图 7-19 所示。

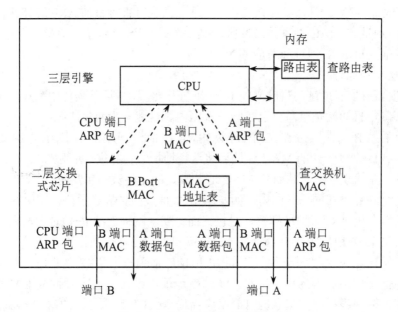

图 7-19　基于软件的三层交换机

当数据由端口的接口芯片接收进来以后，先在第二层交换芯片中查找相应的目的 MAC 地址，如果查到，就进行第二层转发，否则将数据送至 CPU。由 CPU 查找相应的路由表信息，与数据的目的 IP 地址相比对，然后发送 ARP 数据包到目的主机，得到该主机的 MAC 地址，将 MAC 地址发到第二层芯片，由第二层芯片转发该数据包。因为低价 CPU 处理速度较慢，所以第三层交换机的处理速度较慢。总之，第三层交换机是在第三层路由，在第二层转发。

2. 典型的第三层交换机产品

近年来宽带 IP 网络建设成为热点。主流的第三层交换机主要有 Cisco 的 Catalyst 2948G-L3、Extreme 的 Summit24 等，这几款第三层交换机产品各具特色，涵盖了第三层交换机的大部分应用特性。此外，国内网络厂商神州数码网络、TCL 网络、上海广电应确信、紫光网联等都已推出了第三层交换机产品。下面就其中三款产品进行介绍以较全面地了解第三层交换机，并针对具体的情况选择合适的机型。

Cisco Catalyst 2948G-L3 交换机结合业界标准 IOS 提供完整解决方案，在版本 12.0（10）以上全面支持 IOS 访问控制列表 ACL，配合核心 Catalyst 6000（Catalyst 6000 使用 MSFC 模块完成其多层交换服务，并已停止使用 RSM 路由交换模块，IOS 版本 6.1 以上全面支持 ACL）可完成端到端宽带城域网的建设。

Extreme 公司的第三层交换产品解决方案能够提供独特的以太网带宽分配能力，切割单位为 500kb/s 或 200kb/s，服务供应商可以根据带宽使用量收费，可实现音频和视频的固定延迟传输。

华为 3Com LS-3526 交换机如图 7-20 所示。

图 7-20　LS-3526 交换机

Quidway S3526 系列路由以太网交换机是华为 3Com 公司面向宽带城域网小区接入及企业网工作组接入推出的智能型可网管的盒式二/三层以太网交换产品，包括 S3526、S3526FS、S3526FM 三款类型。Quidway S3526 系列产品基于华为 3Com 公司网络产品通用的 VRP（通用路由平台）网络操作系统，提供完善的线速流量交换、QoS 保证、VLAN 控制等机制，提供完备的业务控制和用户管理能力，是构建宽带网络汇聚/接入层、高品质企业数据网络的理想产品。D-LINK DES-3326 交换机如图 7-21 所示。

图 7-21　D-LINK DES-3326 交换机

DES-3326 是一款线速第三层交换机，提供了 24 个 10/100Base-TX 端口和 1 个扩展插槽，可扩展 2 个可选千兆以太网端口。DES-3326 交换机将第二层线速交换及第三层 IP 路由以及服务质量（QoS）有机集成为一体，并可采用支持 SNMP 标准的网管系统进行配置、监控和管理。DES-3326 交换机前面板插槽可选插 2 个千兆模块，不同模块可支持 1000Base-SX、1000Base-T 标准。所有模块支持流量控制和全双工，可处理大量数据。千兆端口可将部门网络与千兆主干网络连接起来，也可以连接高性能服务器，使得更多用户可以同时访问。DES-3326 交换机提供基本的第三层 IP 路由功能，通过硬件无阻塞交换背板提供线速包转发及过滤。它采用了基于 ASIC 的第三层交换机制，第三层包转发速率远高于基于 CPU 的包转发速率，适用于中小型网络核心层及大型园区网络汇聚，提供千兆以太网模块，可上连高速主干网络，以有效缓解网络瓶颈。

目前，第三层交换机已在网络系统集成中全面推广应用，其优良的性能得到用户的广泛好评。

# 本章小结

为了更大范围地相互通信和资源共享，提出了网络互联的要求。网络互联的目的不仅是实现资源共享，而且为了便于管理、控制流量和提高效率。互联后的网络比单一结构网络具有更多优点。网络互联必须要考虑不同网络之间的差异性。为屏蔽这些差异，网络可在四个层次上互联，因而有四个层次的互联设备。不同层次的互联设备有各自的技术，解决不同层次上的连接，各有其特点和不足，联网时要根据网络对性能的要求和网络的规模大小来选择。

除了网络互联设备，还需要计算机与网络传输介质之间进行连接的接入设备，如网卡和调制解调器等。读者在学习本章时，要注意网络互联设备之间的功能差异，重点掌握路由器的工作原理与功能，掌握第三层交换机的概念与原理，学会合理地选择和配置这些互联设备。

# 习题 7

1. 为什么要进行网络互联？网络互联有哪几种形式？

2. 网络互联可以在哪几个层次上实现？若有两个网络要在数据链路层上互联，网桥和交换机哪个比较合适？

3. "互联网"与 Internet 是同一个概念吗？若不同，它们有何联系和区别？

4. 使用网桥能将 LAN 与 WAN 互联吗？

5. 路由器中的路由表起什么作用？

6. 试说明在实际中怎样选择网络互联设备？

7. 第三层交换机工作在哪几层？它在第几层路由？在第几层转发数据包？

8. 网关起什么作用？它是硬件还是软件？它能用一台 PC 机来担任吗？

9. 基于硬件的第三层交换机同基于软件的第三层交换机主要有哪些区别？

10. 在第三层交换机中，路由模块通过插接在交换机的什么位置可与其他模块高速地交换数据？

# 第8章 广域网概论

 本章导引

广域网是计算机网络中的一种重要网络，它为局域网与局域网的远程互联提供了平台，同时也为局域网之间的数据通信提供了一个交换网络。它作为一种公共数据网络涉及多项复杂技术，如分组交换、通信、网状结构等。本章将在介绍广域网定义和基本结构的基础上，讨论广域网的技术应用和几种典型的广域网。

## 8.1 广域网概述

广域网（WAN）是整个网络的一部分，用于局域网（LAN）之间或单个用户和局域网之间的远距离连接并提供服务。WAN 能跨越分散的多个地区，通常使用本地和长途传输设备。

### 8.1.1 广域网的定义与拓扑结构

1. 广域网的定义

广域网（Wide Area Network，WAN）指使用本地或公用数据网络，将分布在不同国家、地域甚至全球范围内的各种局域网、计算机、终端等设备，通过互联技术而形成的大型计算机网络。广域网是整个网络的一部分，用于局域网（LAN）之间远距离连接并提供服务。广域网主要有两种类型：第一种是指电信部门提供的电话网或数据通信网络等公用广域网，例如PSTN（公用电话网）、X.25（公用分组交换网）、DDN（公用数字数据网）等，这些网络可以向用户提供世界范围的数据通信服务；第二种是指将分布在同一城市、国家、洲，甚至几个洲的局域网，通过电信部门的公用通信网络互联而成的专用广域网。

广域网的分布距离很广，一般为 10km、100km 或 1000km 以上的数量级。WAN 中的工作站和局域网可以使用各种连接介质进行连接。

2. 广域网的特点

广域网由一些节点交换机以及连接这些交换机的链路（通信线路）互联组成，距离没有限制。这些节点交换机实际上是配置了通信协议软件的专用计算机，是一种智能型通信设备。除了传统的公用电话交换网之外，目前大部分广域网都采用存储—转发的方式进行数据交换，也就是说，广域网是基于分组交换技术的。为了提高网络的可靠性，节点交换机同时与其他多个节点交换机相连，目的是在两个节点交换机之间提供多条冗余的链路，这样当某个节点交换机或线路出现问题时，不至于影响整个网络运行。

在广域网内，节点交换机和它们之间的链路一般由电信部门提供，网络由多个部门或多个国家联合组建而成，实现整个网络范围内的资源共享。由于广域网一般都是开放的，因此通常也被称为"公用数据网"（Public Data Network，PDN）。

### 3. 广域网的拓扑结构

如上所述，广域网由一些节点交换机以及连接这些交换机的通信链路组成，为了提高可靠性，使网络能提供多条冗余的通信链路，广域网通常采用网状型拓扑结构，即一台节点交换机同时与多个节点交换机相连，如图 8-1 所示。

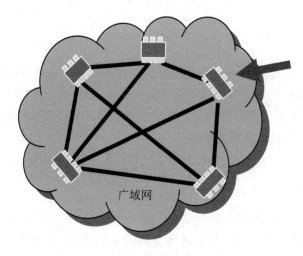

图 8-1　广域网的拓扑结构

广域网一般可分为主干网和用户接入网两部分。根据广域网的类型和用户接入端线路的不同，可以有多种接入广域网的技术，使用公共数据网的一个重要问题就是与它的接口问题。用户只要遵循通信网络的接口标准，提出申请并支付一定的费用就可以接入该公共通信网。

目前，常用的公共网络系统有公用电话网（PSTN）、分组交换数据网（X.25 网）、数字数据网（DDN）、帧中继网（Frame Relay，FR）等。

### 8.1.2　广域网提供的服务

广域网可以提供面向连接的服务和面向无连接的服务。面向连接的网络服务包括传统公用电话交换网的电路交换方式和分组数据交换网的虚电路交换方式，而面向无连接的网络服务就是分组数据交换网的数据报方式。

### 1. 面向连接的虚电路服务

虚电路服务在双方进行通信之前，首先由源站发出一个请求报文分组（在该报文分组中要有源站和目的站的全地址），请求与目的站建立连接，当目的站接受这个请求后，也发回一个报文分组作为应答，这样双方就建立起一个数据通路（即连接），然后双方开始传送信息，当双方通信完成之后还必须拆除这个建立的连接。虚电路一经建立就要赋予虚电路号，它反映信息的传输通道，这样在传输信息报文分组时就不必再注明源站和目的站的全部地址，相应地减少了通信量。所以，采用虚电路服务就必须有建立连接、传输数据和释放连接这三个阶段。

虚电路服务在传输数据时采用存储－转发技术，即某个节点先把报文分组接收下来，进行验证，然后再把该报文分组转发出去。因此，虚电路和电路交换有很大的不同，电路交换虽然也有建立连接、传输数据和释放连接这三个阶段，但它是两个通话用户在通话期间自始至终地占用一条端到端的物理信道，即在通话期间这条物理信道是不允许其他用户使用的。

　　如果两台计算机之间采用一条虚电路进行通信，由于采用存储－转发的分组交换，所以只是断续地占用一段又一段的链路，虽然通信用户感觉好像占用了一条端到端的物理信道，但实际上在通信期间并不是完全占用，所以这也是称为"虚"电路的原因。在使用虚电路时，由网络来保证报文分组按序到达，而且网络还要负责端到端的流量控制。

　　**2. 面向无连接的数据报服务**

　　分组交换数据网中提供面向无连接的数据报服务。这种服务方式的特点是：某一主机想发送数据就可以随时发送，每个报文分组独立地选择路由，这样做的好处是报文分组经过的节点交换机不需要事先为该报文分组保留资源，而是对分组进行传输时动态地分配信道资源。由于每个报文分组走不同的路径，所以数据报服务不能保证先发送出去的报文分组先到达目的主机，也就是说，这种数据报服务的报文分组不能按序交给目的主机。因此，目的站就必须对收到的报文分组进行缓冲，并且重新组装成报文再传送给目的主机。当网络发生拥塞时，网络中的某个节点可以将一些分组丢弃，所以数据报服务是不可靠的，它不能保证服务质量。

　　另外，数据报服务的每一个报文分组都有一个报文分组头，它包含着一些控制信息，如源地址、目的主机地址和报文分组号等信息，其中源地址、目的地址是可使每个报文分组独立选择路由所必需的信息，报文分组号的作用是为了使目的站能对收到的报文分组进行重新排序，但这个报文分组头增加了网络传输的数据量。

# 8.2　广域网的组网

　　广域网的组网连接方式主要有两种选择：点对点式的连接和分组交换式的连接。若使用多种本地设备或远距离设备来连接网络，则必须进行多方面的考虑，如图 8-2 所示。

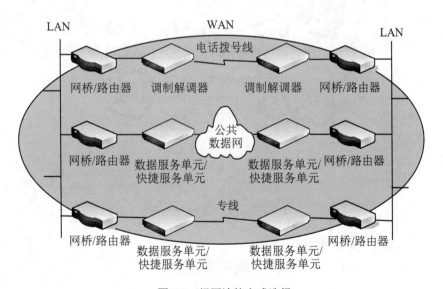

图 8-2　组网连接方式选择

　　从图 8-2 可知，可用调制解调器通过点对点式的连接组建广域网，或用专线组建广域网，或用公共数据网的分组交换式的连接构成广域网。

### 8.2.1 点对点式的连接

若以点对点连接的方式组建广域网，有两种情况：一种是组成全连通式的网络，所有路由器节点互相连通，这种方式成本太高，也没有必要；第二种是可用网桥或 Modem 进行点对点式连接，如图 8-3 所示。一般来说，LAN 使用网桥和路由器等接入设备进行网络互联。

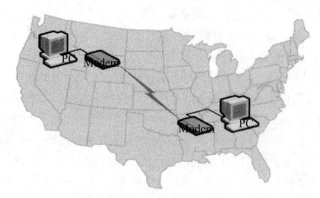

图 8-3　点对点式的连接

### 8.2.2 分组交换式的连接

路由器比网桥更常用于网络间的互联，如图 8-4 所示，通过点到点网络并经由公共数据网的交换网络，路由器与远端路由器进行连接。

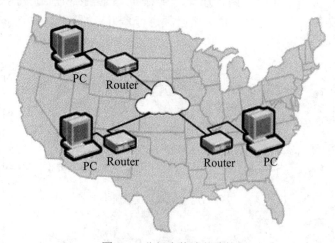

图 8-4　分组交换式的连接

## 8.3　典型广域网

广域网作为一种跨地域的数据通信网络，一般使用公共传输网络作为信息传输平台。公共传输网络的内部结构和工作机制人们并不关心，人们关心的是公共传输网络提供的接口如何实现和公共传输网络之间的连接，并通过公共传输网络实现远程端点之间的报文交换。

传统的广域网一般采用存储-转发分组交换技术。如果拥有主机资源的用户需要联网，只要遵循子网所要求的接口标准，提出申请并付一定的费用，就可以接入该通信子网，利用其提供的服务来实现特定资源子网的通信任务。

目前，提供公共传输网络服务的单位主要是电信部门。当然，人们也可以选择其他公共传输网络的服务提供者。公共传输网络基本可以分成两类：一类是电路交换网络，主要有综合业务数字网（ISDN）和公共交换电话网（PSTN）；一类是分组交换网络，主要有 X.25 分组交换网、帧中继网和 ATM 网等。

### 8.3.1 公共交换电话网

公共交换电话网（Public Switched Telephone Network，PSTN）也就是通常所说的固定电话网络，它最初的设计目的是提供电话通信服务，是以电路交换技术为基础的用于传输模拟语音的网络，同时还可提供非语音的数据通信服务。

由于接入点众多、覆盖范围大，PSTN 采用分级交换方式。最初的 PSTN 全部采用模拟线路组成，近年来经过不断改造，目前干线和交换机已普遍采用数字传输和交换技术，而数量巨大的本地回路（也称用户环路）基本上仍采用模拟线路，这种局面也许还要持续许多年。由于 PSTN 的本地回路是模拟的，因此当两台计算机想通过 PSTN 传输数据时，中间必须经双方 Modem 拨号连接实现计算机数字信号与模拟信号的相互转换，如图 8-5 所示。

图 8-5　Modem 拨号连接

使用 PSTN 实现计算机之间的数据通信是最廉价的。但由于 PSTN 的电路交换只是物理层的一个延伸，在 PSTN 内部并没有上层协议进行差错控制，线路的传输质量较差，而且带宽有限，加之 PSTN 交换机没有存储功能，因此 PSTN 一般用于对通信质量和传输速率都要求不高的场合。

公用电话交换网通常以铜线连接交换机与用户。近年来，光纤代替了铜线。通话所使用的频率范围为 0～3.5kHz，更高的频率在接入交换网时被滤掉。

### 8.3.2 X.25 公用分组交换数据网

1. X.25 网概述

X.25 公用分组交换数据网（PSDN）也称公用数据网（PDN），是在 20 世纪 70 年代由国际电报电话咨询委员会（CCITT）制定的"在公用数据网上以分组方式工作的数据终端设备（DTE）和数据电路设备（DCE）之间的接口"，并正式成为国际标准，它是最早被广泛应用的广域网技术。这种公用分组交换数据网是广域网中的重要传输系统，特点是出错少、线路利用率高。

为了使用户设备与 PSDN 的连接标准化，国际电信联盟委员会（ITU-T）制定了 X.25 规程，它定义了用户设备和网络设备之间的接口标准，所以习惯上称 PSDN 为 X.25 网。X.25 实际上包括相关的一组协议，如 CCITT 的 X.3、X.28、X.29、X.75 等。

X.25 协议是一个面向用户的接入 PSDN 的接口规范，是公用数据网对外部用户提供的标准界面，它不涉及网络内部的具体实现，网络内部的具体实现由各个网络自己决定。

2. X.25 网的特点

X.25 网通信成本低，在通信可靠性和灵活性方面有很大优势，但其在网络吞吐量和传输速率方面受到一定限制。X.25 网主要有以下特点：

（1）能接入不同类型的用户设备。由于 X.25 网内各节点具有存储-转发能力，并向用户设备提供了统一的接口，从而使不同速率、码型和传输控制规程的用户设备都能接入 X.25 网，并能相互通信。

（2）可靠性高。X.25 网的设计思想着眼于高可靠性。X.25 由三层协议组成，网络具有动态路由功能及复杂、完备的误码纠错功能，在分组层为用户提供了可靠的面向连接的虚电路服务，在链路层上提供流量控制和差错控制机制。在 X.25 网内部，每个节点交换机至少与另外两个交换机相连，当一个中间交换机出现故障时，能迂回路由传输。

（3）多路复用。当用户设备以点对点方式接入 X.25 网时，能在单一物理链路上同时复用多条逻辑信道（即虚电路），使每个用户设备能同时与多个用户设备进行通信。

（4）流量控制和拥塞控制。当某节点的输入信息量过大，超过其承受能力时，就会丢失分组，丢失的分组需要重传，重传加重了网络负担，最终导致网络性能下降。X.25 采用滑动窗口技术来实现流量控制，并用拥塞控制机制防止拥塞。

（5）点对点协议。X.25 协议是点对点协议，不支持广播方式。

3. X.25 协议

X.25 是目前使用最广泛的协议标准，分组交换网络动态地对用户传输的信息流分配带宽，解决了突发性、大信息流的传输问题；它同时可对传输的信息进行加密和有效的差错控制，虽然各种错误检测和相互之间的确认应答浪费了一些带宽，报文传输延迟增加，但对早期可靠性较差的物理传输线路来说，它还是一种提高报文传输可靠性的有效手段。

X.25 分为三个功能层次：物理层、链路层和分组层。物理层协议是 X.21，用于定义主机与物理网络之间的物理、电气、功能和过程特性。X.25 的数据链路层描述用户主机与分组交换机之间数据的可靠传输，包括帧格式定义、差错控制等。该层一般采用高级数据链路控制（High-Level Data Link Control，HDLC）协议。X.25 的网络层（也称分组层）描述主机与网络之间的相互作用，该层协议处理诸如分组定义、寻址、流量控制和拥塞控制等问题，主要功能是允许用户建立虚电路，然后在已建立的虚电路上发送最大长度为 128 字节的数据报文，报文可靠且按顺序到达目的端。

X.25 是面向连接的，它支持交换虚电路和永久虚电路。交换虚电路是在发送方向网络发送请求建立连接报文要求与远程机器通信时建立的。一旦虚电路建立起来，就可以在建立的连接上发送数据，而且可以保证数据正确到达接收方。X.25 同时提供流量控制机制，以防止快速的发送方淹没慢速的接收方。

4. X.25 网的互联

X.25 分组交换网络可用于 LAN 间互联构成更大规模的广域网，常采用以下几种互联方案：

（1）采用路由器和网关同时连接 X.25 和本地局域网，这种方案适合规模较大、多种协议共存的网络。

（2）采用一台微型计算机作为路由器，安装相应的 X.25 网卡和路由软件，适用于中小规模、协议比较少的网络。

由于 X.25 分组交换网络是在早期低速、高出错率的物理链路基础上发展起来的，其特性已不适应目前高速远程连接的要求，因此，一般只用于要求传输费用少而远程传输速率要求又不高的广域网环境。

### 8.3.3　数字数据网（DDN）

#### 1．DDN 简介

DDN 是 Digital Data Network（数字数据网）的缩写，是利用数字信道传输数据信号的数据传输网，它可向用户提供专用的数字数据传输信道，为用户建立专用数据网提供条件，所以也称 DDN 专用网（或 DDN 专线网）。它的传输介质有光缆、数字微波、卫星信道以及用户端可用的普通电缆和双绞线。

DDN 向用户提供半永久性数字连接，中间不进行复杂的软件处理，因此时延较短，避免了组网中传输时延大且不固定的缺点。它采用交叉连接装置，可根据用户需要在约定的时间内接通所需的带宽线路。信道容量的分配和接续在计算机控制下进行，具有极大的灵活性，使用户可以开通种类繁多的信息业务。

对那些流量大，要求传输质量高、速度快的用户来讲，DDN 技术能大显神通。过去大部分数据主要采用模拟信道传输，即将数据信号调制到音频频段后传输。由于调制解调器的技术限制以及实线传输的线间干扰电平衰耗的影响，模拟传输的距离、质量和速度都不能满足高速数据传输的要求，采用数字信道来传输数据信号则克服了模拟传输的弱点，大大提高了传输质量。DDN 把数字通信技术、计算机技术、光纤通信技术、数字交叉连接技术有机地结合在一起，提供了高速度、高质量的通信环境，其应用范围也从最初的单纯提供端到端的数据通信扩大到能提供和支持多种业务服务，成为具有很大吸引力和发展潜力的传输网络。

#### 2．DDN 的特点

（1）DDN 是同步数据传输网，不具有交换功能。

（2）DDN 具有高质量、高速度、低时延的特点。

（3）DDN 为全透明传输网，可以支持数据、图像、声音等多种业务。

（4）传输安全可靠。DDN 通常采用多路由的网状拓扑结构，因此中继传输段中任何一个节点发生故障、网络拥塞或线路中断，只要不是最终一段用户实线，节点均会自动迂回改道，而不会中断用户的端到端的数据通信。

（5）网络运行管理简便。DDN 将检错纠错功能放到智能化程度较高的终端来完成，因此简化了网络运行管理和监控的内容，这样也为用户参与网络管理创造了条件。

## 8.4　虚拟专用网（VPN）

### 8.4.1　VPN 概述

虚拟专用网络（Virtual Private Network，VPN）是利用公共网络（主要是国际互联网，也称外网）的通信链路建立，实现多个私有网络（也称内网）之间相互通信（或访问）的技术。

1. VPN 的工作原理

一般来讲，两台连上互联网的计算机只要知道对方的 IP 地址，就可以直接通信。但位于这两台计算机之后的网络可能不能直接互联,原因是这两台计算机之后的网络可能一个是私有网络，而另一个是公用网络，私有网络和公用网络使用了不同的地址空间或协议，即私有网络和公用网络之间是不兼容的。VPN 的原理就是在这两台直接和公用网络连接的计算机之间建立一条专用通道,两个私有网络之间的通信内容经过这两台计算机或设备打包通过公用网络的专用通道进行传输，然后在对端解包，还原成私有网络的通信内容转发到私有网络中。这样对于两个私有网络来说，公用网络就像普通的通信电缆一样，而接在公用网络上的两台计算机或设备则相当于两个特殊的接头。企业 VPN 网络拓扑结构如图 8-6 所示。

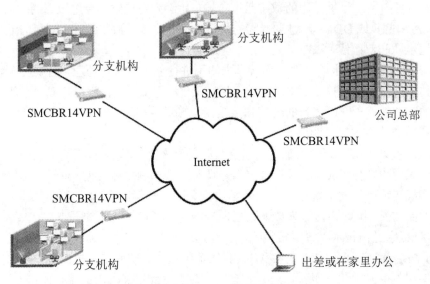

图 8-6　企业 VPN 网络拓扑结构

根据 VPN 连接的特点，私有网络的通信内容会在公用网络上传输，出于安全和效率的考虑一般通信内容需要进行加密或压缩,而通信内容的打包和解包工作必须通过一个双方协商好的协议进行，这样在两个私有网络之间建立 VPN 通道需要一个专门的过程，依赖于一系列不同的协议。这些相关的设备和协议就组成一个 VPN 系统。

2. VPN 系统的组成

一个完整的 VPN 系统一般包括：①VPN 服务器：一台计算机或设备，用来接收和验证 VPN 连接的请求，处理数据的打包和解包工作；②VPN 客户端：一台计算机或设备，用来发起 VPN 连接的请求，也处理数据的打包和解包工作；③VPN 数据通道：一条建立在公用网络上的数据连接（专用、私有通道）。

注意，所谓的服务器和客户端在 VPN 连接建立之后，在通信上的角色是一样的，服务器和客户端的区别在于连接的发起者不同，这个概念在两个网络之间的连接尤其明显。在实际应用中，一个高效、性能优良的 VPN 应具备以下特性：

（1）安全有保障。虽然实现 VPN 的技术和方式很多，但所有的 VPN 均应保证通过公用网络平台传输数据的专用性和安全性。在非面向连接的公用 IP 网络上建立一个逻辑的、点到点的连接，即建立一个"隧道"。可以利用加密技术对经过隧道传输的数据进行加密，以保证数据仅被指定的发送者和接收者了解，从而保证了数据的私有性和安全性。

（2）服务质量保证（QoS）。VPN 网应当为企业数据提供不同等级的服务质量保证。不同的用户和业务对服务质量保证的要求差别较大，其相应的网络应用均要求网络根据需要提供不同等级的服务质量。在网络优化方面，构建 VPN 的另一重要需求是充分有效地利用有限的广域网资源，为重要数据提供可靠的带宽。QoS 通过流量预测与流量控制策略可以按照优先级分配带宽资源，实现带宽管理，使得各类数据能够被合理地先后发送，并预防阻塞的发生。

（3）灵活性和可扩充性。VPN 必须能够支持通过 Intranet 和 Extranet 的任何类型的数据流，方便增加新的节点，支持多种类型的传输介质，可以满足同时传输语音、图像和数据等新应用对高质量传输以及带宽增加的需求。

（4）可管理性。一个完善的 VPN 管理系统是必不可少的，其具有高扩展性、经济性、高可靠性等优点，VPN 管理的目标是减小网络风险。VPN 管理主要包括安全管理、设备管理、配置管理、访问控制列表管理和 QoS 管理等内容。

### 8.4.2　VPN 的安全性

安全问题是 VPN 的核心问题，由于传输的是保密信息，VPN 数据的安全性就显得非常重要。VPN 系统主要采用四项技术来保证安全，它们分别是隧道技术（Tunneling）、数据加解密技术（Encryption & Decryption）、密钥管理技术（Key Management）和身份认证技术（Authentication）。

1. 隧道技术

隧道技术是 VPN 的基本技术，类似于点到点连接技术，它在公用网上建立一条专用数据通道（隧道），让数据包通过这条隧道传输，这就好像在高速公路上开通了一条隐型隧道，数据在这条隐型隧道中秘密传输。隧道是由隧道协议形成的，分为第二层和第三层隧道协议。第二层隧道协议是先把各种网络协议封装到 PPP（Point to Point Protocol）中，再把整个数据包装入隧道协议中。这种双层封装方法形成的数据包用第二层隧道协议进行传输，第二层隧道协议有 L2F、PPTP、L2TP 等。其中 L2TP 协议是 IETF 的标准，由 IETF 融合 PPTP 与 L2F 而形成，而 PPP 是点对点协议。

（1）PPP 是为传输数据设计的链路层协议，提供全双工操作，并按照顺序传递数据。设计目的主要是通过拨号或专线方式建立点对点连接，为两个对等节点之间的 IP 流量传输它还提供一种封装协议，使其成为各种主机、网桥和路由器之间一种共性的连接。

（2）PPP 同时又是串行通信协议，它具有检错、纠错、支持数据压缩、支持多种网络协议、动态分配 IP 地址、允许在连接时刻协商 IP 地址和允许身份认证等功能。

第三层隧道协议是把各种网络协议直接装入隧道协议中，形成的数据包依靠第三层协议进行传输。第三层隧道协议有 VTP、IPSec 等，IPSec（IP Security）是由一组 RFC 文档组成，定义了一个系统来提供安全协议选择、安全算法和确定服务所使用的密钥等服务，从而在 IP 层提供安全保障。

2. 数据加解密技术

数据加解密技术是数据通信中一项比较成熟的技术，VPN 可直接利用该项现成的技术。

3. 密钥管理技术

这项技术可保证在公用数据网上安全地传递密钥而不被窃取。现行密钥管理技术又分为

SKIP 和 ISAKMP/OAKLEY 两种，其中 SKIP 是在网络上传输密钥，而在 ISAKMP 技术中，双方都有两把密钥，分别用作公钥和私钥。

4. 身份认证技术

在网络和计算机领域，身份认证是最常用、最基本的一种认证方式，常使用用户名、密码或卡片式认证等方式。密码认证是最基本的认证方法，当进入系统或设备时，通常都要输入密码，这种身份认证方法被广泛使用。智能卡认证是主要的认证方法，智能卡中的芯片存储了使用者的信息，通过智能读卡器将信息识别出来以实现用户的身份认证。另外，生物认证方式也已经在使用，其使用合法用户独有且不能被复制的特征，比如指纹、面部信息、视网膜血管分布图、语音等生物信息来认证。这种方法通常使用在有高安全要求的环境。

### 8.4.3 VPN 解决方案

随着公用网络带宽的不断增加和服务质量保证的提供，VPN 得到迅速发展并逐步发展成为一种替代广域网技术的组网技术。目前 VPN 主要用于跨地域的企业和组织机构，如拥有异地分支机构的大中型企业、政府部门、教育机构、银行、证券公司和保险公司等。

VPN 有三类应用：一是远程访问，用于在外出差、移动办公和在家中办公的人员访问企业内部网络；二是内部网络互联，在内部各分支机构网络与总部网络之间实现安全互联；三是与合作伙伴建立安全通信。从技术实现角度讲，主要有两种主流的 VPN 解决方案：一种是以 IPSec 为代表的、基于用户设备的 VPN 技术，由网络厂商提供 VPN 技术和解决方案，既可用于网络互联，又可用于远程访问；另一种是以 MPLS VPN 为代表的、基于网络的 VPN 技术，由电信运营商提供 VPN 服务，主要用于网络远程互联。

还有一种安全的 VPN 解决方案，由 SOHO 型 VPN 安全网关、VPN 客户端、安全管理中心组成，如图 8-7 所示。SOHO 型 VPN 安全网关专门针对中小型局域网的使用需求进行优化设计，适应 PSTN 线路和 ADSL 等宽带线路，通过 SOHO 型安全网关拨号接入企业内部网络之后，可以带动整个局域网内的用户安全接入企业内部网络，而无须在每个用户处进行配置，在保障性能的同时减少投资。一般一个 SOHO 型安全网关可以支持 30 个以下的用户同时使用，在硬件设计上既保证接口够用，又兼顾了性能不会明显降低。此外，对于移动外出用户，可以通过 VPN 客户端软件来安全接入企业内部网络。

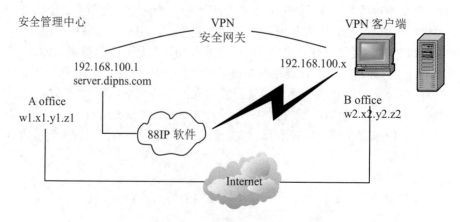

图 8-7　VPN 实际解决方案

对于企业分支机构而言，由于专业技术人员配备较少，因此，对实施的方便性也有较高的要求。VPN 系统通过安全管理中心灵活的配置，而无须在客户端和 SOHO 型安全网关处做更多的设置。

总之，VPN 技术已经成熟、普及，在许多大中型企业中已开始广泛应用。VPN 的普及进一步推动了电子政务和电子商务的发展，从而加快了政府和企业的信息化进程。作为广域网技术，今后 VPN 将呈现以下发展趋势：

（1）多种 VPN 技术集成。如在 MPLS VPN 网络的基础上再部署 IPSec VPN，以满足对保密性和可用性要求极高的银行、证券公司用户的需求。

（2）多种 VPN 业务整合与互补。如企业主干网络互联采用基于网络的 MPLS VPN，以保证安全性、可靠性和高性能。远程访问采用基于用户设备的 IPSec VPN，以保证灵活性和覆盖面，同时便于合作伙伴或远程用户访问内部网，比如固网 VPN 与无线 VPN 组合应用。

（3）越来越高的 VPN 产品集成。除了集成传统的防火墙、路由器之外，许多面向中小企业的 VPN 产品集成打印服务器、无线接入点、多宽带接入端口等。

（4）SSL VPN 受到青睐。VPN 技术不再局限于第二层和第三层。基于第四层的 SSL VPN 作为安全的远程访问技术，也开始得到广泛的应用。

# 本章小结

根据发展的先后和最初的使用目的广域网有多种类型，它一般提供公共服务。用户可以采用不同的技术来接入广域网，公用交换电话网（PSTN）由于用户环路为模拟线路，所以要传递数字信号必须通过调制技术接入；X.25 网是最早被广泛应用的公用分组数据交换网，其由三个协议层构成，是最接近 OSI 参考模型的网络，是可靠的面向连接的网络中的典型。

数字数据网（DDN）是一种高质量、全数字化的专线网络，提供了采用任何高层协议的"透明"信道。帧中继和 ATM 是 ISDN 发展过程中的两个阶段，它们都属于快速分组网，都是对 X.25 的简化和改进。VPN（虚拟专用网）利用隧道技术在公用网上建立一条私有通道，实现虚拟专用，并通过隧道协议保证其传输数据的可靠性和安全性，VPN 技术可应用于远程用户对内网的访问、远程间用户的保密通信和内网的互联等。

# 习题 8

1. WAN 和 LAN 两种网络的拓扑结构有什么不同？
2. 简述广域网（WAN）的组网方式。
3. 为什么 DDN 可以不采用交换技术？
4. 简述 VPN 系统的工作原理和主要应用。
5. VPN 系统由哪几部分组成？如何保证 VPN 中数据传输的安全性？
6. 什么是隧道技术？隧道协议包括几层协议？
7. PPP 和 IPSec 分别是什么协议？
8. VPN 与一般的文件传输服务（FTP）有什么区别？

# 第 9 章　Internet 原理及应用

### 本章导引

  Internet 作为全球最大的国际互联网络，随着各种增值应用的广泛普及，人们已经离不开它了。本章将重点学习 Internet 的原理及有关应用，掌握 TCP/IP 协议及 Internet 的接入技术，理解 Internet 提供的服务，了解第二代 Internet 的有关知识。

## 9.1　Internet 的通行证——TCP/IP 协议

### 9.1.1　TCP/IP 基本概念及协议集

  如前所述，协议是对网络中的设备以何种方式交换信息的一系列规定的组合。它对信息交换的速率、传输代码、传输控制步骤、出错控制等做出定义及规范。数据在从源地传输到达目的地的过程中，由于网络结构和传输层次的不同，所做出的规定是不同的。ISO 制定的一系列网络协议就是对这些不同网络层次的行为规范，其中规范 Internet 行为的协议就是 TCP/IP 协议。

  TCP/IP 最初是为互联网的原型——ARPAnet 设计的，目的是提供一整套方便实用并能应用于多种网络的协议。现在 TCP/IP 作为 Internet 的协议集已成为 Internet 的标准。作为一个协议集合，TCP/IP 协议集中包括多种协议，如图 9-1 所示。其中 TCP 和 IP 是这个协议集中的核心协议，而 TCP/IP 协议集（又称协议栈）是整个 Internet 的核心。

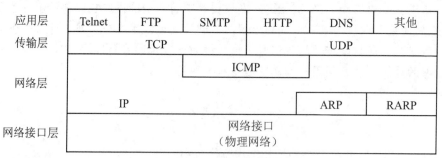

图 9-1　TCP/IP 协议集（栈）

  Internet 协议集是对 ISO/OSI 的简化，其主要功能集中在 OSI 的第三层和第四层，通过增加软件模块来保证和已有系统的最大兼容性。

### 9.1.2　TCP/IP 各层功能与协议

  传统的开放系统互连参考模型（OSI/RM）是一种通信协议的七层抽象参考模型（物理层、数据链路层、网络层、传输层、会话层、表示层、应用层），其中每一层执行某一特定任务，以使各种硬件能在相同的层次上实现互相通信。而 TCP/IP 协议并不完全符合 OSI 的七层参考模型。TCP/IP 的层次模型如第 3 章所述只有四层，分别是应用层、传输层、网际层和网络接口层。从某种角度讲，OSI 模型是独立完成特定任务，而 TCP/IP 协议在完成自身任务时会需要它下一层所提供的网络服务。

1. 网络接口层

TCP/IP 中的网络接口层是 TCP/IP 协议集中最底端的一层，它对应于 OSI 参考模型中的数据链路层和物理层，它负责接收 IP 数据包并且通过网络发送，或者从网络上接收物理帧，抽出 IP 数据包，再交给 IP 层。简单来说，就是对实际网络介质的管理，并定义如何使用实际网络（如 Ethernet 等）来传输数据。在这一层中，协议处理数据帧的格式并将其传送至网络。

2. 网际层

网际层对应于 OSI 参考模型中的网络层，它是 TCP/IP 协议集中非常关键和重要的一层，它定义了 IP 地址格式，使得不同应用类型的数据能在 Internet 上传输。网际层负责基本的数据包传输功能，让每一个数据包都能够到达目的主机。网络层的功能主要由 IP 来提供，除了提供端到端的分组分发功能外，IP 还提供了很多扩充功能。如网络层提供了数据分块和重组功能，这使得较大的 IP 数据报能以较小的分组在网上传输。网络层的另一个重要服务是在互相独立的局域网上建立互联网络，即网际网。网间的报文来往根据它的目的 IP 地址通过路由器传到另一网络。

这一层中包含四个重要的协议，分别是网际协议（Internet Protocol，IP）、互联网控制报文协议（Internet Control Message Protocol，ICMP）、地址解析协议（Address Resolution Protocol，ARP）和反向地址解析协议（Reserve ARP，RARP）。

（1）网际协议 IP。IP 协议负责通过互联网传送数据包并向传输层提供服务，将数据封装为互联网数据包，并交给数据链路层协议通过局域网传送，同时它也负责主机间数据包的路由和主机寻址。

（2）互联网控制报文协议 ICMP。ICMP 协议传送各种控制信息，包括与包交付有关的错误报告。ICMP 是 IP 正式协议的一部分，ICMP 数据报通过 IP 传送，因此，它在功能上属于网络第三层，即 ICMP 与 IP 位于同一层。ICMP 用于在 IP 主机、路由器之间传递控制消息。控制消息是指网络是否连通、主机是否可达、路由是否可用等网络本身的消息。这些控制消息虽然并不传输用户数据，但是对于用户数据的传递起着重要的作用。

在网络中经常会用到 ICMP，比如经常使用的用于检查网络是否连通的 Ping 命令，这个 Ping 的过程实际上就是 ICMP 协议工作的过程。还有其他的网络命令，如跟踪路由的 Tracert 命令也是基于 ICMP 协议的。ICMP 与 IP 位于同一层，它主要是用来提供有关通向目标主机的路径信息。另外，ICMP 协议对于网络安全具有极其重要的意义，因为它有可能被黑客用于攻击路由器和主机。例如，我国海信集团网络中的防火墙就曾遭受高达 33 万次之多的 ICMP 包攻击，占整个攻击总数的 90%以上。

（3）地址解析协议 ARP。在 TCP/IP 网络环境下，每个主机都分配了一个 32 位的 IP 地址，这种互联网地址是在国际范围标识主机的一种逻辑地址。为了让报文在物理网上传送，必须知道彼此的物理地址。因此，需要在网络层将 IP 地址解析为相应的物理地址，这个协议就是地址解析协议 ARP。ARP 使主机可以找出同一物理网络中任意一个物理主机的物理地址，只需给出目的主机的 IP 地址即可。

（4）反向地址解析协议 RARP。在网络中当站点初始化以后，只有自己的物理地址而没有 IP 地址时，将需要通过 RARP 协议发出广播请求包征求自己的 IP 地址，而 RARP 服务器则负责回答。这样，无 IP 地址的站点可以通过 RARP 协议取得自己的 IP 地址，这个地址在下一次系统重新开始以前都有效，不用连续广播请求。即把物理地址反向解析为 IP 地址。

3. 传输层

TCP/IP 在这一层对应于 OSI 参考模型中的传输层。传输层的功能主要是提供应用程序间的通信，常称为端对端的通信。它通过 TCP 传输控制协议和 UDP 用户数据报协议提供节点间的数据报传输服务，TCP 和 UDP 给数据包加入传输数据并把它传输到下一层。传输层负责传输报文，并且确定报文数据已被送达并接收。传输层的安全性是不可靠的，由于 TCP/UDP 服务信任主机地址，所以攻击者可以冒充一个被信任的主机或客户，采取某些操作，把攻击者的系统假扮成某一个特定服务器的可信任用户。

传输层提供了两个主要的协议：传输控制协议（TCP）和用户数据报协议（UDP），如图 9-1 所示，分别支持两种数据传输方法。

（1）传输控制协议 TCP。

TCP 协议对应于 OSI 模型的传输层，在 IP 协议的基础上提供一种端到端的面向连接的可靠数据流服务。当传输受差错干扰的数据或者网络故障或网络负荷太重，而使网络传输系统不能正常工作时，就需要通过 TCP 协议来保证通信的可靠性。TCP 采用"带重传的肯定确认"技术来实现传输的可靠性。简单的"带重传的肯定确认"是指与发送方通信的接收者每接收一次数据就送回一个确认报文，发送者对每个发出去的报文都留一份记录，等到收到确认之后再发下一报文。发送者发出一个报文时启动一个计时器，若计时器计数完毕，而确认还未到达，则发送者重新传送该报文。

TCP 通信建立在面向连接的基础上，实现了一种"虚电路"。双方通信之前，先建立一条连接，然后双方就可以在其上发送数据流。这种数据交换方式能提高传输效率，但事先建立连接和事后拆除连接需要开销。TCP 连接的建立采用"三次握手"的机制，整个过程由发送方请求连接、接收方再发送一个确认、建立连接三个过程组成，如图 9-2 所示。

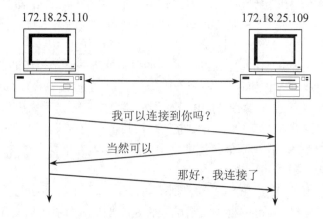

图 9-2 TCP 连接的"三次握手"过程

（2）用户数据报协议 UDP。

UDP 协议是对 IP 协议组的扩充，它增加了一种可以让发送方区分一台计算机上的多个接收者的机制。每个 UDP 报文除了包含某用户进程发送数据外，还有报文目的端口的编号和报文源端口的编号，从而使在两个用户进程之间传递数据报成为可能。UDP 是依靠 IP 协议来传送报文的，因而它的服务和 IP 一样是不可靠的。这种服务不用确认、不对报文排序、不进行流量控制，UDP 报文有可能会出现丢失、重复、失序等现象。

（3）TCP 与 UDP 的比较。

UDP 提供的是面向无连接的数据报服务，因此，UDP 无法保证任何数据报的传递和验证。UDP 和 TCP 传递数据的差异类似于电话和明信片之间的差异。TCP 就像电话，必须先验证目标是否可以访问后才开始通信。UDP 就像明信片，信息量很小而且每次传递成功的可能性很高，但是不能完全保证传递成功。UDP 通常由每次传输少量数据或有实时需要的程序使用，在这些情况下，UDP 的低开销比 TCP 更适合。

另外，TCP 提供 IP 环境下的数据可靠传输，包括数据流传送、高可靠性、有效流控、多路复用、面向连接、端到端和可靠的数据报发送。简单地说，它是事先为所发送的数据开辟出连接好的通道，然后再进行数据传输；而 UDP 则不为 IP 提供可靠性服务、流控或差错恢复功能。最后，TCP 对应的是可靠性要求高的应用；而 UDP 对应的是可靠性低、传输经济的应用。UDP 主要支持 NFS（网络文件系统）、SNMP（简单网络管理协议）、DNS（域名服务）、TFTP（通用文件传输协议）等。

TCP 和 UDP 的比较可用表 9-1 表示。

表 9-1　UDP 和 TCP 传递数据的比较

| UDP 协议 | TCP 协议 |
| --- | --- |
| 无连接的服务，在主机之间不建立连接 | 面向连接的服务，在主机之间建立连接 |
| UDP 不能确保或承认数据传输或序列化数据 | TCP 通过确认和按顺序传输数据来确保数据的传输 |
| 使用 UDP 的程序负责提供传输数据所需的可靠性 | 使用 TCP 的程序能确保可靠的数据传输 |
| UDP 快速，具有低开销要求，并支持点对点和一点对多点的通信 | TCP 比较慢，有更高的开销要求，而且只支持点对点通信 |
| UDP 和 TCP 都使用端口标识每个 TCP/IP 程序的通信 | |

**4. 应用层**

TCP/IP 的应用层是最高层，它是所有用户所面向的应用程序的统称，也就是应用程序用来交换信息的一层，对应于 OSI 参考模型中的会话层、表示层和应用层，但与之有较大区别。TCP/IP 虽然也分层，但其层次之间的调用关系不像 OSI 那样严格，它一开始就考虑到了异构网的互联问题，并将互联网协议作为 TCP/IP 的重要组成部分。TCP/IP 一开始就向用户同时提供可靠服务和不可靠服务，而 OSI 在开始时只考虑到向用户提供可靠服务。

用户可以利用应用程序接口（API）开发与网络进行通信的应用程序。例如 Microsoft 的 Windows Sockets 就是一种常用的符合 TCP/IP 协议的网络 API。

在 TCP/IP 的应用层定义了大量的 TCP/IP 协议，包括文件传输协议 FTP、远程登录 Telnet、简单邮件传输协议 SMTP、域名服务 DNS、超文本传输协议 HTTP 等，如图 9-1 所示。当然，呈现给用户的是软件构筑的图形化操作界面，而实际后台运行的是上述协议。

### 9.1.3　通信协议与服务端口

通信服务端口与通信协议是密切相关的，下面先详细讲述 IP 通信协议的主要功能和作用，然后学习通信服务端口的概念。

1. IP 通信协议

如上所述，IP 协议是 TCP/IP 的核心，也是网络层中最重要的协议。IP 层接收由最低层（网络接口层，例如以太网设备驱动程序）发来的数据包，并把该数据包发送到更高层——TCP 或 UDP 层；相反，IP 层把从 TCP 或 UDP 层接收来的数据包传送至更低层。IP 数据包是不可靠的，因为 IP 并没有做任何事情来确认数据包是按顺序发送的或者没有被破坏的。IP 数据包中含有发送它的主机地址（源地址）和接收它的主机地址（目的地址）。

IP 协议的基本功能是提供无连接的数据报传送服务和数据报路由选择服务，但不保证服务的可靠性。概括地讲，IP 协议提供以下功能：

（1）IP 地址寻址。指出发送和接收 IP 数据报的源 IP 地址和目的 IP 地址。IP 地址由网络号和主机号两部分组成。其中，网络号标识某个网络，主机号标识该网络上的一个特定的主机。

（2）IP 数据报的分段和重组。不同网络的数据链路层可传输的数据帧的最大长度（MTU）不一样，例如，以太网是 1500 字节，16Mb/s 的令牌环网是 17914 字节，FDDI 网是 4352 字节。因此，IP 协议要根据不同情况对数据报进行分段封装，使得很大的 IP 数据报能以较小的分组在网上传输。目的主机上的 IP 协议能根据 IP 数据报中的分段和重组标识将各个 IP 数据报分段重新组装为原来的数据报，然后交给上层协议。

（3）IP 数据报的路由转发。根据 IP 数据报中接收方的目的 IP 地址确定是本网传送还是跨网传送。若目的主机在本网中，可在本网中将数据报传给目的主机；若目的主机在别的网络中，则通过路由器将数据报转发到另一个网络或下一个路由器，直至转发到目的主机所在的网络。

2. 通信端口

TCP 和 UDP 服务通常有一个 Client/Server 关系，例如一个 Telnet 服务进程开始在系统上处于空闲状态，等待着连接。此时用户使用 Telnet 客户程序与服务进程建立一个连接，客户程序向服务进程写入信息，服务进程读出信息并发出响应，客户程序读出响应并向用户报告。因此，这种连接是双向的。如果两个系统间进行多重的 Telnet 连接，该如何相互确认并协调一致呢？在 TCP/IP 网络中，要建立一个连接必须依照以下四个属性进行确认：

（1）源 IP 地址：发送包的 IP 地址。

（2）目标 IP 地址：接收包的 IP 地址。

（3）源端口：源系统上的连接端口。

（4）目标端口：目标主机上的连接端口。

所谓"端口"是指一种服务进程进行连接时所对应的端口，它实际上是一种"软件"端口，而不是硬件端口，是被客户程序或服务进程用来发送和接收信息的。一台服务器通常有256×256 个端口，一个端口对应一个 16 位的数字，称为"端口号"。每个端口有一个"端口号"，端口号是唯一的，最大为 65535，最小为 0。其中 0～1024 称为低端端口，低端端口相对固定，故也称为"静态端口"；1024 以上称为高端端口，因高端端口可以动态分配，故又称为"动态端口"。常用服务与端口的对应表如表 9-2 所示。

服务进程通常使用一个固定的低端端口，例如，SMTP 使用 25，E-mail 接收（POP）使用110，http 使用 80，FTP 使用 20 或 21 等，这些端口号都是"众所周知"的，但不是绝对固定的（部分可以修改）。在与特定主机建立连接或服务时，需要这些地址与目标地址进行通信传输。

表 9-2　常用服务与端口的对应表

| 序号 | 服务 | 端口号 | 序号 | 服务 | 端口号 | 序号 | 服务 | 端口号 |
|---|---|---|---|---|---|---|---|---|
| 1 | HTTP | 80 | 5 | SMTP | 25 | 9 | IMAP | 143 |
| 2 | SNMP | 169 | 6 | DNS | 53 | 10 | DHCP | 67 |
| 3 | FTP | 21 | 7 | POP3 | 110 | 11 | NTP | 123 |
| 4 | Telnet | 23 | 8 | HTTPS | 443 | 12 | TFTP | 69 |

# 9.2　IP 地址与域名系统

## 9.2.1　IP 地址与子网掩码

### 1. IP 地址

不同的物理网络技术有不同的编址方式，不同物理网络中的主机有不同的物理网络地址。在计算机网络中采用一种全局通用的地址格式，为全网的每一网络和每一主机都分配一个逻辑地址（也称网间网地址），以此屏蔽物理网络地址的差异。

（1）什么是 IP 地址。

IP 协议提供一种整个网间网通用的地址格式，并在统一管理下进行地址分配，保证一个地址对应一台网间网主机（包括网关），这样物理地址的差异就被 IP 层屏蔽。IP 层所用到的地址就叫做 IP 地址，也叫网间网地址。IP 地址由网络号和主机号两部分组成，在同一网络内的所有主机使用相同的网络号，其中主机号是唯一的，如图 9-3 所示。按照 IPv4 协议的规定，IP 地址由一个 32 位的二进制数组成，分成 4 个字段，每个字段 8 位，如 192.168.1.7，每位的值为 0～255，这种格式称为"点分十进制"表示。网络中的每一台主机（包括网络上的工作站、服务器和路由器等）都有一个主机 ID（IP）与其相对应。

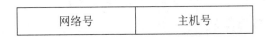

图 9-3　IP 地址的组成

（2）IP 地址的分类。

从 LAN 到 WAN，不同网络的规模相差很大，必须区别对待。按网络规模大小，Internet 委员会定义了五种 IP 地址类型，以适合不同容量的网络，即 A 类至 E 类。其中 A、B、C 三类由 NIC（互联网信息中心）在全球范围内统一分配，D、E 类为特殊地址，如表 9-3 所示。

1）A 类 IP 地址：首位为 0，网络地址 7 位，主机地址 24 位，地址范围（用"点分十进制"表示）为 1.0.0.0～127.255.255.255。其中第一个字段用二进制表示为：00000001～01111111，最后一个是广播地址。故 A 类地址结构适用于网络数少（最多 $2^7-2=126$ 个），但有大量主机（最多 $2^{24}-2=16777214$ 台）的大型网络（如大型企业或政府机构网络）。请读者注意从此处开始，二进制数与十进制数的转换，如 $2^7=128$，$2^8=256$，$1111111=127$，$11111111=255$。

2）B 类 IP 地址：首位为 10，网络地址 14 位，主机地址 16 位，地址范围（用"点分十进制"表示）为 128.0.0.0～191.255.255.255。其中第一个字段用二进制表示为：10000000～10111111，最后一个是广播地址。B 类地址结构适用于网络数中等（最多 $2^{14}=16384$ 个），但有中量主机（最多 $2^{16}-2=65534$ 台）的中型网络。（如中型企业或政府部门网络）。

表 9-3　A 类至 E 类 IP 地址

| A 类 | 0 | 网络标识符(7 位) | 主机编号（24 位） |
|---|---|---|---|
| B 类 | 1 0 | 网络标识符（14 位） | 主机编号（16 位） |
| C 类 | 110 | 网络标识符（21 位） | 主机编号（8 位） |
| D 类 | 1110 | 多点广播地址（28 位） | |
| E 类 | 11110 | 实验保留地址 | |

　　3）C 类 IP 地址：首位为 110，网络地址 21 位，主机地址 8 位，地址范围（用"点分十进制"表示）为 192.0.0.0～223.255.255.255。其中第一个字段用二进制表示为：11000000～11011111。C 类地址适用于网络数多（最多 $2^{21}=2097152$ 个），只有少量主机（$2^8-2=254$ 台）的小型网络（如中小学校园网或小微型企业网）。A～C 三类 IP 地址的范围如图 9-4 所示。

| 类别 | 最大网络数 | IP 地址范围 | 最大主机数 | 私有 IP 地址范围 |
|---|---|---|---|---|
| A | 126（$2^7$-2） | 1.0.0.0～127.255.255.255 | 16777214 | 10.0.0.0～10.255.255.255 |
| B | 16384（$2^{14}$） | 128.0.0.0～191.255.255.255 | 65534 | 172.16.0.0～172.31.255.255 |
| C | 2097152（$2^{21}$） | 192.0.0.0～223.255.255.255 | 254 | 192.168.0.0～192.168.255.255 |

图 9-4　A～C 三类 IP 地址的范围

　　IP 地址除了以上 A、B、C 三类外，还有两类地址，即 D 类（多播地址）和 E 类（实验室用地址）。其中多播地址是比广播地址稍弱的多点传送地址，用于支持多目传输技术。多播地址最高位必须是 1110，范围为 224.0.0.0～239.255.255.255。E 类地址最高位是 11110，用于实验室和将来扩展之用。

　　（3）TCP/IP 规定的其他地址。

　　除了一般地址标识一台主机外，还有其他几种具有特殊意义的网络地址。

　　1）广播地址。TCP/IP 协议规定，主机号全为"1"的网络地址用于广播之用，叫做广播地址。所谓广播，指同时向网上的所有主机发送数据。

　　2）有限广播地址。前面提到的广播地址包含一个有效的网络号和主机号，技术上称为直接广播（Directed Broadcasting）地址。在网间网上的任何一点均可向其他任何网络进行直接广播，但直接广播有一个缺点，就是要知道信宿网络的网络号。有时需要在本网内部广播，但又不知道本网的网络号。TCP/IP 规定，32 位全为"1"的网间网地址用于本网广播，这种地址就叫做有限广播地址。

　　3）"本"网地址。TCP/IP 协议规定，所有位均为"0"的网络号被解释成"本"网络，所以"本"网地址又称为"0"地址。

　　4）回送地址。在前述的 A 类网络地址中，有一个 127 是保留地址，主要用于网络软件测试和本地机进程间通信，也叫做回送地址。无论什么程序，一旦使用回送地址发送数据，协议软件立即返回，不进行任何网络传输。

TCP/IP 协议还规定：含网络号 127 的分组不能出现在任何网络上；主机和网关不能为该地址广播任何寻径信息。因此，主机号全"0"、全"1"的地址在 TCP/IP 协议中有特殊含义，不能用作一台主机的有效地址（如前所述）。

（4）局域网的 IP 地址。

局域网是 C 类网络，有两个 IP 地址比较特殊，一个是主机号全为 0（称为网络号），一个是主机号全为 1（称为广播地址）。网络号是网段中的第一个地址，广播地址是网段中的最后一个地址，这两个地址都不能配置为主机的 IP 地址。

例如，在 192.168.0.0，255.255.255.0 网段，网络号是 192.168.0.0，广播地址是 192.168.0.255。则主机地址的配置范围是 192.168.0.1～192.168.0.254。即局域网中，能配置给主机的地址比网段内的地址要少两个（网络号、广播地址）。

2. 子网掩码

随着 Internet 规模的不断增长，IP 地址资源日益缺乏，需要设法减少网络地址。于是，IP 网络地址复用技术应运而生。

所谓 IP 网络地址复用技术，就是使若干物理网络共享同一 IP 网络地址的技术，也叫做子网编址（子网寻径），目前已经标准化。使用该技术后可减少所需要的 IP 地址数。32 位 IP 地址中的网络号和主机号又叫做 IP 地址的"网间网部分"和"本地部分"。子网编址技术将本地部分进一步划分为"物理网络"部分和"主机"部分，如图 9-5 所示。

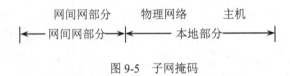

图 9-5　子网掩码

其中"物理网络"用于标识同一 IP 网络地址下的不同物理网络，即"子网"。每一个使用子网的网点都选择一个 32 位的位模式，若位模式中的某位置 1，则对应 IP 地址中的某位为网络地址（包括网间网部分和物理网络号）中的一位；若位模式中的某位置 0，则对应 IP 地址中的某位为主机地址中的一位。例如，位模式 11111111 11111111 11111111 00000000 中，前三个字节全 1，代表对应 IP 地址中最高的三个字节为网络地址；后一个字节全 0，代表对应 IP 地址中最后的一个字节为主机地址，这种位模式叫做"子网掩码"。为了使用方便，常使用"点分十进制"来表示子网掩码，例如，C 类 IP 地址的子网掩码（11111111 11111111 11111111 00000000）可表示为 255.255.255.0。

IP 协议关于子网掩码的定义提供一种灵活性，允许子网掩码中的"0"和"1"位不连续。但是，这样的子网掩码给分配主机地址和理解寻径表都带来一定困难，并且极少的路由器支持在子网中使用低序或无序的位。因此，在实际应用中，通常各网点采用连续方式的子网掩码。

子网掩码与 IP 地址结合使用可以区分出一个网络地址的网络号和主机号。例如，有一个 C 类地址为 192.9.200.13，其默认的子网掩码为 255.255.255.0，则它的网络号和主机号可按如下方法得到：

（1）将 IP 地址 192.9.200.13 转换为二进制 11000000 00001001 11001000 00001101。

（2）将子网掩码 255.255.255.0 转换为二进制 11111111 11111111 11111111 00000000。

（3）两个二进制数逻辑与（AND）运算后得出的结果即为网络部分。11000000 00001001 11001000 00001101 AND 11111111 11111111 11111111 00000000 =11000000 00001001 11001000 00000000，结果为 192.9.200.0，即网络号为 192.9.200.0。

（4）将子网掩码取反再与 IP 地址逻辑与（AND）后得到的结果即为主机部分。11000000 00001001 11001000 00001101 AND 00000000 00000000 00000000 11111111= 00000000 00000000 00000000 00001101，结果为 0.0.0.13，即主机号为 13。

A 类 IP 地址的子网掩码为 255.0.0.0，每个网络支持的最大主机数为 $256^3-2=16777214$ 台。

B 类 IP 地址的子网掩码为 255.255.0.0，每个网络支持的最大主机数为 $256^2-2=65534$ 台。

C 类 IP 地址的子网掩码为 255.255.255.0，每个网络支持的最大主机数为 $256^1-2=254$ 台。

3．IP 地址的转换

在以太网上运行的 IP 协议把需要发送的数据封装成 IP 数据包后，要由数据链路层来完成发送。也就是说，在以太网上通过 IP 协议通信时，双方必须知道对方的 MAC 地址。而 MAC 地址与该接口上的 IP 地址没有对应关系，IP 协议只知道要发送的下一站的主机和路由器的 IP 地址。那么，在链路层如何找到 IP 地址所对应的下一站主机的 MAC 地址呢？在以太网等局域网上，可以使用 ARP 地址解析协议来实现 IP 地址到 MAC 地址的动态转换。

（1）地址解析协议 ARP。在一个以太网上，每台主机都要维护一个 IP 地址到 MAC 的转换表，该表称为 ARP 表，其中存放着最近用到的一系列和它通信的同网计算机的 IP 地址和 MAC 地址的映射。在主机启动时，ARP 表为空。

假设在网络上有一台主机 A 要向另一台 IP 地址为 135.20.12.23 的主机 B 发送数据，那么，A 首先查看本机上的 ARP 表，看其中是否有 135.20.12.23 对应的 ARP 表项。如果有这个表项，则不用发送 ARP 包，而直接利用 ARP 表中的 MAC 地址把 IP 数据包封装后发送给目的地。

如果在 ARP 表中找不到对应的表项，则把该数据包放入 ARP 发送等待队列，然后 ARP 协议创建一个 ARP 请求包，在请求包中填入主机 B 的 IP 地址和主机 A 自己的 IP 地址与 MAC 地址，并以广播方式发送该请求包，被请求的主机 B 会有所响应。

首先，B 把请求包中 A 的 IP 地址和 MAC 地址放入自己的 ARP 表中，然后组织 ARP 响应包，在包中填入自己的 MAC 地址后把 ARP 响应包发送给主机 A，由于已经知道 A 的 MAC 地址，故可以直接发送给主机 A，不再以广播的形式发送。

主机 A 在收到响应包后，从包中提取出主机 B 的 IP 地址对应的 MAC 地址，加入自己的 ARP 表中，这样，就可以把发送等待队列中的所有数据包封装后发送给主机 B。

（2）反向地址解析协议 RARP。反向地址解析是指从 MAC 地址到 IP 地址的转换，是上述地址解析的相反（逆）过程。例如，无盘工作站在启动时，只知道自己网络接口的 MAC 地址，而不知道自己的 IP 地址。要和其他服务器通信，首先要使用反向地址解析协议 RARP 得到自己的 IP 地址。

首先，以广播方式发出 RARP 请求，同一个子网上的 RARP 服务器就会根据工作站提供的 RARP 请求包中的 MAC 地址为该工作站分配一个 IP 地址，并组织一个 RARP 响应包发给工作站。

## 9.2.2 域名系统（DNS）

一方面，随着 Internet 上主机数目的迅速增加，人们需要一种扩展性能好、支持分布式管理，并且具有多种数据类型的主机名解析系统。另一方面，IP 地址难以记忆，人们也希望找到一种用字符串代替 IP 地址的方法，于是开发了域名系统（Domain Name System，DNS），以实现域名与 IP 地址之间的转换。

DNS 由许多分层式和分布式的数据库组成，这些数据库中有许多不同类型的数据，包括主机名、域名等。存储在数据库中的主机名数据分布在不同的服务器上，减轻一台服务器的负荷，并且提供对主机名系统的分布式管理。

Internet 上主要有两套 DNS，分别是为 BSD 4.3 UNIX 操作系统开发的 BIND 和 Windows 2000 及以上版本服务器中的 DNS 版本。

1.　域名空间及结构

如果在 Web 浏览器中输入http://www.drname.com，浏览器将把这个网站地址传递给 DNS 服务器。DNS 服务器执行相关解析操作，然后把解析后的 IP 地址返回给 Web 浏览器。一旦 Web 浏览器知道了该页注册的 IP 地址，它就可以执行连接到该 Web 页的过程。这里的 www.drname.com就是"全称域名"，它才是在 DNS 系统中由被点分隔的字符串来定位其对应的 IP 地址的主机。图 9-6 所示为域名空间及结构。

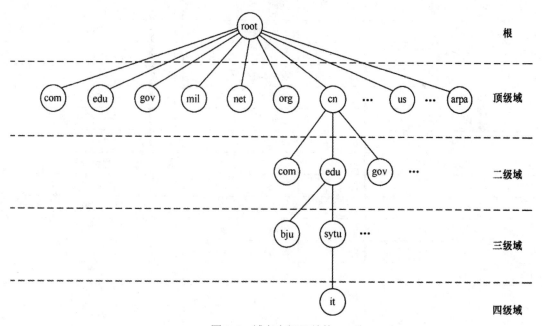

图 9-6　域名空间及结构

DNS 由 Internet 上的域名注册机构 NIC 来管理，NIC 负责管理向组织和国家开放的顶级域名，这些域名遵循 ISO 3166 国际标准，表 9-4 列出了现有的机构顶级域名缩写。

表 9-4　顶级域名空间——机构域

| 顶级域名 | 域名类型 |
| --- | --- |
| com | 商业机构 |
| edu | 教育机构 |
| net | 网络服务机构 |

续表

| 顶级域名 | 域名类型 |
|---|---|
| Gov | 政府机构 |
| org | 非赢利机构 |
| mil | 军事机构 |
| num | 电话号码簿 |
| 国家代码 | 各个国家 |

DNS 域名可分为组织模式和地理模式两种。其中，美国作为 Internet 的发源地，它拥有大量的组织模式域名，域名资源丰富，而其他国家既有组织模式域名，又有地理模式域名。表 9-5 列出了现有的地理顶级域名缩写。

表 9-5  顶级域名空间——地理域

| 域名 | 含义 | 域名 | 含义 | 域名 | 含义 |
|---|---|---|---|---|---|
| aq | 南极大陆 | fr | 法国 | nl | 荷兰 |
| ar | 阿根廷 | gb | 大不列颠 | no | 挪威 |
| at | 奥地利 | gr | 希腊 | nz | 新西兰 |
| au | 澳大利亚 | hk | 香港地区 | pl | 波兰 |
| be | 比利时 | hu | 匈牙利 | pr | 波多黎各 |
| bg | 保加利亚 | ie | 爱尔兰 | pt | 葡萄牙 |
| br | 巴西 | il | 以色列 | se | 瑞典 |
| ca | 加拿大 | in | 印度 | xg | 新加坡 |
| ch | 瑞士 | ix | 冰岛 | xu | （前）苏联 |
| cl | 智利 | it | 意大利 | th | 泰国 |
| cn | 中国 | jp | 日本 | tw | 台湾地区 |
| de | 德国 | kr | 韩国 | uk | 英国 |
| dk | 丹麦 | kw | 科威特 | us | 美国 |
| ec | 厄瓜多尔 | lt | 立陶宛 | ve | 委内瑞拉 |
| eg | 埃及 | lu | 卢森堡 | yu | 南斯拉夫 |
| cx | 西班牙 | mx | 墨西哥 | za | 南非 |
| fi | 芬兰 | my | 马来西亚 | | |

如在我国的 cn 顶级域名下，有组织模式的二级域名 edu、com、gov，也有地理模式的二级域名 hn（湖南）、nm（内蒙）等。

2. 中文域名

随着 Internet 用户爆炸式地增长，1998 年 12 月，第一个中文域名"中国青年报"出现了。2000 年 11 月 7 日，CNNIC 的中文域名系统开始正式注册。中文域名的使用规则基本上与英文域名相同，但允许使用 2～15 个汉字。

CNNIC 的中文域名有两种：

（1）"中文.cn"形式的域名。

（2）"中文.中国"形式的纯中文域名。

3. 域名服务器

Internet 中的主机成千上万，每台主机有一个 IP 地址，又有一个域名，形成巨大的名字空间。这些名字信息实际存储在分布式域名数据库中，这些分布在全球 Internet 中的域名数据库称为域名服务器或名字服务器（Name Server）。

在 DNS 中，各域名服务器存储各自管理的域名信息，并且都使用了高速缓存。域名服务器每次收到有关域名的信息（如主机名和 IP 地址），都把它们存放在高速缓存中。当有查询请求时，就在高速缓存中直接得到结果，而无需通过域名服务器。只有高速缓存中没有要查询的请求时，才去向域名服务器发出查询请求。

同时，所有的域名服务器都是相互链接的，以便让用户能快速查找到正确的域名服务器。

4. 域名解析（查询）过程

一个名字空间中的区域有两种类型：主要区域和次要区域。主要区域是指区域内的记录更新全在这个区域内完成，次要区域只是主要区域的一个只读副本。所有在主要区域文件上的变化要全部复制到次要区域文件中去。区域文件存储在 DNS 服务器上，每一个区域都有一个指定的域名作为这个区域的根域名。区域里包含所有以根域名结尾的域名信息，如果一个 DNS 服务器有包含相应域名的区域，就进行解析。

DNS 的查询可以在客户机和 DNS 服务器之间进行，也可以在两个 DNS 服务器之间进行。一个查询只不过是对特定名字特定类型记录的一个请求，例如一个查询可以请求到指定名字的所有主机资源记录。具体查询过程如下：

（1）客户机首先从以前查询获得的缓存信息中查询，查询不到，进入下一步。

（2）DNS 服务器从自身的资源记录信息缓存中查询，查询不到，进入下一步。

（3）DNS 服务器代表请求客户机去查询或联系其他 DNS 服务器，这个过程是递归的，以便完全解析该名称，并随后将应答返回至客户机。

查询 DNS 服务器的方法有两种：递归查询和迭代查询。其中，递归查询是域名解析最常用的。当 DNS 服务器处理递归查询时，DNS 服务器必须与其他的 DNS 服务器通信，本地区域文件不能进行查询的解析，查询就会转到根 DNS 服务器。每一个标准的 DNS 服务器都有一个 Cache 文件，或者叫根服务器列表，包括 Internet 上的根服务器的对应 IP 地址。在迭代查询中，DNS 服务器根据本地的区域文件或 Cache 文件提供最好的信息。如果一个域名服务器没能回答解析的任何信息就会尝试在本地域之外查找信息，有可能会查询很多外部的 DNS 服务器。另外，区域文件中的资源记录是变化的，因此，DNS 数据库也需要进行更新。

### 9.2.3　网络地址转换（NAT）

随着 Internet 用户数量不断以几何级数速度增长，IP 地址被视为一种宝贵的资源。因此，出现了网络地址转换技术，该技术把某些 IP 地址留出来供专用网络（局域网内）重复使用。

1. NAT 的定义

NAT（Network Address Translation）即网络地址转换，它是一个 IETF 标准，于 1994 年提出，允许一个机构以一个地址的形式出现在 Internet 上。NAT 使用两套 IP 地址：内部 IP（私有 IP）地址和外部 IP（公共 IP）地址。NAT 负责把局域网内部的私有 IP 地址转换成一个公共 IP 地址，反之亦然。

NAT 也可以应用到防火墙技术里，把个别 IP 地址隐藏起来而不被外界发现，使外界无法直接访问内部网络设备，同时，它还帮助网络可以超越地址的限制，合理地安排公有 Internet 地址和私有 IP 地址在网络中的使用。

2. NAT 的原理

NAT 技术能帮助解决令人头痛的 IP 地址紧缺问题，而且能使内外网络隔离，提供一定的网络安全保障。其具体原理是：在内部网络中使用内部 IP 地址，通过 NAT 把内部 IP 地址翻译成外部 IP 地址（公共 IP 地址）在 Internet 上使用。做法是：把 IP 包内的地址用合法的 IP 地址替换。当私有网主机和公共网主机通信的 IP 包经过 NAT 网关时，将 IP 包中的源 IP 或目的 IP 在私有 IP 和 NAT 的公共 IP 之间进行转换，如图 9-7 所示。

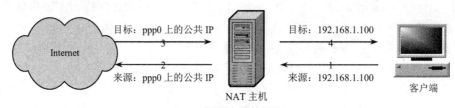

ppp0：假设为拨接情况

图 9-7　NAT 转换原理图

下面以图 9-8 为例具体说明 NAT 网关的工作原理和过程。NAT 网关一般有两个网络端口：一个是公网端口，其 IP 地址是统一分配的公共 IP，为 202.20.65.5；另一个是私有网络端口，其 IP 地址是私有 IP，为 192.168.1.1。

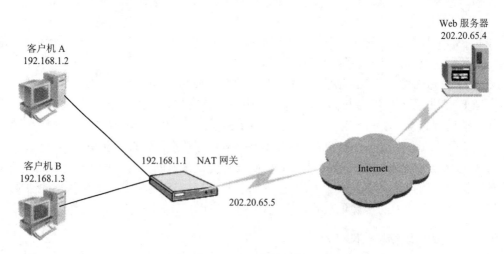

图 9-8　NAT 网关实例

私有网中的主机 192.168.1.2 向公网中的主机 202.20.65.4 发送一个 IP 包（Dst=202.20.65.4，Src=192.168.1.2）。当 IP 包经过 NAT 网关时，NAT 网关会将 IP 包的源 IP 转换为 NAT 网关的公共 IP 并转发到公共网，此时 IP 包（Dst=202.20.65.4，Src=202.20.65.5）中已经不含任何私有 IP 的信息。

　　由于 IP 包的源 IP 已经转换成 NAT 网关的公共 IP，Web 服务器发出的响应 IP 包（Dst=202.20.65.5，Src=202.20.65.4）将被发送到 NAT 网关。这时 NAT 网关将 IP 包的目的 IP 转换成私有网中主机的 IP，然后将 IP 包（Des=192.168.1.2，Src=202.20.65.4）转发到私有网中的主机 192.168.1.2。对于通信双方而言，这种地址的转换过程是完全透明的。

　　NAT 功能通常被集成到路由器、防火墙、ISDN 路由器或者单独的 NAT 设备中。NAT 设备维护一个状态表，用来把非法的 IP 地址映射到合法的 IP 地址上去。每个包在 NAT 设备中都被翻译成正确的 IP 地址发往下一级，这虽然会给处理器带来一定的负担，但对于一般的网络来说，这种负担是微不足道的。

　　3．NAT 的分类

　　NAT 现有三种类型：静态 NAT（Static NAT，SNAT）、动态地址 NAT（Pooled NAT，PNAT）、网络地址端口转换 NAT（Network Address Port Translation，NAPT）。其中 SNAT 设置起来最为简单，也最容易实现，内部网络中的每个主机都被永久映射成外部网络中的某个合法的地址。动态地址 PNAT 则是在外部网络中定义了一系列的合法地址，采用动态分配的方法映射到内部网络。NAPT 是把内部地址映射到外部网络的一个 IP 地址的不同端口上。

　　根据不同的需要，三种 NAT 方案各有利弊。动态地址 NAT 只是转换 IP 地址，它为每一个内部的 IP 地址分配一个临时的外部 IP 地址，主要应用于拨号连接。当远程用户连接上之后，动态地址 NAT 就会分配给它一个 IP 地址；当用户断开时，这个 IP 地址就会被释放留待以后使用。网络地址端口转换 NAT 是人们比较熟悉的一种转换方式，普遍应用于接入设备中，它可以将中小型的网络隐藏在一个合法的 IP 地址后面。

### 9.2.4　IPv4 协议

　　1．IPv4 的分组

　　在 IP 层要对从传输层传来的数据进行分片，并进一步加上 IP 头，封装 IP 分组（包），如图 9-9 所示。每个分组（包）都是一个两层封装，其中外层封装的是 IP 头，内层封装的是从传输层传来的 TCP 或 UDP 头。

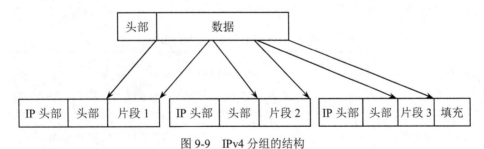

图 9-9　IPv4 分组的结构

　　IP 分组（即用 IPv4 协议封装的分组）中，对于数据部分规定有一个长度。最后一个分组中的数据是前面分片剩余的数据，长度往往不是规定的长度，不足部分需要填充。

　　2．IPv4 的分组格式及各部分含义

　　IPv4 的分组格式如图 9-10 所示，下面具体介绍。

　　（1）版本。占 4 位，指 IP 协议的版本。通信双方使用的 IP 协议版本必须一致。广泛使用的 IP 协议版本号为 4（即 IPv4）。

（2）首部长度。占 4 位，最常用的首部长度是 20 字节。

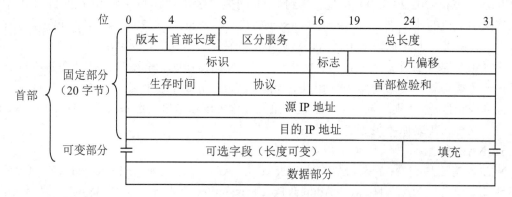

图 9-10　IPv4 的分组格式及各字段

（3）区分服务。占 8 位。

（4）总长度。指首部和数据之和的长度，单位为字节。总长度字段为 16 位，因此分组最大长度为 $2^{16}-1=65535$ 字节。

（5）标识。占 16 位。IP 软件在存储中维持一个计数器，每产生一个分组，计算器就加 1，并将此值赋给标识字段。

（6）标志（flag）。占 3 位，标志字段中的最低位记为 MF。MF=1 表示后面"还有分片"的分组；MF=0 表示这已是若干分组片中的最后一个。标志字段中间的一位记为 DF（DF=1），表示"不能分片"；只有当 DF=0 时才允许分片。

（7）片偏移。占 13 位。片偏移指出较长的分组在分片后某片在原分组中的相对位置。

（8）生存时间。占 8 位，用 TTL（Time To Live）表示，规定了分组（包）最多可以经过的路由器数，通常为 128。每经过一个路由器，其值减 1，直到 0 时该数据分组被丢弃，以防止进入死循环。

（9）协议。占 8 位，该字段指出分组携带的数据是使用何种协议，以便使目的主机的 IP 层知道应将数据部分上交给哪个处理过程。表 9-6 所列为常用协议的协议字段值。

表 9-6　常用协议的协议字段值

| 协议名 | ICMP | IGMP | 特殊 IP | TCP | EGP | IGP | UDP | IPv6 | ESP | OSPE |
|---|---|---|---|---|---|---|---|---|---|---|
| 协议字段值 | 1 | 2 | 4 | 6 | 8 | 9 | 17 | 41 | 50 | 89 |

（10）首部检验和。占 16 位。这个字段只检验分组的首部，不包括数据部分。

（11）源 IP 地址、目的 IP 地址字段。各占 32 位，用来标明发送 IP 数据包的源主机地址和接收 IP 包的目标主机地址。

### 9.2.5　新一代 IP 协议——IPv6

1. IPv4 面临的问题

在介绍新一代 IP 协议——IPv6 之前，先说明一下 IPv4 所面临的主要问题。

（1）地址空间枯竭问题。

由于 Internet 的迅猛发展，互联网上连接的计算机数量已经超出了当初 IPv4 的设想，Internet 当前使用的 IPv4 协议，因为其 32 位地址空间的缺陷而面临 IP 地址即将耗尽的严重问题。有预测表明，以目前 Internet 的发展速度计算，所有 IPv4 地址将在 2019 年分配完毕。

（2）QoS 保证问题。

QoS（Quality of Servies）即服务质量，是指通信网络在承载数据业务时的质量保证。网络的 QoS 通常用传输延迟、延迟变化、吞吐量和丢包率来衡量。

IPv4 由于采用无连接的分组转发方式传输数据，那么当数据流量增加（如多媒体数据）时，传输延迟就会明显，传输就会出现中断的现象。

如图 9-11 所示，当 A 和 B 都有数据要通过 Internet 传输到 C 时，分组就会出现间断现象。

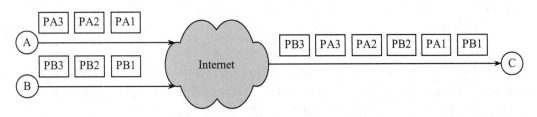

图 9-11　传输中的分组间断现象

（3）与新标准、新协议兼容问题。

IP 数据包的包头中虽然有几个可选项，但基本上是固定的。这虽然简化了节点的协议处理，但增加了容纳新标准、新协议的难度。

（4）移动通信设备的连接问题。

目前的 Internet 中，主机的 IP 地址与其网络中的位置有关，这为移动设备的连接带来一定困难。

（5）安全问题。

当初的 Internet 主要面向教育、科研，且以信息共享为主，管理和安全考虑不足，安全性还需要加强。

为了解决上述问题，IETF 提出了新一代 IP，即 IPv6。

2．从 IPv4 向 IPv6 的过渡

IPv4 地址即将枯竭，如何从 IPv4 向 IPv6 平滑过渡？由于 IPv6 与 IPv4 不兼容，这一转换过程是有困难的。为此，IETF 专门工作组提出了一些技术解决方案。

（1）双协议栈技术。

IPv6 与 IPv4 虽然格式不兼容，但它们具有功能相近的网络层协议，都基于相同的物理网络平台，而且加载于其上的 TCP 和 UDP 完全相同，如图 9-12 所示。因此，如果一台主机能同时运行 IPv4 和 IPv6，就有可能实现从 IPv4 到 IPv6 的过渡。

图 9-12　TCP/IP 网络中的双协议栈

（2）网络地址转换——协议转换（NAT-PT）技术。

NAT-PT（Network Address Translation-Protocol Translation）技术通过与 SIIT 协议转换、IPv4 的动态地址翻译（NAT）及应用层网关（ALG）相结合，只安装了 IPv6 的主机与只安装了 IPv4

的主机间可实现大部分应用的相互通信。

3．IPv6

由于 IPv4 面临 IP 地址即将耗尽的严重问题，IETF 从 1995 年开始着手研发下一代的 IP 协议，即 IPv6。IPv6 的地址空间长达 128 位，从而可以解决 IPv4 地址不足的问题。此外，IPv6 还增加了分级地址模式、高效 IP 包头、认证和加密等多项新技术。

在地址格式上，IPv6 与 IPv4 不同。IPv6 的 IP 地址由 8 个地址节组成，每节包含 16 个地址位，以 4 个十六进制数表示，节与节之间用冒号分隔，如 89DA:BE63:FF4C:1280:8CBA:0088:FF67:EEDB。

除了 128 位地址空间，IPv6 还为点到点通信设计了一种具有分级结构的地址，这种地址称为"可聚合全局单点广播地址"。

4．IPv6 的地址配置

下面介绍 IPv6 如何进行地址的配置。

（1）全状态自动配置。

在 IPv4 中，动态主机配置协议（Dynamic Host Configuration Protocol，DHCP）实现主机 IP 地址及其相关配置的自动设置，其中 DHCP 服务器中拥有一个 IP 地址池。IPv6 继承了 IPv4 的这种自动配置服务，并将其称为"全状态自动配置"。

（2）无状态自动配置。

IPv6 在无状态自动配置过程中，主机首先通过将它的网卡 MAC 地址附加在链接本地地址前缀 1111111010 之后，产生一个链接本地单点广播地址（IPv6 已将网卡的 MAC 地址由 48 位改为 64 位，如果主机的 MAC 地址依然是 48 位，那么 IPv6 的网卡驱动程序会将 48 位 MAC 地址转换为 64 位 MAC 地址）。接着主机向该地址发出一个被称为邻居探测（Neighbor Discovery）的请求，以验证地址的唯一性。如果请求没有得到响应，则表明主机自我设置的链接本地单点广播地址是唯一的；否则，主机将使用一个随机产生的接口 ID 组成一个新的链接本地单点广播地址。

然后，以该地址为源地址，主机向本地链接中的所有路由器多点广播一个被称为路由器请求的配置信息请求，路由器以一个包含可聚合全局单点广播地址前缀及其他相关配置信息的路由器公告响应该请求。主机用它从路由器得到的全局地址前缀，加上自己的接口 ID，自动配置全局地址后，就可以与 Internet 中的其他主机通信了。

### 9.2.6 ICMP 协议

ICMP（Internet Control Message Protocol）即 Internet 控制报文协议，它是 TCP/IP 协议集中的一个面向无连接的网络层协议，即工作在网络层，用于在 IP 主机、路由器之间传递控制消息和出错报告。控制消息是指网络通不通、主机是否可达、路由是否可用等网络本身的消息，对于网络安全具有重要意义。

如果向目标主机长时间、连续、大量地发送 ICMP 数据包，会最终使主机瘫痪，因为大量的 ICMP 数据包会形成"ICMP 风暴"，使得目标主机耗费大量的 CPU 资源来处理，疲于奔命。

当遇到 IP 数据无法访问目标、IP 路由器无法按当前的传输速率转发数据包等情况时，会自动发送 ICMP 消息。ICMP 包在 IP 包结构的首部协议类型字段的值为 1。

如图 9-13 所示，ICMP 包有一个 8 字节长的包头，其中前 4 个字节是固定的格式，包含 8

位类型字段、8 位代码字段和 16 位的校验和；后 4 个字节根据 ICMP 包的类型取不同的值。

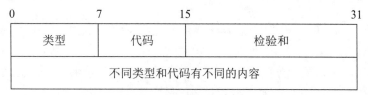

图 9-13　ICMP 包格式

ICMP 提供一种差错报告机制，使路由器或目标主机能把遇到的差错报告给源主机。ICMP 协议在网络中能提供以下服务：

（1）测试目的主机的可到达性和状态，如接收设备接收 IP 分组时缓冲区是否够用。

（2）将不可到达的目的主机报告给源主机。

（3）进行 IP 分组流量控制。

（4）向路由器发送路由改变请求。

（5）检测循环或超长路由。

（6）报告错误 IP 分组头。

（7）获取网络地址。

（8）获取子网掩码。

# 9.3　Internet 概述

### 9.3.1　什么是 Internet

我们知道，Internet 是全球成千上万的计算机相互连接在一起形成的可以相互通信的计算机网络系统，它是当今世界上最大的国际互联网。Internet 就像是在全球各地计算机间的高速公路，各种信息在上面快速传递，使得人们可以在全球范围内相互通信和相互交换各种数据和信息。

Internet 实际上是世界上各种大大小小的计算机网络互联起来而形成的一种广域网络。它并不是一个具有独立形态的网络，而是由计算机网络汇合成的一个集合体。与 Internet 相连接，意味着用户可以分享其丰富的信息资源，并可与其他 Internet 用户以各种方式进行信息交流。因此，Internet 是人类历史上的一大奇迹，就连当初它的创导者们也没有预见到 Internet 所产生的巨大作用和影响力。

### 9.3.2　Internet 的组织与管理

Internet 意译为国际互联网，它实际上是一个网间网，是多个网络互联而形成的逻辑网络。从物理上看，Internet 是基于多个通信子网的网络。Internet 作为一个全球性的国际互联网络，其管理由以下一些组织进行：

（1）Internet 协会（Internet Society，ISOC）：主要负责技术管理和指导。

（2）Internet 组织委员会（Internet Architecture Board，IAB）：负责制定标准和分配资源（如 IP 地址）。

（3）Internet 工程任务组（Internet Engineering Task Force，IETF）：讨论 Internet 的运作和技术问题。

从逻辑上看，为了便于管理，Internet 采用了层次网络的结构，即采用主干网、次干网和园区网逐级覆盖的结构。

（1）主干网。由代表国家的有限个中心节点通过专线连接形成，覆盖到国家一级，连接各个国家的 Internet 互联中心，如中国互联网信息中心（CNNIC）。

（2）次干网（区域网）。由若干作为中心节点的代理的次中心节点组成，如教育网的各地区网络中心、电信网各省互联网中心等。

（3）园区网（校园网、企业网）。指直接面向用户的网络。

### 9.3.3  我国的 Internet

从 1986 年开始，我国的 Internet 得到了十分迅猛的发展，现已形成比较完善的互联网系统。1987 年 9 月，北京计算机应用研究所钱天白教授通过长途拨号发出了我国第一封电子邮件"越过长城，通向世界"，揭开了中国人使用 Internet 的序幕。我国 Internet 的发展历史分为三个阶段。

第一阶段（1986－1994）主要是通过中国科学院高能物理研究所的网络线路实现了与欧洲及北美地区的 E-mail 通信。国内一些科研单位通过长途拨号到欧洲的一些国家，进行联机数据库检索，并利用这些国家的 Internet 进行 E-mail 通信。

第二阶段（1994－1995）是教育科研网发展阶段。我国通过 TCP/IP 连接实现了 Internet 的全部功能。由中国科学院（中关村地区）及北京大学、清华大学的校园网组成的 NCFC（The National Computing and Networking Facility of China）以高速光缆和路由器实现与主干网的连接，于 1994 年 4 月正式开通了中国与国际 Internet 的 64kb/s 专线连接，并正式设立了中国的顶级域名（CN）服务器。1995 年建成中国教育与科研网 CERnet。

第三阶段（1995 年至今）是商业应用阶段，也是我国 Internet 发展最为迅猛的一个阶段。1994 年电信部门开始进入 Internet，建立中国公用 Internet 网，即 CHINAnet，目前 CHINAnet 已成为全国最大的 Internet 网络。

（1）中国公用计算机互联网（CHINAnet）。CHINAnet 是邮电部门经营管理的中国公用计算机互联网，CHINAnet 是其网络名称。它是中国 Internet 的骨干网，是美国 Internet 网络在中国的延伸，是全球 Internet 的一部分。由于普通用户使用统一拨号号码 163 连接 CHINAnet，所以也将其称为 163 网。CHINAnet 采用 TCP/IP 协议，并通过高速数字专线与国际 Internet 互联。CHINAnet 与国内的企业网、校园网和各种局域网互联，构成中国的 Internet。CHINAnet 与其他公用数据网和公用电话网（PSTN）互联，可以向所有客户提供 Internet 服务。

（2）中国教育与科研网（CERnet）。CERnet 是教育部负责建设的覆盖全国教育机构的计算机网络。其目的是把所有高校及中小学连接在一起实现优势互补、资源共享、与国际学术计算机网络互联，使之成为我国教育界进入世界科学技术领域的入口。该网络由全国骨干网、地区网和校园网三个层次组成，国际出口在清华大学，该网与 CHINAnet 在北京专线互联。

（3）中国科技网（CSTnet）。CSTnet 是在中关村地区教育与科研示范网的基础上建立起来的，中科院网、北京大学校园网、清华大学校园网是其核心成员。

（4）中国金桥信息网（CHINAGBnet）。CHINAGBnet 也称中国公用经济信息通信网，是我国经济和社会信息化的基础设施之一，也是国家"金字工程"（金融、金关、金卡、金税等）之一，主要以卫星和微波连接为手段，是覆盖全国的一种公用网。

# 9.4 Internet 接入技术

随着网络带宽的增加、传输速度的加快，Internet 接入技术的种类也不断增多，技术性能不断改进，任何用户都希望能选择一种最适合自己、性价比高的接入技术。

接入技术根据其所用的传输介质分为有线接入和无线接入两大类，每一类下面又分成若干种。主要的有线接入方式有拨号接入、ISDN 接入、ADSL 宽带接入、光纤接入、DDN 专线接入和混合光纤/同轴电缆 HFC 接入。无线接入技术又分为固定接入和移动接入两类。本节对 Internet 较常用的接入技术进行详细讲述。

## 9.4.1 ISP 及其作用

ISP（Internet Service Provider）即网络服务提供商，是指专为用户提供 Internet 接入服务的公司和机构，它是提供 Internet 接入服务的中介。由于接入国际互联网需要租用国际线路，成本较高，所以一般用户都是通过 ISP 接入 Internet 的。从某种意义上讲，ISP 是全世界数以亿计的用户通往 Internet 的必经之路。

用户的计算机通过拨号上网，连接到本地的某个 Internet 服务提供商 ISP（如中国电信、中国移动）的主机上。而 ISP 的主机通过高速干线与本国及世界各国的无数主机相连，这样，用户仅通过一家 ISP 的主机就可以遍访整个 Internet。因此，Internet 是分布在全球的 ISP 通过高速通信主干线连接而成的计算机网络。

ISP 一般为拨号上网的用户开设一个动态的 IP 地址，即上网时才动态分配一个 IP 地址，断开后不再占有，可分配给别的用户使用。一般 ISP 还分配给用户一个电子信箱，并分配一定的存储空间，用于收发用户的电子邮件。

## 9.4.2 拨号接入

拨号接入方式一般都是通过调制解调器（Modem）将用户的计算机与电话线相连，通过电话线这个模拟信道传输数据。拨号接入包括：普通 Modem 拨号接入、ISDN 拨号接入和 ADSL 虚拟拨号接入。其中普通 Modem 拨号接入（即电话拨号接入）是个人用户接入 Internet 最早使用的方式之一，也是目前为止个人用户接入 Internet 使用最广泛的方式之一，它将用户计算机通过电话网接入 Internet，如图 9-14 所示就是一种自动拨号调制解调器。ADSL 拨号接入将在后面介绍，ISDN 拨号接入在第 8 章已经做过介绍，这里不再赘述。

图 9-15　自动拨号调制解调器

### 1. 调制解调器

如前所述，为了利用公共电话网（PSTN）实现计算机之间的通信，必须在发送端将计算机处理的数字信号转换成能够在公共电话网中传输的模拟信号，经传输后，再在接收端将模拟信号转换成数字信号送给计算机。数字信号转换成模拟信号的过程称为调制（Modulate），将模拟信号转换成数字信号的过程称为解调（Demodulate）。由于每台计算机既要发送数据又要接收数据，所以总把调制和解调功能集成为一个设备，称为调制解调器（Modem，俗称"猫"）。调制解调器使得数字信号能在有限带宽的模拟信道上进行远距离的传输，它一般由基带处理、调制解调、信号放大、滤波、均衡等几部分组成。

（1）调制解调器的类型。调制解调器按外形结构分为外置式、内置式和 PC 卡式三种。可通过电话线或专用网缆、外置调制解调器与计算机串行接口；内置式调制解调器直接插在计算机的扩展槽中；PC 卡式是笔记本电脑采用，直接插在标准的 PCMCIA 插槽中。调制解调器按功能分为传统的用于数据传输的 Modem、兼有传真功能的 FAX Modem、用于有线电视网的 Cable Modem 和用于 ADSL 的 ADSL Modem；按工作方式分为全双工 Modem 和半双工 Modem。

（2）调制解调器的标准。调制解调器的标准是 ITU-T（CCITT）制定的 V 系列协议标准，可分为速率标准、压缩标准和纠错标准。V 系列的速率标准根据不同的传输速率制定了相应的标准，但目前主要使用 V.90。V 系列的压缩标准有 MNP5 和 V.42bis，其中 MNP5 支持 2:1 的压缩标准，V.42bis 支持 4:1 的压缩标准。V 系列的纠错标准有 MNP1～MNP4 和 V.42，它们是 Modem 的错误处理控制协议标准，负责检错和纠错。

2. 拨号接入方式

拨号接入方式是利用 Modem 拨号接入 Internet 的方式，如图 9-15 所示。用户的计算机和 ISP 的远程接入服务器（Remote Access Server，RAS）均通过调制解调器和 PSTN 网络相连。用户在访问 Internet 时，通过拨号方式与 ISP 的远程接入服务器 RAS 建立连接，再通过 ISP 的路由器访问 Internet。由于最高传输速率低，因此这种方式比较适合小型企业和个人用户使用。

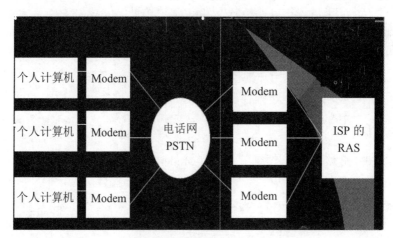

图 9-15　拨号接入方式

### 9.4.3　局域网接入

目前，各种局域网在国内已经广泛应用。对于多用户系统来说，通过局域网与 Internet 主机之间专线连接是一种行之有效的方法。

通过局域网直接访问 Internet，其原理和过程较为简单，就是把用户的计算机连接到一个与 Internet 直接相连的局域网上，并且获得一个永久属于用户计算机的 IP 地址。用户计算机不需要 Modem 和电话线，但要安装好专用的网络适配器（以太网卡，如 NE2000、3Com 等），使用专用的网线（如光缆、双绞线等）连接到网络交换机上，再通过路由器与远程的 Internet 连接，即在物理上实现了与 Internet 的连接。

局域网接入的特点如下：

（1）传输速率高，对用户计算机的配置要求比较高。

（2）需要有网卡并安装有 TCP/IP 软件。

### 9.4.4 专线接入

Internet 的专线接入方式主要有：ISDN 专线接入、DDN 专线接入和 xDSL 接入。

#### 1. ISDN 专线接入

ISDN 综合业务数字网是基于公共电话网的数字化网络，它能够利用普通的电话线双向传送高速数字信号，广泛地进行各项通信业务，包括语音、数据、图像等。因为它几乎综合了各种业务网络的功能，所以又被形象地称为"一线通"。ISDN 主要应用于互联网接入、语音新业务、公司网络的互联/远程接入、用户专线连接备份和流量溢出备用、桌面可视系统及视频会议等应用。通常 ISDN 专线上网的特点是方便、速度快，最高上网速度可达 128kb/s。

#### 2. DDN 专线接入

如第 8 章所述，数字数据网（DDN）是利用数字通道传输数据信号的数据传输网，DDN 可提供点对点、点对多点透明传输的数据专线，为用户提供传输数据、图像、声音等信息的服务。

DDN 的主干传输是光纤传输，采用数字通道直接传输数据，传输质量高。常见的固定 DDN 专线按传输速率分为 14.4kb/s～44.7Mb/s，目前可达到的最高传输速率为 155Mb/s，平均时延为 450μs。由于 DDN 是专线方式，它不必选择路由而直接进入主干网，时延小、速度快，同样传输速率的 DDN 比拨号上网要快得多，因此，DDN 专线接入方式特别适合于业务量大、实时性强的用户。同时它性能稳定、成本适中，比较适合中型局域网。DDN 专线方式需要铺设专用线路从用户端进入主干网，用户端还需要专用的接入设备和路由器。用户通过 DDN 接入 Internet 主要有用户终端设备接入和用户网络接入两种类型。

#### 3. xDSL 专线接入

数字用户线路（Digital Subscriber Line，DSL）通过现有的电信网络，使用高级的数字调制解调技术，在常规的用户铜质双绞线上传送宽带信号。目前已经比较成熟并且投入使用的数字用户线路技术有 ADSL、HDSL、SDSL、RADSL 和 VDSL 等，所有这些 DSL 通常统称为 xDSL。这些接入技术都是通过一对调制解调器来实现的，其中一个调制解调器放置在电信局，另一个调制解调器放置在用户端。xDSL 主要面向的是远程计算机用户，支持数据、语音和视频通信，同时包括多媒体应用。

（1）ADSL。ADSL 的全称是非对称数字用户线路（Asymmetric DSL），也称"超级一线通"，是一种利用现有的电话铜质双绞线来开发宽带业务的非对称数字用户技术。所谓非对称是指用户线的上行和下行传输速率不同。根据传输线质量、传输距离和线芯规格的不同，ADSL 可支持 1.5Mb/s～8Mb/s 的下行带宽和 16kb/s～1Mb/s 的上行带宽，最大传输距离可达 5km 左右，其工作原理如图 9-16 所示。

ADSL 利用数字编码技术从现有铜质电话线上获取最大数据传输容量，同时，由于它用电话话音传输以外的频率传输数据，因此不干扰在同一条线上进行的常规话音服务。也就是说，用户可以在上网"冲浪"的同时打电话或发送传真，而这将不会影响通话质量或降低数据传输的速度。ADSL 能够向终端用户提供 8Mb/s 的下行传输速率和 1Mb/s 的上行传输速率，比传统的 28.8K 模拟调制解调器快将近 200 倍，这也是传输速率达 128kb/s 的 ISDN（综合业务数据网）所无法比拟的。

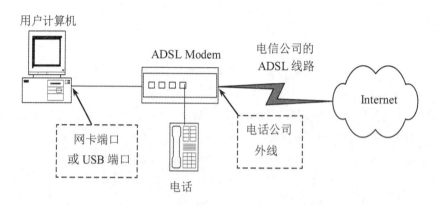

图 9-16　ADSL 非对称用户专线接入技术

ADSL 采用频分多路复用技术和回波消除技术在电话线上实现有效带宽的分隔，利用电话线的高频部分（26kHz～2MHz）进行数字传输，从而产生多路信道，大大增加了可用带宽。另外，ADSL 传输的数据并不通过电话交换机，故不需要缴付额外的电话费。在传输数据之前，ADSL 通过所谓的前向纠错过程对噪音和差错状况进行检查。ADSL 还可以使用第三个通信信道，在进行数据传输的同时进行 4kHz 的语音传输。

ADSL 是通过无载波的幅度调制技术（Carrierless Amplitude-Phase，CAP）和离散多音频技术（Discrete Multitone Technology，DMT）两种不同的信令技术之一进行工作的。CAP 结合幅度和相位调制，可以达到 1.544Mb/s 的信号速率，和有线电视使用的技术相同。由 ANSI 支持的 DMT 是一种较新的技术，该技术将整个带宽隔离成了 256 个 4kHz 的信道，将传输的数据进行分段，每一段分配一个唯一的数据 ID，然后再通过 256 个信道进行传输，在接收端根据数据 ID 完成数据的重组。ADSL 在所有的 xDSL 技术中应用较为广泛，无论是单位用户还是个人用户都常以 ADSL 方式接入 Internet。

ADSL（带电话口）逐渐被换成了"光猫"（带光纤口），拨号上网渐渐被光纤接入上网所代替，ADSL 技术也逐渐被 PON（EPON/GPON）技术所取代，如图 9-17 所示。

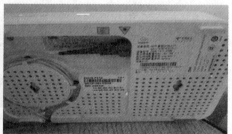

图 9-17　PON Modem（光猫）

（2）RADSL。RADSL 的全称是自适应速率不对称数字用户线路（Rate Adaptive DSL），最初是为视频点播传输而开发的，部分应用了 ADSL 技术，但是可以根据传输的是数据、多媒体还是语音提供可变的传输速率。建立传输速率的方式有两种：一种是电话公司根据对线路使用的估计为每一个用户线路设置一个特殊的速率；另外一种是电信公司根据线路上的实际需求自动地调整传输速率。RADSL 用户只需为他们需要的带宽付费，电信公司可以将没有使用的带宽分配给其他用户。另外，当带宽没有被全部使用时，RADSL 线路的长度可以很长，因此可以满足那些距离电信公司 5.5km 之外的用户。下行传输速率可以达到 7Mb/s，而上行传输速率可以达到 1Mb/s。

（3）HDSL。HDSL 的全称是高比特速率数字用户线路（High-Speed DSL），最初设计成在两对电话线上实现全双工的通信，发送和接收的速率最高为 1.544Mb/s，传输距离最大为 3.6km。现在已经有了 HDSL 的另外一种实现，这就是只利用两对电话线之中的一对，但仍可以进行全双工通信，传输速率为 768kb/s。

HDSL 存在一个限制，它不像 ADSL 和 RADSL 那样可以支持语音传输。但是，HDSL 最有望成为 T1 服务的取代者，因为它可以使用现有的电话线，而实现起来的花费比 T1 要小，所以常用于进行 LAN 连接的用户。

（4）VDSL。VDSL 的全称是超高比特速率用户数字线路（Very-high-speed DSL），它的下行传输速率可以达到 51Mb/s～55Mb/s，而上行传输速率可以达到 1.6Mb/s～2.3Mb/s。尽管它提供了较大的带宽，但是覆盖的范围较小，只有 300～1800m，这就限制了 VDSL 在 WAN 领域的应用。

VDSL 的工作方式和 RADSL 相似，也可以根据需要自动地分配带宽，同时它和 DMT、ADSL 也有些类似，它在双绞线上创建多个信道，在传输数据的同时进行语音传输。

（5）SDSL。SDSL 的全称是对称数字用户线路（Symmetric DSL）。它与 ADSL 相似，但是 SDSL 分配的上行传输速率和下行传输速率相同，都是 384kb/s，它作为一种对称带宽传输技术，多应用于视频会议和交互式教学。

### 9.4.5 光纤接入网技术

光纤接入网是采用光纤作为主要传输介质来取代传统双绞线的一种宽带接入网技术。光纤接入是指局端与用户之间完全以光纤作为传输介质。这种接入网方式在光纤上传送的是光波信号，因而需要在发送端将电信号通过电/光转换设备变成光信号，在接收端利用光网络单元进行光/电转换，将光信号复原为电信号送到用户设备中。光纤接入网具有上下信息都能宽频带传输、新建系统有较高的性价比、传输速度快、传输距离远、可靠性高、保密性好、业务综合等优点。下面介绍几种光纤接入网的类型。

**1. 按照光纤铺设位置分类**

按照光纤铺设的位置，光纤接入网可分为光纤到用户（FTTH）、光纤到路边（FTTC）、光纤到大楼（FTTB）、光纤到办公室（FTTO）等。主要是实现 FTTC，仍利用已有的铜线双绞线，采用 xDSL 传送所需信号。

**2. 按照光纤网络使用的器件分类**

按照光纤接入网中使用的器件是否有源，又可分为有源光纤接入网（Active Optical Network，AON）和无源光纤接入网（Passive Optical Network，PON）。

（1）有源光纤接入网（AON）。

AON 的传输速率从 64kb/s 到几百 Mb/s，传输距离可达 70km。AON 是双星型网络，优点是用户可以共享有源节点之前的配线光缆。由于这段光缆距离通常较长，因此可用于中小型企事业用户或住宅用户。

（2）无源光纤接入网（PON）。

PON 采用总线－星型结构，它消除了户外的有源设备，所有的信号处理功能均由交换机和用户住宅内的设备完成。PON 技术从 20 世纪 90 年开始发展，ITU（国际电信联盟）从 APON（155 M）开始到 BPON（622 M）、EPON（1250M），最后发展到 GPON（2.5 G）。

PON 由三部分组成：中心局（站）的光路终端（OLT）、包含光纤和光分路器（Splitter）的光配线网（ODN）、用户端的光网络单元（ONU），如图 9-18 所示。

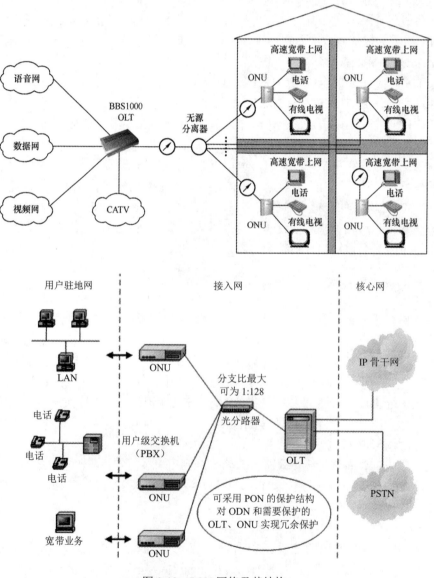

图 9-18　PON 网络及其结构

　　EPON 和 GPON 采用不同的标准。EPON（Ethernet Passive Optical Network，以太网无源光网络）是一种基于以太网的、实现光纤到户的 PON，它采用点到多点结构、无源光纤传输，其上下行带宽均为 1.25Gb/s。

　　2004 年 6 月，IEEE802.3EFM 工作组发布了 EPON 标准——IEEE802.3ah。在该标准中将以太网和 PON 技术结合，在物理层采用 PON 技术，在数据链路层使用以太网协议，因此，EPON 综合了 PON 技术和以太网技术。EPON 的 OLT 和 ONU 之间采用以太网封装方式，传输的是基于 802.3 的帧格式即以太网帧结构。

　　**注意**：EPON 在一根光纤上传送收发信号，这种机制叫做单纤双向传输机制，使用到的技术是 WDM（波分复用）技术，如图 9-19 所示。上下行数据传输用不同波长的光，实现在一根光纤上同时传输上下行数据流而互不影响。

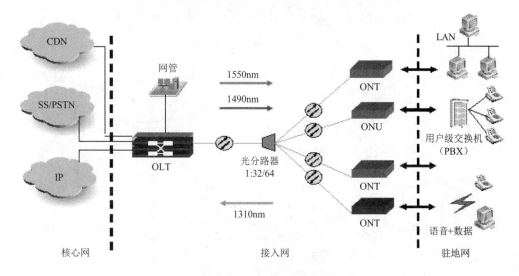

图 9-19　采用波分复用技术的 EPON

　　在下行方向，OLT 发出的信号以广播方式发送给所有的用户，用针对不同用户加密广播传输的方式共享带宽。而在上行方向，各 ONU 采用时分（TDMA）技术。EPON 具有同时传输 TDM、IP 数据和视频广播的能力，其中 TDM 和 IP 数据采用 IEEE802.3 以太网的格式传输。如图 9-20 所示为一款 EPON Modem。

图 9-20　EPON Modem（光猫）

GPON 是 EPON 的升级，2009 年，中兴通讯发布了全球首台 GPON 样机。GPON（Gigabit-Capable PON）技术是基于 ITU-G.984.x 标准的最新一代宽带无源光综合接入标准，具有高带宽、高效率、大覆盖范围、用户接口丰富等优点，GPON 下行带宽为 2.5Gb/s，上行带宽为 1.25Gb/s。GPON Modem（光猫）如图 9-21 所示，而图 9-22 所示是光纤到用户（FTTH）的连接示意图。

图 9-21　GPON Modem（光猫）

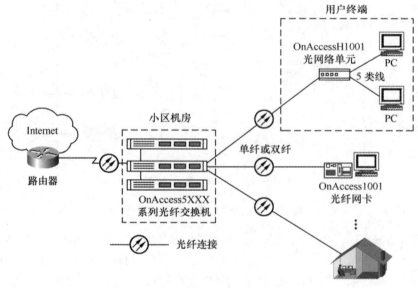

图 9-22　FTTH 连接示意图

## 9.5　Internet 提供的服务

### 9.5.1　WWW 服务

WWW（万维网）是 Internet 上集文本、声音、图像、视频等多媒体信息于一体的全球信息资源网络，是 Internet 的重要组成部分。浏览器是用户通向 WWW 的桥梁和获取 WWW 信息的窗口，通过浏览器，用户可以在浩瀚的 Internet 海洋中漫游，搜索和浏览自己感兴趣的信息。

WWW 的网页文件是用超文本标记语言（HTML）编写的，并在超文本传输协议（Hype Text

Transmission Protocol，HTTP）支持下运行。在超文本中不仅包含文本信息，还包含图形、声音、图像、视频等多媒体信息，故超文本又称"超媒体"。更重要的是超文本中隐含着指向其他超文本的链接，这种链接称为超链接（Hyper Links）。

Web 以 B/S（浏览器/服务器）模式工作，用户通过客户端的浏览器访问 WWW 服务器。B/C 模式采用：浏览器——Web 服务器——应用数据库服务器的三层结构，如图 9-23 所示。在用户端只需安装一个通用的浏览器软件，通过 Web 浏览器，各种处理任务就可以通过调用系统资源来完成。

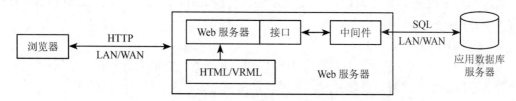

图 9-23　Web 的 B/S 工作模式

WWW 服务采用 C/S（客户/服务器）模式，用户通过客户端浏览器访问 WWW 服务器。WWW 浏览器是一个客户端的程序，主要功能是使用户访问 WWW 服务器以获取 Internet 上的各种资源。常用的浏览器有 Microsoft 的 IE 浏览器、Google 浏览器、360 浏览器、QQ 浏览器等。

Web 浏览器提供以下两种功能：

（1）向用户提供统一的信息查询界面。

（2）将用户的信息查询请求转换为 Internet 的查询命令传送到网上相应的 Web 站点。

站点 Web 服务器将查询结果返回客户机，客户程序把返回数据转换为屏幕显示的格式显示给用户。客户与 Web 服务器间的交互通过 HTTP 实现，当用户点击一个链接时，控制程序就调用一个客户程序从远程服务器上将所需文档取回，并调用解释程序向用户显示该文档。

浏览器中的缓存用于存放页面的副本。每当用户单击某一选项时，浏览器首先检查磁盘中的缓存是否有该项，避免网络过多地传输。图 9-24 所示为浏览器的主要组成。

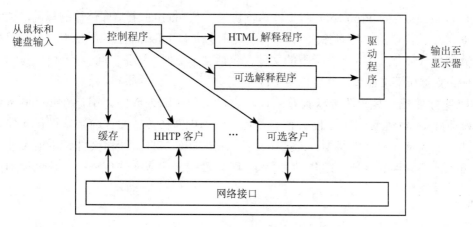

图 9-24　浏览器的主要组成

### 9.5.2 HTTP 的工作机制

1. HTTP 的原理与特点

在 Web 中，用户用浏览器通过 HTTP 并根据某资源的 URL 向 Web 服务器发出请求；Web 服务器一方面通过接口和中间件与网上数据库资源连接，另一方面按用户请求的 URL 将用 HTML 写的 HTML 页面返回给客户端，由浏览器解释执行，将最终结果显示给用户。可见，浏览器实际上就是一个 HTML 解释器。

实现 Web 的通信协议是 HTTP，它定义了通信交换机制、请求及响应信息的格式等。HTTP 具有以下特性：

（1）以 B/S 模式为基础。

（2）简易性和可扩充性。HTTP 具有较好的可扩充性，能够支持所有的数据格式，使用该协议传输的信息不仅可以是超文本，也可以是简单文本、声音信号、图像等。

（3）无连接性。无连接性的含义是限制每次连接只处理一个请求，服务器处理完客户机的请求并收到客户机的应答后，即断开连接。

（4）可靠性。

（5）无状态性。HTTP 是一种无状态的协议，无状态是指协议处理事务没有记忆能力。

2. HTTP 的通信端口

HTTP 通信建立在 TCP/IP 连接上，默认的 TCP 端口号是 80。Web 服务器运行着一个守护进程，它始终在端口 80 监听来自远程客户的请求。当一个请求发来时，守护进程就会产生一个子进程来处理当前请求，守护进程继续以后台方式运行，在 80 端口监听来自远程的连接请求。

HTTP 通信中，客户提出请求要附上全部必要的信息，客户机和服务器之间不能对不明确的问题进行磋商。当客户已提出请求，而服务器又感到信息不够时，将无法要求客户进一步提供信息。

### 9.5.3 FTP 文件传输服务

FTP（File Transfer Protocol）即文件传输协议，是 Internet 上文件传输的基础，通常所说的 FTP 是基于该协议的一种服务。FTP 文件传输服务允许 Internet 上的用户将一台计算机上的文件传输到另一台上，几乎所有类型的文件，包括文本文件、二进制可执行文件、声音文件、图像文件、数据压缩文件等，都可以用 FTP 传送。

FTP 实际上是一套文件传输服务软件，它以文件传输为界面。用户在 Windows 98、Windows 2000、Windows XP 上能方便地使用 FTP。FTP 在传输文件前必须设置文件类型和存储方式，它支持 4 种文件类型：ASCII 文件、EBCDIC 文件、图像文件、本地文件。传输方式有流模式和块模式两种。FTP 使用两条 TCP 连接来完成文件传输：一条是控制连接，另一条是数据连接。

# 9.6　Internet II 简介

## 9.6.1　NGI 计划

1997 年美国科学家率先研究新一代 Internet 的计划，即 Next Generation Internet 计划，简称 NGI 计划。NGI 是在一次国际计算机研究会召开的工作组会议上提出的，下面对 NGI 进行简单介绍。

### 1．NGI 的逻辑结构

NGI 的逻辑结构分为三层：一层是高速传输和交换的核心网，也称为骨干网；二层是提供与核心网的连接，为用户业务提供适配的接入网；三层是为用户提供各种服务的业务网。无论在哪一个层次上它都能兼容现在 Internet 提供的功能，表现出目前 Internet 所达不到的功能。NGI 都是以宽带为基础的，所以也通俗地称为宽带 IP 网。

### 2．NGI 的核心网

核心网的功能是对 IP 分组进行高速传输和交换，传输速率在 1000Mb/s 以上，交换容量在几十 Gb/s 到几千 Gb/s 之间。从接入网的观点看，它是一个传输子网。核心网由分组交换设备和传输线路组成。传输线路主要是光缆，用于核心网内交换设备之间的连接以及接入网到核心交换设备的连接。

### 3．NGI 的接入网

接入网的功能是对各种服务提供支撑，使它们适配到核心网上。由于服务的多样性、扩张性，使得接入网的形态呈现多样性。接入网形态多样、技术繁杂，为了满足各种服务的特定要求，除了必要的协议转换、地址转换技术外，需要研发各种应用技术。例如，为了支持电视广播、电视会议研发了多播技术。另外，在管理系统中除了现有的常规管理外，还会增加监察、反黑客侦探等功能。

### 4．NGI 的业务网

在通常的概念中，每一种业务都有一个网络来支持它，例如，电话网提供话音服务，有线电视网提供电视广播服务，X.25 数据网提供数据服务，Internet 提供计算机互联服务等。随着各种网络服务的扩张和网络承载技术的融合，各种网络之间的界限越来越模糊，当 Internet 向宽带过渡后，从用户的观点来看，包括核心网在内的宽带接入网就是一个各种服务的承载网，各种服务都可以叠加在这个接入网之上。

### 5．我国的 NGI 研究与应用

我国的 NGI 研究虽然起步晚，但发展势头良好。2003 年我国第一个下一代互联网主干网 CERnet2 试验网正式开通。这种下一代互联网主干网完全采用 IPv6 协议，为基于 IPv6 的下一代互联网技术提供了广阔的试验环境，同时它将比现在的网络速度提高 1000～10000 倍，可以使家庭中的每一个设备都配备一个 IP 地址，使人们生活和工作中所有的一切都可以通过网络来调控，并能有效地控制和解决网络的安全问题。

目前，下一代互联网仅连接北京、上海和广州三大城市，清华大学、北京大学、上海交通大学等 100 多所高校成为下一代互联网的第一批用户。

### 9.6.2　Internet Ⅱ 计划

Internet Ⅱ 是另外一个发展新一代 Internet 的研究计划，它由大学高级 Internet 发展联盟（UCAID）提出，全世界有 170 所大学参与。

Internet Ⅱ 致力于发展 IPv6、多终点传输、QoS 技术、数字图书馆及虚拟实验室等应用，是一种 2.5Gb/s 级的超高速多媒体网络，它与 NGI 是互补的，而且 Internet Ⅱ 的成员也参与到 NGI 的标准制定工作当中，这样两个计划发展的技术将紧密结合，具有互操作性。

Internet Ⅱ 的实施将方便高等教育机构和研究机构在开发先进的信息技术应用方面保持世界领先地位。试验性的 Internet Ⅱ 主干网已正式开通运行，已对近百所加入 Internet Ⅱ 计划的大学提供高性能的服务，人们对 Internet Ⅱ 的发展拭目以待。

# 本章小结

Internet 的基本协议是 TCP/IP 协议，TCP/IP 协议是一个协议集，包括很多相关协议。其中最为重要的是 TCP 协议和 IP 协议，数据包的封装、传输和用户的标志及识别都是由 IP 协议完成的。IP 协议有 IPv4 协议和它的升级版 IPv6 协议。IP 地址是十分重要的网络资源，IPv6 协议中规定的 IP 地址是 128 位的。

Internet 作为全球最大的互联网络，已经在人们的工作、学习和生活中起着十分重要的作用，它提供了众多的信息、资源和服务。不论是单位用户还是个人用户都希望接入 Internet，而各种 Internet 接入技术为人们提供了技术基础，其中 ADSL 接入和 PON 光纤接入应用较为广泛。

最后简要介绍了新一代 Internet 的发展计划——NGI 计划和 Interne Ⅱ 计划。

# 习题 9

1．在 TCP/IP 协议集中有哪些主要协议？
2．什么是端口？一台服务器最多可以有多少个端口？什么叫高端端口？
3．IP 地址如何配置？局域网 IP 是不是唯一的？IPv4 中可提供的 IP 地址资源有多少？
4．什么是 NAT 技术？它有什么作用？
5．我国的 cn 域名下有几种模式？IPv6 与 IPv4 相比有哪些优点？
6．什么是 ISP？通过局域网接入 Internet 有哪些方式？
7．AON 与 PON 有什么区别？EPON 由哪几部分组成？
8．什么是 ADSL？GPON 是 ADSL 的还是 EPON 的升级版？
9．ADSL 采用的是什么复用技术？EPON 采用的是什么复用技术？
10．GPON 同 EPON 相比，哪个速度快？EPON 采用的是哪个无线标准协议？

# 第 10 章　网络管理与网络安全

 **本章导引**

　　随着计算机网络规模越来越大，功能也越来越复杂，对计算机网络管理的要求越来越高。同时，由于计算机网络在电子交易及社交等领域的广泛应用，网络的安全问题越来越受到人们的关注，成为了一个研究热点。本章先介绍计算机网络管理的基本概念、模型和协议，然后介绍网络安全方面的基本概念，在此基础上简单介绍几种常用的网络安全技术。

## 10.1　计算机网络管理

### 10.1.1　网络管理概述

　　随着信息技术的飞速发展，计算机网络的应用越来越广泛，操作系统和应用软件也变得越来越复杂，难以统一管理。为了提高网络的稳定性、增加其可用性和可靠性，人们需要对网络本身进行管理。所谓对网络进行管理是指对网络的运行状态进行监测和控制,使之能够有效、可靠、安全、经济地提供服务。从这个定义来看，网络管理包含两个任务：一是对网络的运行状态进行监测；二是对网络的运行状态进行控制。通过监测了解网络的当前状态是否正常，是否存在瓶颈等潜在的危机，通过控制可以对网络状态进行合理调节，提高性能，保证服务。监测是控制的前提，控制是监测的结果。因此，网络管理就是对网络系统的监控。

　　先进、可靠的网络管理是网络本身发展的必然结果，网络管理的根本目标是满足运营者及用户对网络的有效性、可靠性、开放性、综合性、安全性和经济性的要求。近年来，网络管理对象有扩大化的趋势，即把网络中几乎所有的实体，包括网络设备、应用程序、服务器系统、辅助设备（如 UPS 电源）等都作为被管对象，给网络系统管理员提供一个全面、系统的网络视图。

### 10.1.2　网络管理模型

　　每个计算机网络都是计算机、连接介质、系统软件和协议的复杂排列，网络之间的互联则会形成更加复杂的计算机网络。因此，在进行网络管理系统开发时必须用逻辑模型来表示这些复杂的网络组件。从现实复杂的网络中抽象出来的逻辑模型也称为"网络体系结构"，用以对网络管理系统开发提供支持。

　　1．网络管理的基本模型

　　在网络管理中，一般采用网络管理者－网络代理模型。如图 10-1 所示，网络管理模型的核心是一对相互通信的系统管理实体，它采用一个独特的方式使两个管理进程之间相互作用，即管理进程与一个远程系统相互作用，以实现对远程资源的控制。在如图 10-1 所示的体系结构中，一个系统中的管理进程担当管理者的角色，另一个系统中的对等实体担当代理者的角色（代理者负责提供对被管对象的访问），前者称为网络管理者，后者称为网管代理。不论是 OSI

的网络管理，还是 IETF 的网络管理，现代计算机网络管理系统基本上都由以下 4 个要素组成：

（1）网络管理者（Network Manager）。

（2）网管代理（Managed Agent）。

（3）网络管理协议（Network Management Protocol，NMP）。

（4）管理信息库（Management Information Base，MIB）。

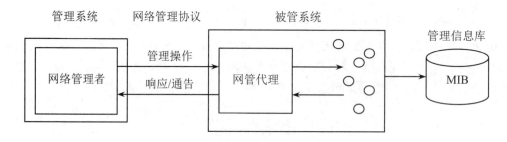

图 10-1  网络管理基本模型

网络管理者（管理进程）是管理指令的发出者，网络管理者通过各网管代理对网络内的各种设备、设施和资源实施监视和控制，网管代理负责管理指令的执行，并且以通知的形式向网络管理者报告被管对象发生的一些重要事件。网管代理具有两个基本功能：一是从 MIB 中读取各种变量值；二是在 MIB 中修改各种变量值。MIB 是被管对象结构化组织的一种抽象，是一个概念上的数据库，由管理对象组成，各个网管代理管理 MIB 中属于本地的管理对象，各网管代理控制的管理对象共同构成全网的管理信息库。网络管理协议是最重要的组成部分，它定义了网络管理者与网管代理间的通信方法，规定了管理信息库的存储结构、信息库中关键词的含义以及各种事件的处理方法。

在网络管理模型中，网络管理者与网管代理的角色不是固定的，而是由每次通信的性质决定的。担当网络管理者角色的进程向担当网管代理角色的进程发出操作请求，担当网管代理角色的进程对被管对象进行操作，将被管对象发出的通报传向网络管理者。

2. 网络管理者

网络管理者是指实施网络管理的处理实体，网络管理者驻留在管理工作站上。管理工作站通常是指那些工作站、微机等，一般位于网络系统的主干或近于主干的位置，它负责发出管理操作的指令，并接收来自网管代理的信息。网络管理者要求网管代理定期收集重要的设备信息。网络管理者应该定期查询网管代理收集到的有关主机运行状态、配置及性能数据等信息，这些信息将用来确定独立的网络设备、部分网络或整个网络的运行状态是否正常。

网络管理者和网管代理通过交换管理信息进行工作，信息分别驻留在被管设备和管理工作站上的管理信息中。这种信息交换通过一种网络管理协议来实现，具体的交换过程通过协议数据单元（Protocol Data Unit，PDU）进行。通常是管理站向网管代理发送请求 PDU，网管代理响应 PDU 进行回答，管理信息包含在 PDU 参数中。在有些情况下，网管代理也可以向管理站发送信息，这种信息叫做事件报告或通知，管理站可根据报告的内容决定是否做出回答。管理站作为网络管理员与网络管理系统的接口，主要由以下几部分构成：

（1）一组具有分析数据、发现故障等功能的管理程序。

（2）一个用于网络管理员监控网络的接口。

（3）将网络管理员的要求转变为对远程网络元素的实际监控能力。

（4）一个从所有被管网络实体的 MIB 中抽取信息的数据库。

**3．网管代理**

网管代理是一个软件模块，它驻留在被管设备上。这里被管设备可以是工作站、网络打印机或其他网络设备。通常将主机和网络互联设备等所有被管理的网络设备称为被管设备，功能是把来自网络管理者的命令或信息的请求转换成本设备特有的指令，完成网络管理者的批示或把所在设备的信息返回给网络管理者，包括有关运行状态、设备特性、系统配置和其他相关信息。另外，网管代理也可以将自身系统中发生的事件主动通知给网络管理者。

网管代理就像是每个被管理设备的信息经纪人，它们完成网络管理者布置的信息收集任务。网管代理实际所起的作用就是充当网络管理者与网管代理所驻留的设备之间的信息中介，它通过控制设备的管理信息库（MIB）中的信息实现对网络设备的管理。

**4．网络管理协议**

管理站和网管代理者之间通过网络管理协议通信，网络管理者进程通过网络管理协议来完成网络管理。目前最有影响的网络管理协议是简单网络管理协议（Simple Network Management Protocol，SNMP）和公共管理信息协议（Common Management Information Protocol，CMIP），它们代表了目前两大网络管理解决方案。其中 SNMP 流传最广，获得的支持也最广泛，已成为事实上的工业标准。

SNMP 属于应用层协议，是 TCP/IP 协议簇的一部分。SNMP 在 TCP/IP 及有关特殊网络协议（如 Ethernet、FDDI、X.25）上实现，通过用户数据报协议（UDP）来操作，所以要求每个网管代理也必须能够识别 SNMP、UDP 和 TCP/IP。在管理站中，网络管理者进程在 SNMP 协议的控制下对 MIB 进行访问并发出控制指令。在被管对象中，网管代理进程在 SNMP 协议的控制下负责解释 SNMP 消息和控制 MIB 指令。

**5．管理信息库**

管理信息库（MIB）是一个信息存储库，是网络管理系统中一个非常重要的部分。MIB定义了一种对象数据库，由系统内的许多被管对象及其属性组成。

通常网络资源被抽象为对象进行管理，对象的集合被组织成管理信息库。MIB 作为设在网管代理处的管理站访问点的集合，管理站通过读取 MIB 中对象的值进行网络监控。管理站可以在网管代理处产生动作，也可以通过修改变量值改变网管代理处的配置。

MIB 中的数据可大体分为三类：感测数据、结构数据和控制数据。感测数据表示测量的网络状态，是通过网络的监测过程获得原始信息，包括节点队列长度、重发率、链路状态、呼叫统计等。这些数据是网络的计费管理、性能管理和故障管理的基本数据。结构数据描述网络的物理和逻辑构成。对应感测数据，结构数据是静态的（变化缓慢的）网络信息，包括网络拓扑结构、交换机和中继线的配置、数据密钥、用户记录等，这些数据是网络的配置管理和安全管理的基本数据，控制数据存储网络的操作设置，代表网络中那些可调整参数的设置（如交换机输出链路业务分流比率、路由表等），主要用于网络的性能管理。

**6．网络管理模式**

计算机网络系统在发展过程中自然形成了两种不同的管理模式：集中式网络管理模式和分布式管理模式，它们各有特点，适用于不同的网络体系结构和不同的应用环境。

（1）集中式管理模式。集中式管理模式是所有的网管代理在管理站的监视和控制下协同工作实现集成的网络管理。目前，单纯的集中式管理模式的应用并不常见，而分布式管理模式由于其自身的特点，相对应用得较为广泛。

（2）分布式管理模式。为了降低中心管理控制台、广域网连接以及管理信息系统人员不断增长的负担，必须改变传统的被动式、集中式的管理模式。具体的做法是将信息管理和智能判断分布到网络各处，使得管理更加自动化，在问题源或更靠近故障源的地方能够做出基本的故障处理决策。

分布式管理模式将数据采集、监视以及管理分离开来，它可以从网络上的所有数据源采集数据而不必考虑网络的拓扑结构。分布式管理模式为管理员提供了更加有效的、地理分布广泛的网络管理方案。

分布式管理模式比较适合于以下几种网络：

1）通用商用网络。国际上流行很广的一些商用计算机网络，如 DECnet、TCP/IP 网、SNA 网等，就其管理模式而言都属于上述分布式管理模式，因为它们并不设置专门的网络管理节点，但仍可保证网络的正常运行，因而可以比较方便地适应各种网络环境的配置和应用。

2）对等 C/S 结构网络。对等 C/S 结构意味着网络中的各节点是平等的、自治的，因而也便于实施分布式网管体制。

3）跨地区、跨部门互联网络。这种网络覆盖范围广、节点数量大，跨部门甚至跨国界，难以完全集中管理。因此，分布式管理模式是这种互联网的基础。

（3）分布与集中相结合的管理模式。当今计算机网络系统正向进一步综合、开放的方向发展，如局域网与广域网结合、专用网与公用网结合、专用 C/S 与互动 B/S 结构结合等。因此，网络管理模式也在向分布式与集中式相结合的方向发展，集中与分布的管理模式分别适用于不同的网络环境，各有优缺点。网络中的计算机节点，尤其是处理能力较强的中小型计算机，仍按分布式管理模式配置，它们相互之间协同配合，实行网络的分布式管理，保证网络的基本运行。同时在网络中设置专门的网络管理节点，重点管理那些专用网络设备，同时也对全网的运行进行尽可能的监控。这种集中式与分布式相结合的网络管理模式是在许多企业网络中自然形成的一种网管体制。

（4）联邦制管理模式。这种模式经常出现在一些大型跨部门、跨地区的互联网结构中，各部门有自己的网络，往往有各自相对集中的管理模式，但整个互联网并没有在一个总的集中管理实体中，在一般情况下互不干预，当涉及互联网正常运行、安全和性能优化等全局问题时，可通过各部门网络管理之间的通信来协调解决。这类似于一种联邦制国家之间的协调关系。

（5）分级管理模式。在一些大型企业、部门，如政府机关、军事、银行、电信等部门，其行政体制本身就是一种分级树状管理模式，内部关系是一种分级从属关系。因此，这些部门所建的计算机网络在管理模式上也需要一种分级管理模式与之适应，在这种模式中，基层部门的网络相对独立管理，而上级部门的网络也是相对独立地管理，同时对它们的下属部门网络进行一定的指导和干预。

### 10.1.3　网络管理系统

通过上面的讲解，我们明确了网络管理的功能、网络管理采用的协议以及网络管理的体系结构（管理站和代理模型）等。但最终网络管理是通过什么来实现的呢？答案是：通过一个实施网络管理功能的应用系统来实现，这种系统就称为"网络管理系统"。下面分别对网络管理平台和网络管理系统进行介绍。

1. 网络管理平台

管理工作站是网络管理模型的主要组成部分，它根据网络管理人员的需求与代理进行通信，从而实现相应的网络管理功能。从小的方面讲，各种基于 SNMP 协议的小型管理工具和数据采集工具等在网络管理模型中都充当着管理工作站的角色。从大的方面看，管理工作站主要是指网络管理平台或网络管理系统。简单的管理应用通常只能完成一部分或某一方面的具体管理功能，而网络管理平台和网络管理系统能够支持各种复杂的网络管理需求。

网络管理平台由协议通信软件包、MIB 编译器、网络管理应用编程接口和图形化的用户界面组成，它是管理站的功能基础。在网络管理平台的基础上，进一步实现各种管理功能，开发各种管理应用。通信软件包提供网络管理协议标准中所规定的各种通信服务，实现与代理之间的交互，包括获取各种管理信息和数据、响应网络异常事件等。MIB 编译器主要对采用 ASN.1 语法定义的标准 MIB 信息变量以及各网络设备生产商自定义的 MIB 信息进行预处理，使系统能够了解 MIB 变量的属性。由于 MIB 总是不断地扩充，因此，通过对 MIB 进行动态编译可以保证网络管理平台及时适应 MIB 信息的扩充和变化。应用程序编程接口提供了各种函数和 shell 命令，用户可以根据自己的特定管理需求在平台上开发新的应用。

2. 网络管理系统

网络管理系统（Network Mangement System，NMS）是用来管理网络，保障网络正常运行的软件和硬件的有机结合，是在网络管理平台的基础上实现的各种网络管理功能的集合。网络管理系统提供的基本功能有网络拓扑结构的自动发现、网络故障报告和处理，并提供性能数据采集和可视化分析工具、计费数据采集和基本安全管理工具。

通过网络管理系统提供的管理功能和管理工具，网络管理员可以完成日常的各种网络管理任务，包括故障管理、配置管理、计费管理、性能管理和安全管理。

（1）故障管理。故障管理是网络管理中最基本的功能之一，是对网络中的问题或故障进行检测、隔离和纠正。使用故障管理技术，网络管理者可以尽快地定位问题或故障点，排除问题或故障。

（2）配置管理。配置管理也是网络管理的基本功能，是发现和设置网络设备的过程，通过对设备的数据配置提供快速的访问来增强网络管理人员对网络配置的控制以及方便地修改配置。

（3）计费管理。计费管理是网络管理人员测量和报告基于个人或团体用户的计费信息，分配资源并计算用户通过网络传输数据的费用。计费管理的基本依据是网络使用的信息。

（4）性能管理。性能管理是指测量网络中硬件、软件和介质的性能的过程。测量的项目包括整体吞吐量、利用率、错误率、影响时间等。

（5）安全管理。安全管理是控制对计算机网络中的信息进行访问的过程，具体包括：支持身份识别，规定身份鉴别的过程；控制和维护访问权限；维护和检查安全日志；支持密钥管理。一个完善的计算机网络管理系统必须制定相应的安全策略，并根据这一策略设计实现网络安全管理的系统。

### 10.1.4　网络管理的协议

在网络管理系统中，最重要的部分就是网络管理协议。网络管理协议定义了网络管理者与网管代理间的通信规则。如前所述，目前最有影响的网络管理协议是 SNMP 协议和 CMIS/CMIP 协议，这两种协议代表了目前主要的网络管理解决方案。

1. SNMP 协议

SNMP 协议的全称是简单网络管理协议，是最早提出的网络管理协议之一，它的推出得到了数百家厂商的支持，其中包括 IBM、HP、SUN 等大公司。目前，SNMP 已成为网络管理领域中事实上的工业标准而被广泛支持和应用，大多数网络管理系统和平台都是基于 SNMP 协议的。

SNMP 由一系列协议组合和规范组成，它提供了一种从网络上的设备中收集网络管理信息的方法，其前身是简单网关管理协议（SGMP）。后来，人们对 SGMP 进行了一些大的修改，特别是加入了符合 Internet 定义的 SMI 和 MIB 体系结构，改进后的协议形成了 SNMP。SNMP 的目标是管理互联网上众多厂家生产的软硬件平台，因此 SNMP 受 Internet 标准网络管理框架的影响也很大。现在 SNMP 已经有了第三个版本，其功能较以前已有很大的加强和改进。

SNMP 的体系结构分为 SNMP 管理者（SNMP Manager）和 SNMP 代理者（SNMP Agent）。每一个支持 SNMP 协议的网络设备中都包含一个网管代理，随时记录网络设备的各种信息，网络管理程序再通过 SNMP 收集网管代理所记录的信息。SNMP 从被管理设备中收集数据有两种方法：一种是轮询法，另一种是基于中断的方法。

（1）轮询。SNMP 使用嵌入到网络设施中的代理软件来收集网络的通信信息和有关网络设备的统计数据。代理软件不断地收集统计数据，并把这些数据记录到管理信息库（MIB）中，网络管理员（简称网管员）通过向代理的 MIB 发出查询信号可以得到这些信息，这个过程就叫"轮询（Polling）"。为了能够全面地查看一天的通信流量和变化率，网络管理人员必须不断地轮询 SNMP 代理，每分钟要轮询一次，这样网管员可以使用 SNMP 来评价网络的运行状况，并揭示出通信的趋势，例如哪一个网段接近通信负荷的最大能力或哪些正在使用的通信出错等。先进的 SNMP 网管站甚至可以通过编程来自动关闭端口或采取其他矫正措施处理历史的网络数据。

问题在于轮询方法难以掌握信息的实时性，尤其是错误信息反馈的实时性。多长时间轮询一次、轮询时选择什么样的设备顺序都会对轮询的结果产生影响：轮询的间隔太小，会产生太多不必要的通信量；间隔太大或轮询的顺序不科学，对大的灾难性事件的通知又会太慢，这就违背了积极主动的网络管理目的。

（2）中断。当有异常事件发生时，采用中断（Interrupt）的方法可以立即将具体问题通知网络管理工作站，实时性很强，但这种方法也有缺陷，即产生错误或自陷需要系统资源。如果自陷必须转发大量的信息，那么被管理设备可能不得不消耗更多的时间和系统资源来产生自陷，这将会影响到网络管理的主要功能。

而且，如果几个同类型的自陷事件接连发生，那么大量网络带宽可能被同样的信息占用。尤其当自陷是关于网络拥挤问题的时候，事情就会变得特别糟糕。克服这一缺陷的一种方法就是对被管设备设置报告问题的阈值，但设置阈值会消耗更多的时间和系统资源。

（3）轮询和中断两种方法的结合。将上述两种方法结合是执行网络管理最有效的方法。一般情况下，网络管理工作站采用轮询方法，轮询在被管设备中的代理来收集数据，并在控制台上用数字或图形来显示这些数据；当有错误发生时，出错的设备采用中断的方法随时向管理工作站报告，而不需要等到管理工作站为获得这些错误情况而轮询它的时候才报告。这些错误情况就是 SNMP 自陷（Trap）。在这种结合的方法中，当一个设备产生了一个自陷时，可以使用网络管理工作站来查询该设备（假设它仍然是可到达的），以获得更多的信息。

简单网络管理协议（SNMP）是事实上的标准网络管理协议。它允许网络管理工作站软件与被管设备中的代理进行通信，这种通信包括来自管理工作站的询问消息、来自代理的应答消息或来自代理给管理工作站的自陷消息。目前 SNMP 已被设计成与协议无关的网管协议，有 v1～v3 多种版本，可在 IP、IPX 等协议上使用。

2．CMIP 协议

公共管理信息协议（CMIP）是由 ISO 制定的。CMIP 主要针对 OSI 七层协议模型的传输环境而设计，采用报告机制，需要功能强的处理机和大容量的存储器。在网络管理过程中，CMIP 不是通过轮询而是通过事件报告进行工作，由网络中的各个设备监测设施在发现被监测设备的状态和参数发生变化后及时向管理进程进行事件报告。管理进程一般先对事件进行分类，根据事件发生时对网络服务影响的大小来划分事件的严重等级。

CMIP 的所有功能都要映射到应用层的相关协议上才能实现。管理联系的建立、释放和撤销是通过联系控制协议（Association Control Protocol，ACP）实现的，操作和事件报告是通过远程操作协议（Remote Operation Protocol，ROP）实现的。CMIP 支持公共管理信息服务（Common Management Information Service，CMIS），与其他通信协议一样，CMIP 也定义了一套规则，在 CMIP 实体之间按照这种规则交换各种协议数据单元 PDU。

3．两种协议的比较

SNMP 与 CMIP 这两种管理协议各有所长。SNMP 是 Internet 用来管理 TCP/IP 互联网和以太网的，由于实现、理解和排错简单且易于普及，因此得到很多产品的广泛支持，但不太适合大型的、复杂的、多企业的网络且安全性较差。

CMIP 是一个更为有效的网络管理协议，它被设计得比较通用和灵活，把更多的工作交给管理者去做，减轻了终端用户的工作负担。此外，CMIP 建立了安全管理机制，提供授权、访问控制、安全日志等功能，但 CMIP 实施起来比较复杂且花费较高。

### 10.1.5　常用网络管理系统

网络管理系统一般提供一组进行网络管理的工具，网络管理者可以利用这些管理工具实施网络管理的五大功能。网络管理系统种类繁多，下面简要介绍几种常用的网络管理系统。

1．Cisco 网络管理系统

Cisco 网络管理系统向用户提供较高的可访问性，简化了网络管理任务和进程，它的基本策略是"保证网络服务"。Cisco 把网络管理系统平台与一般管理产品进行 Web 级的集成，能为管理路由器、交换机和访问服务器提供端到端的解决方案。Cisco 的系列网络管理产品包括针对各种网络设备性能的管理、集成化的网络管理和远程网络监控等。

目前，Cisco 的网络管理产品包括新的基于 Web 的产品和基于控制台的应用程序，其中有增强工具和基于标准的第三方集成工具。Cisco 网络管理系统可实现管理库存、创建内部管理网、进行软件部署、系统日志等多种功能。

目前 Cisco 的网络管理产品主要应用于民航、公安、金融、海关、互联网、商业等领域。

2. HP OpenView

HP 是最早开发网络管理产品的厂商之一，其著名的 HP OpenView 已经得到了广泛应用。HP OpenView 最初是为网络管理设计的，集成了网络管理和系统管理各自的优点，形成了一个完整的管理系统。HP OpenView 网管工具采用开放式网络管理标准，不仅 HP OpenView 内部各个产品可以相互集成、共同操作，而且目前有近几百家网络和软件系统厂商提供在 HP OpenView 上的集成产品。

HP OpenView 提供丰富的图形操作界面，能动态反映网络的拓扑结构，包括网络各种资源变化的自动监测，方便操作人员的网络运行状况监控；采用一致操作方式的图形界面，自动或根据用户设置动态反映网络拓扑结构和监测系统资源，提供用户灵活设置的功能，如阈值设定，以监测网络故障的发生；故障和事件管理产品、数据库管理产品、资源和性能管理产品都能提供用户对希望监测系统参数的灵活阈值设置，以监测其运行状态；提供丰富的应用程序接口，方便用户开发自己的网络管理程序。HP OpenView 提供多种用户二次开发工具，可以根据用户实际需要开发出符合自己需求的网管软件。

该系统主要应用于金融、电信、政府、交通、公共事业、制造业等领域。

3. Sun NetManager

Sun NetManager 具有以下功能和特点：

（1）分布式管理。为用户提供了管理来自不同厂商的、规模和复杂程度可变的网络及系统的能力。

（2）协同管理。主要特点是信息的分布采集、信息的分布使用、应用的分布执行。协同管理可以将一个小型企业网按其业务组织或地域分为若干区，每个区都有自己独立的网管系统。但有关区之间可以互相作用，区与区之间的关系可根据实际需要灵活配置。

（3）SNMP 支持。Sun NetManager 包括所有基本的 SNMP 机制，而且允许配置 SNMP 自陷（Trap）为不同的优先等级。在网络出现故障时，能够传送到其他 Solstice 或非 Solstice 的平台上，同时还支持 SNMPv2。

（4）安全性。提供访问控制表，以保证只有那些被授权接收管理数据的人才能得到相关信息。

（5）用户工具。Sun NetManager 的用户工具很丰富，可使操作员监视和控制网络及系统资源。图形化的界面简化了操作过程并减轻了培训任务，这些工具主要包括管理控制台（Managment Console）和搜寻工具（Discover Tool）。

（6）应用接口。提供了开发工具，厂商和用户可用来构造强大的工具，以补充 Sun NetManager 的功能。

该产品主要应用于政府、教育科研、金融、互联网、制造业等领域。

# 10.2　计算机网络安全

## 10.2.1　网络安全概述

### 1. 网络安全的定义

从广义上讲，网络安全是指网络硬件资源和信息资源的安全性。硬件资源包括通信线路、通信设备（如交换机、路由器等）、主机等，要实现信息快速、安全的交换，一个可靠的物理网络是必不可少的。信息资源包括维持网络服务运行的系统软件和应用软件，以及在网络中存储和传输的用户信息数据等。

从用户角度看，网络安全主要是指保障个人数据或企业的信息在网络中的保密性、完整性、不可否认性，防止信息的泄露和破坏，防止信息资源的非授权访问。对于网络管理者来说，网络安全的主要任务是保障合法用户正常使用网络资源，避免病毒、拒绝服务、远程控制、非授权访问等安全威胁，及时发现安全漏洞，制止攻击行为等。

根据上述，可对网络安全下一个通用的定义，即网络安全是指保护网络系统中的软件、硬件及信息资源，使之免受偶然或恶意的破坏、篡改和泄露，保证网络系统正常运行、网络服务不中断。网络安全具备四个方面的特征，即机密性、完整性、可用性和可控性。

### 2. 网络面临的安全威胁

所谓安全威胁是指某个实体（人、事件、程序等）对某一资源的机密性、完整性、可用性在合法使用时可能造成的危害。安全威胁可分成故意的（如系统入侵）和偶然的（如将信息发到错误地址）两类。故意威胁又可进一步分成被动威胁和主动威胁两类。被动威胁只对信息进行监听，不对其修改和破坏；主动威胁则对信息进行故意篡改和破坏，使合法用户得不到可用信息。国际标准化组织（ISO）对 OSI 环境定义了以下几种安全威胁：

（1）信息泄露。将信息泄露给某个未经授权的实体。这种威胁主要来自窃听、搭线等信息探测攻击。

（2）完整性破坏。数据的一致性由于受到未授权的修改、创建、破坏而损害。

（3）拒绝服务。对资源的合法访问被阻断。拒绝服务可能由以下原因造成：攻击者对系统进行大量的、反复的非法访问尝试而造成系统资源过载，无法为合法用户提供服务；系统在物理或逻辑上受到破坏而中断服务。

（4）非法使用。某一资源被以非授权方式使用。

以上所描述的种种威胁大多是人为造成的，威胁源可以是用户，也可以是程序。除此之外，网络系统还会有其他一些潜在的威胁，如电磁辐射引起的信息泄漏、无效的网络管理等。

### 3. 安全机制

安全机制是指用来实施安全服务的机制，既可以是具体的、特定的，也可以是通用的。主要的安全机制有：加密机制、数字签名机制、访问控制机制、数据完整性机制、认证交换机制等。

（1）加密机制。加密机制用于保护数据的机密性，依赖于现代密码学理论。一般来说加解密算法是公开的，加密的安全性主要依赖于密钥的安全性和强度。目前有两种加密机制：对称的加密机制和非对称的加密机制。这两种加密机制具有不同的特点，应用领域也不尽相同。

（2）数字签名机制。数字签名机制是保证数据完整性及不可否认性的一种重要手段。数字签名在网络应用中的作用越来越重要，它可以采用特定的数字签名机制生成，也可以通过某种加密机制生成。

（3）访问控制机制。访问控制机制与实体认证密切相关。首先，要访问某个资源的实体应通过认证，然后访问控制机制对该实体的访问请求进行处理，查看该实体是否具有访问所请求资源的权限并做出相应的处理。如果访问控制机制实施成功，则大多数的攻击将不构成威胁。同时，访问控制必须得当，控制机制过于复杂和严密，将导致网络性能下降。

（4）数据完整性机制。数据完整性机制用于保护数据免受未经授权的修改。该机制可以通过使用一种单向的不可逆函数——散列函数计算出消息摘要（Message Digest），并对消息摘要进行数字签名来实现。

（5）认证交换机制。认证交换机制用来实现同级之间的认证，它识别和证实对象的身份。OSI 环境可提供对等实体认证和信源认证等安全服务。对等实体认证是用来验证在某一关联的实体中，对等实体的声称是一致的，它可以确认对等实体没有假冒身份。目前认证的方法有很多种，如生物信息认证、用户认证、密钥认证等。

上述机制都为网络中的信息安全提供了可靠保障。

### 10.2.2 数据加密机制

数据的机密性服务是通过加密机制来实现的，本书介绍两种密码体制和常用算法。

#### 1. 密码学基础

一个密码体制被定义为一对数据变换，其中一个变换应用于称为明文的数据项，变换后产生的相应数据项称为密文；而另一个变换应用于密文，变换后的结果为明文。这两个变换分别称为加密变换和解密变换。加密变换将明文和一个称为加密密钥的独立数据值作为输入，输出密文；解密变换将密文和一个称为解密密钥的数据值作为输入，输出明文，如图10-2 所示。

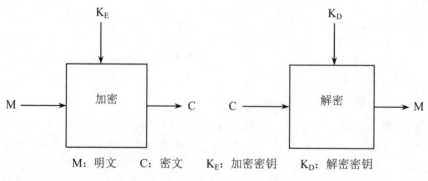

M：明文　　C：密文　　$K_E$：加密密钥　　$K_D$：解密密钥

图 10-2　加密和解密示意图

密码算法是用于加密和解密的数学函数。如果密码的安全性依赖于密码算法的保密，其保密性不易控制。如一个组织采用某种密码算法，一旦有人离开，这个组织的其他成员就不得不启用新的算法。

现代密码学解决了这个问题，密码体制的加密、解密算法是公开的，算法的可变参数（密钥）是保密的，密码系统的安全性依赖于密钥的安全性，而不依赖于算法。这样的算法称为基于密钥的算法。

根据破译的难易程度，不同的密码算法具有不同的安全等级。如果破译算法的代价高于加密数据的价值，或者破译算法所需要的时间比所加密数据保密的时间长，或者加密的数据量比破译算法所需的数据量少得多，那么这个算法就认为是安全的。需要说明的是，安全是相对的而不是绝对的，安全的本质就在于"投入"与"产出"的平衡。密码算法的安全性可以通过两种方法研究：一种是信息论方法，另一种是计算复杂性理论。基于密钥的算法通常有对称加密算法和非对称加密算法两种。

2. 对称加密算法

对称加密算法也称传统密码算法，其加密密钥与解密密钥是相同的，或者可相互推算出来，因此，也称为单钥算法。这种算法要求通信双方在进行安全通信前协商一个密钥，用该密钥对数据进行加密和解密，整个通信的安全性完全依赖于密钥的保密。对称加密算法的加密和解密过程可用以下公式表述：

$$E_K(M)=C$$
$$D_K(C)=M$$

式中，E 表示加密运算，D 表示解密运算，M 表示明文（有时用 P 表示），C 表示密文，下标 K 表示加解密所用的密钥。

对称密码算法有很多种，如 DES、RC4、RC5、FEAL、LOKI 等。对称加密算法的主要优点是运算速度快、硬件容易实现，缺点是密钥的分发与管理比较困难，特别是当通信的人数增加时，密钥数目急剧膨胀。因为每两个人需要一个密钥，当 n 个人互相之间通信时，需要 $n(n-1)/2$ 个密钥，假如一个公司里有 100 人，就需要分发和管理近 5000 个密钥。

3. 非对称加密体制

非对称加密体制也称公开密钥算法。在这种体制中，对信息的加密密钥和解密密钥是不同的，并实现了分离。其中加密密钥可以像电话号码一样对外公开，由发送方用来加密要发送的原始数据；解密密钥则由接收方秘密保存，作为解密时的私有密钥。注意，加密密钥和解密密钥是成对的，一般由数据的接收方产生，它产生一对密钥后，把加密密钥传送给发送方，用于加密，而把解密密钥作为私钥保存，用于自己解密。公开密钥加密算法的核心是一种特殊的数学函数——HASH 函数，该函数从一个方向求值是容易的，但其逆变换却是极其困难的。因此，利用公开的加密密钥只能作正向变换，而逆变换只有依赖于私有的解密密钥才能实现。

公开密钥体制最大的优点就是不需要对密钥通信进行保密，因为需要传输给他人的只是公开密钥，而公钥是不保密的，私钥不要传输。这种密钥体制还可以用于数字签名，即信息的接收者能够验证发送者的身份，而发送者在发送已签名的信息后不能否认。但它的缺陷是其加解密的运算时间较长，这在一定程度上限制了它的应用范围。目前公认比较安全的有 RSA 算法及其变种算法，该算法可表示为：

$$E_{K1}(M)=C$$
$$D_{K2}(C)=M$$
$$D_{K2}(E_{K1}(M))=M$$

其中，K1 和 K2 是一对密钥中的公钥和私钥。

公开密钥体制在理论上被认为是一种比较理想的计算密码的方法，但现在真正实用的公开密钥算法还不是很多。

4. PGP 加密软件

PGP（Pretty Good Privacy）是一个采用公开密钥加密的加密软件。由于 PGP 系统加密技术的先进性，它被广泛地用来加密重要文件和电子邮件，以保证在网络上的安全传输，或为文件进行数字签名，以防止篡改和伪造。PGP 软件有以下三个主要功能：

（1）使用强大的 IDEA 加密算法对存储在计算机上的文件加密，经加密的文件只能由知道密钥的人解密阅读。

（2）使用公开密钥加密技术对电子邮件进行加密，经加密的电子邮件只有收件人本人才能解密阅读。

（3）使用公开密钥加密技术对文件或电子邮件进行数字签名，鉴定人可以用起草人的公开密钥鉴别真假。

PGP 还可以对文件或电子邮件既加密又签字，这是 PGP 提供的最安全的通信方式。发件人可以确信只有收件人才能阅读信件内容，而收件人也可以确信信件的确是出自发件人之手。用户可以把通信人的公开钥匙串在自己的"钥匙环"上，取用时提供通信人地址即可。所谓的钥匙环是 PGP 系统的一个公钥管理功能的形象描述，允许用户把所知的公开钥匙签字分发给朋友，而在得知某密钥失效或泄露后，对该钥匙取消或停用。

另外，PGP 允许用户与国际互联网的公钥服务器打交道。公钥服务器相当于电话簿和电话查询台，用户可以把自己的公钥在服务器上公布出来，也可以根据电子邮件的地址从服务器上索取其他人的公钥。

下面以 8.0 版本为例介绍 PGP 的三个主要组件。

（1）PGPkeys：创建个人密钥对（公开密钥和私有密钥），获得和管理他人的公钥。

（2）PGPmail：加密发送给他人的邮件，解密他人发给你的邮件。

（3）PGPdisk：可以加密硬盘的一部分，即使硬盘被偷走了，文件也不会泄密。

使用 PGP 系统前需要先在计算机上安装 PGP，然后创建密钥对，与别人交换公钥，验证从密钥服务器获得的他人的公钥。从密钥服务器获得他人的公钥后，需要对它的有效性进行验证。当产生了密钥对并完成公钥的交换后，就可以用它进行邮件和文件的加密、签名、解密和验证了。

### 10.2.3　网络防火墙

防火墙（Firewall）技术是建立在现代通信网络技术和信息安全技术基础上的应用技术，应用于内部网络与外部网络之间，保障内网安全。目前，防火墙产品在短短的几年内异军突起，已形成了一个产业。

1. 防火墙概述

随着计算机网络应用的普及，网络安全问题日益突出。网上各种行为者的身份确认与权责利的确认，高度网络化的各种业务（商务、政务、教务等）信息系统运行的正常和不被破坏，网络银行、电子商务系统中的支付与结算的准确真实，这些都是需要考虑的安全问题。但很多用户认为网络安全问题离自己还很远。据不完全统计，还有 40% 以上的用户特别是企业用户没有安装防火墙。而大量事实证明，多数黑客入侵事件正是由于未安装防火墙或未能正确使用防火墙而造成的。

（1）防火墙的概念及作用。网络中所说的防火墙是指隔离在内部网络与外部网络之间的一道防御系统，是企业内部网与外部网之间检查服务请求分组是否合法的一种安全防护系统，可用硬件设备或软件实现，如图 10-3 所示。防火墙在用户的计算机和 Internet 之间建立起一道屏障，把用户和外部网络隔离开，通过设定规则来决定哪些情况下应该隔离计算机与 Internet 间的数据传输，哪些情况下允许两者间的数据传输。

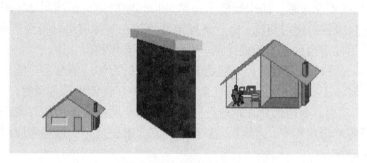

图 10-3 防火墙的本义

通过这样的方式，阻挡外部网络对内部网络的攻击和入侵，保障内网用户的安全，如图 10-4 所示。

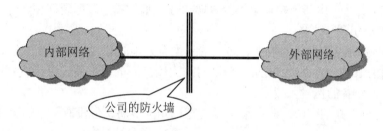

图 10-4 网络中防火墙的位置

从逻辑上讲，防火墙是一种分离器或分析器，通过它隔离风险区域（通常指 Internet 或有一定风险的网络）与安全区域（局域网）的连接，同时不会妨碍人们对风险区域的访问。防火墙通常有硬件防火墙和软件防火墙两类，硬件防火墙是通过硬件和软件的结合方式来实现隔离的，如图 10-5 所示，而软件防火墙是通过纯软件的方式来实现的。

图 10-5 硬件防火墙

防火墙具有以下作用：一是可以限制他人进入内部网络，过滤掉不安全服务和非法用户；二是防止入侵者接近内部网络的防御设施；三是限定内部用户访问特殊站点；四是为监视 Internet 安全提供方便。总之是监控进出网络的信息，仅让安全的、符合规则的信息进入内部网络，为用户提供一个安全的网络环境。

通过设置防火墙，使得所有在内外网之间传输的数据都必须通过防火墙，只有被授权的合法数据才能通过防火墙，从而有效地保护了内网安全。此外，防火墙还具有预防入侵的作用，通过使用目前比较先进的一些安全技术，如一次性口令技术、智能卡等来实现。防火墙人机界面良好，配置使用方便、易管理，系统管理员可以通过设置对 Internet 的访问者、被访问者、访问协议、访问方式进行控制。

（2）防火墙的安全策略。防火墙安全策略是指要明确定义那些允许使用或禁止使用的网络服务，以及这些服务的使用规定，每一条规定都应该在实际应用时得到实现。总的来讲，一个防火墙应该使用以下两种基本策略中的一种：

1）除非明确允许，否则就禁止。这是一个最安全的方法，但从用户的角度来看，这样可能会有很多的限制，不是很方便。一般在防火墙配置中都会使用这种策略。

2）除非明确禁止，否则就允许。这种方法允许两个网络之间的所有数据传输，除非那些被明确禁止的服务和应用程序。因此，每个不信任或有潜在危害的服务和应用程序都应该逐个拒绝。

（3）防火墙的缺陷。防火墙是加强网络安全的一种有效手段，它能强化安全策略，有效地记录 Internet 上的活动，是一个安全策略的检查站，但它也有一些致命的缺陷。

1）不能防范恶意的内部用户，即防外不防内。在网络内部，防火墙无法防范内部用户的各种攻击和破坏行为，内部用户可以不经过防火墙盗取数据、破坏硬件和软件，而这类攻击往往占了全部攻击的 50% 以上。

2）不能防范绕过防火墙的攻击。防火墙虽能有效地防范通过它传输的信息，却不能防范不通过它传输的信息。例如，如果站点允许对防火墙后面的内部系统进行拨号访问，那么防火墙就无法阻止入侵者的拨号入侵了。

3）不能防范未知的威胁。防火墙可以防范已知的威胁，但没有一个防火墙能自动防御所有的新的威胁。

4）防火墙不能防范病毒的感染。防火墙不能阻止从网络上传播的病毒，也不能消除 PC 机已存在的病毒。无论防火墙多么安全，用户都需要一套防毒软件来防范计算机病毒。

2. 防火墙的结构与类型

防火墙作为一种普通的网络安全产品，在各种网络中都有广泛的应用，尤其是在企业网中部署了许多防火墙。从结构上来看，防火墙主要有三种结构：双宿主机结构、屏蔽主机结构和屏蔽子网结构。

（1）双宿主机结构。双宿主机结构是围绕双宿主机而构建的。双宿主机又称堡垒主机（Bastion Host），是一台配有多个网络接口的主机，它可以用来在内部网络和外部网络之间进行寻径。如果在一台双宿主机中寻址功能被禁止了，则这个主机可以隔离与它相连的内部网络与外部网络之间的通信。而与它相连的内部网络和外部网络仍可以分别使用由它所提供的网络应用，如果这个应用允许的话，它们就可以共享数据，这样就保证内部网络和外部网络的某些节点之间可以通过双宿主机上的共享数据传递信息，但内部网络与外部网络之间却不能传递信息，从而达到保护内部网络的作用。

这种结构一般用一台装有两块网卡的堡垒主机作防火墙，两块网卡各自与内部网络和外部网络相连。在堡垒主机上运行防火墙软件，可以转发应用程序、提供服务等，如图 10-6 所示。双宿主机防火墙的一个致命弱点是：一旦入侵堡垒主机并使其具有路由功能，则任何外网用户可以随便访问内网。

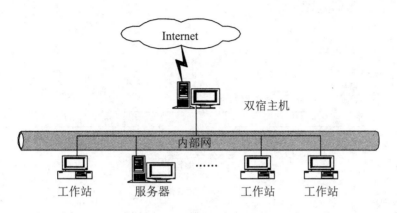

图 10-6 双宿主机防火墙

（2）屏蔽主机结构。屏蔽主机结构又称主机过滤结构。这种结构易于实现也很安全，因此应用较为广泛。如一个单独的屏蔽路由器连接外部网络，同时一个堡垒主机安装在内部网络上，如图 10-7 所示。

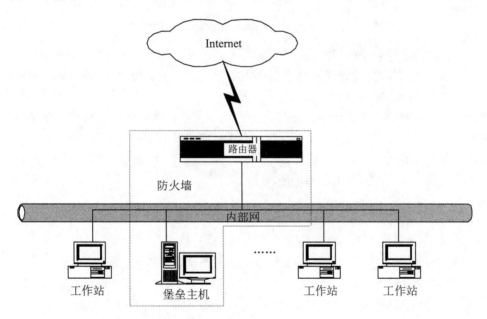

图 10-7 屏蔽主机结构

这种结构允许数据包从 Internet 向内部网络传输。多数情况下，屏蔽主机结构比双宿主机结构具有更好的安全性和可用性。屏蔽主机结构的缺点主要是：如果侵袭者有办法侵入堡垒主机，而且在堡垒主机和其他内部主机之间没有任何安全保护措施的情况下，整个网络对侵袭者是开放的。

（3）屏蔽子网结构。屏蔽子网结构也称为子网过滤结构，它在屏蔽主机结构的基础上添加额外的安全层，即通过添加周边网更进一步地把内部网络与 Internet 隔离开，如图 10-8 所示。

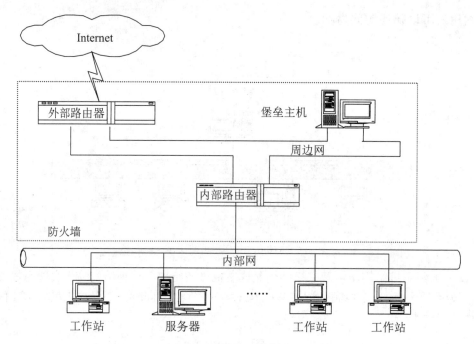

图 10-8　屏蔽子网结构

两个屏蔽路由器放在子网的两端，在子网内构成一个 DMZ 区（又称"非军事化区"），为了侵入使用这种防火墙的内部网络，侵袭者必须要通过两个屏蔽路由器。即使侵袭者能够侵入堡垒主机，内部路由器也将会阻止它入侵内部网络。

在有的屏蔽子网结构防火墙中，还设有一台堡垒主机作为唯一可访问点。堡垒主机是内部网络上最容易受到侵袭的机器，即使用户采取各种措施来保护它，它仍然最有可能被侵袭。在它与其他内部机器之间没有特殊的防御手段时，如果黑客（Hacker）成功地侵入屏蔽主机结构中的堡垒主机，那就可能毫无阻挡地进入系统内部。

### 10.2.4　网络病毒的防治

1. 计算机病毒的概念

自从 1987 年世界上第一例计算机病毒 Brain（巴基斯坦病毒）出现后，计算机病毒便开始迅速蔓延，目前全球已发现 5 万余种病毒，并且还在以每天 13 种到 50 种的速度增长。《中华人民共和国计算机信息系统安全保护条例》中对计算机病毒进行了明确定义，即"计算机病毒（Computer Virus）是指编制或者在计算机程序中插入的破坏计算机功能或者破坏数据，影响计算机使用并且能够自我复制的一组计算机指令或者程序代码"。

本质上，计算机病毒是一种计算机程序，是一段可执行的指令代码，它具有独特的复制能力，并且能寄生在各种类型的文件上，当文件被复制或从一个用户传送到另一个用户时，计算机病毒就随同文件一起扩散传染。有些类型的病毒并不寄生在感染程序中，但仍然能通过占据存储空间降低计算机的性能。

2. 网络病毒的概念与特征

所谓"网络病毒"，是指通过网络途径传播的计算机病毒，属于第二代计算机病毒，包括利用 ActiveX 技术和 Java 技术制造的网页病毒等，如"罗密欧与朱丽叶"病毒、蠕虫病毒（Worm）。在网络环境下，网络病毒除了具有传染性、破坏性、可执行性等计算机病毒的共性外，还具有一些新的特征。

（1）传播速度更快。在单机环境下，病毒只能通过介质从一台计算机传染到另一台，而在网络中则可以迅速扩散。根据测定，在网络正常工作情况下，只要有一台工作站有病毒，就可在几十分钟内将网上的数百台计算机全部感染。

（2）扩散面更广。由于病毒在网络中传染非常快，扩散范围很大，不但能迅速传染局域网内的所有计算机，还能远程将病毒传播到千里之外。

（3）传播的形式更加复杂。计算机病毒在网络上一般是通过"客户机→服务器→客户机"的途径进行传播的，但传播的形式复杂多样。

（4）清除更加困难。单机上的计算机病毒有时可以通过删除带毒文件、低级格式化硬盘等措施将病毒彻底清除。而局域网中只要有一台机器未能清除干净，就可使整个网络重新被病毒感染。

#### 3. 网络防病毒技术

随着计算机病毒形式及传播途径的日益多样化，防病毒已不再像传统的单个机器检测及清除那么简单了，而是需要更加完善的管理系统来设置和维护对病毒的防护策略，并建立多层次的、立体的病毒防护体系。

（1）加强管理，增加安全意识。从加强安全意识着手，安装网络版杀毒软件，定时更新病毒库，对来历不明的文件在运行前进行查杀，每周查杀一次病毒，减少共享文件夹的数量，文件共享的时候尽量控制权限和增加密码等，这些措施可以很好地防止病毒在网络中的传播。另外，用户应对邮件采取适当的措施，例如关闭 VBScript 功能、不要打开可疑邮件等。

（2）使用网络版杀毒软件。使用最新网络版杀毒软件，对所有数据进行全面、随机的扫描，寻找已知病毒的特征，重要数据定期存档。病毒有潜伏期，最好是每月至少进行一次数据存档，这样，在反病毒解决方案的自动删除功能不起作用时，就可以利用存档文件成功地恢复受感染文件。

#### 4. 常用杀毒软件

目前，国内外各种反病毒软件层出不穷，都具有查、杀计算机病毒和计算机网络病毒的功能，但大都只能查杀已知病毒，能够查杀未知病毒的还很少。下面介绍几种国内著名的杀毒软件。

（1）瑞星杀毒软件。瑞星杀毒软件由北京瑞星科技股份有限公司研发、生产和销售，以网络安全产品和"黑客"防治产品为主，是中国最大的能够提供全系列产品的专业厂商。瑞星杀毒软件功能强大，并采用了大量新的反病毒技术，拥有自主知识产权，能够为个人、企业和政府机构提供全面的信息安全解决方案。

（2）360 杀毒软件。360 杀毒软件由奇虎科技有限公司研发、生产和销售，也是国内较大的信息安全技术开发商与服务提供商。研发和经营范围涉及单机、网络反病毒软件，单机、网络黑客防火墙，邮件服务器防病毒软件等一系列信息安全产品。

（3）金山毒霸。金山毒霸由金山软件公司研发、生产和销售，在中国信息安全及反病毒领域中具有较高的品牌影响力，是拥有较高市场占有率和领先技术的产品。

### 10.2.5 网络监听与扫描

为保证网络资源的安全，主动防范总是第一位的。要把各类攻击拒之门外，一要检查系统自身的漏洞和缺陷，及时修补漏洞和升级；二要及时发现系统可能存在的安全隐患。要做到这些，就必须使用安全扫描技术。

安全扫描技术也是计算机网络安全中的一种重要技术，经过近十几年来的发展日渐成熟。下面介绍几种常用的安全扫描技术。

**1. 端口扫描技术**

从计算机网络安全的角度来看，一个端口就是一个潜在的通信通道，也就是一个入侵通道。对目标计算机进行端口扫描能得到许多有用的信息，从而发现系统的安全漏洞，使用户了解系统目前向外界提供了哪些服务，为系统用户管理网络提供了一种手段。端口扫描通过向目标主机的 TCP/IP 服务端口发送探测数据包，记录目标主机的响应，并分析响应来判断服务端口是打开还是关闭，从而了解端口提供的服务或信息。端口扫描也可以通过捕获本地主机或服务器的流入/流出 IP 数据包来监视本地主机的运行情况，它仅能对接收到的数据进行分析，帮助用户发现目标主机的某些内在的弱点，而不会提供进入一个系统的详细步骤。

端口扫描主要有经典的扫描器（全连接）和所谓的 SYN（半连接）扫描器，此外还有间接扫描和秘密扫描等。

（1）全连接扫描。全连接扫描是 TCP 端口扫描的基础。现有的全连接扫描有 TCP connect 扫描和 TCP 反向 ident 扫描等。其中 TCP connect 扫描是扫描主机通过 TCP/IP 协议的三次握手与目标主机的指定端口建立一次完整的连接。连接由系统调用 connect 开始，如果端口开放，则连接将建立成功；否则，返回-1 表示端口关闭。当连接建立成功后，将响应扫描主机的 SYN/ACK 连接请求，这一响应表明目标端口处于监听（打开）的状态。如果目标端口处于关闭状态，则目标主机会向扫描主机发送 RST 的响应。

（2）半连接（SYN）扫描。若端口扫描没有完成一个完整的 TCP 连接，在扫描主机和目标主机的一个指定端口建立连接时只完成了前两次握手，在第三步时，扫描主机中断了本次连接，使连接没有完全建立起来，这样的端口扫描称为半连接扫描，也称为间接扫描。现有的半连接扫描有 TCP SYN 扫描和 IP ID 头 dumb 扫描等。

SYN 扫描在日志中记录的尝试进行连接的记录要比全扫描少，但这种扫描在大部分操作系统下，发送主机需要构造适用于这种扫描的 IP 包，而构造 SYN 数据包需要超级用户或者授权用户访问专门的系统调用。

**2. 漏洞扫描技术**

不论攻击者是从外部还是从内部攻击某一网络系统，攻击的机会都是系统本身所存在的安全隐患。对于系统管理员来说，漏洞扫描技术是最好的助手，它是一项主动防范安全技术，能主动发现主机系统和网络系统的安全隐患，及时修补漏洞，保证系统安全。漏洞扫描技术主要通过以下两种方法来检查目标主机是否存在漏洞：

（1）漏洞库匹配法。在端口扫描后得知目标主机开启的端口以及端口上的网络服务，将这些相关信息与网络漏洞扫描系统提供的漏洞库进行匹配，查看是否有满足匹配条件的漏洞存在。基于网络系统漏洞库的漏洞扫描的关键部分就是它所使用的漏洞库。通过采用基于规则的匹配技术，即根据安全专家对网络系统安全漏洞、黑客攻击案例的分析和系统管理员对网络系统安全配置的实际经验，可以形成一套标准的网络系统漏洞库，然后在此基础之上构成相应的匹配规则，由扫描程序自动进行漏洞扫描的工作。

漏洞扫描包括 CGI 漏洞扫描、POP3 漏洞扫描、FTP 漏洞扫描和 HTTP 漏洞扫描等。这些漏洞扫描都是基于漏洞库的，将扫描结果与漏洞库相关数据匹配比较得到漏洞信息。这样，漏洞库信息的完整性和有效性决定了漏洞扫描系统的性能，漏洞库的修订和更新的性能也会影响漏洞扫描系统的运行时间。因此，漏洞库的编制不仅要对每个存在安全隐患的网络服务建立对应的漏洞库文件，而且应当能满足性能要求。

（2）模拟黑客攻击法。通过模拟黑客的攻击手法，对目标主机系统进行攻击性的安全漏洞扫描，如测试弱势口令等。若模拟攻击成功，则表明目标主机系统存在安全漏洞。

3．网络监听技术

为保证网络系统的安全、及时发现入侵和攻击，人们开发了网络监听工具软件，如 Sniffer（网络嗅探器）就是一种网络监听工具。Sniffer 利用计算机的网络接口截获发向其他计算机的数据报文，把网络适配卡（如以太网卡）设置到混杂模式，使网卡截获在网络上传输的每一个数据包。Sniffer 工作在网络环境中的底层，通过相应的软件处理实时分析这些数据包的内容，进而分析所处的网络状态和整体布局。

系统管理员通过网络监听诊断出大量的不可见问题，涉及两台或多台计算机之间的异常通信、各种协议的漏洞和缺陷等。借助网络监听工具，系统管理员可以方便地确定出多少通信量属于哪个网络协议、占主要通信协议的主机是哪一台、大多数通信的目的地是哪台主机、报文发送占用多少时间或者相互主机的报文传送间隔时间等，这些信息为管理员判断网络问题、管理网络区域提供了参考信息，是管理员管理网络的辅助手段。

此外，在 Internet 中使用的大部分协议都是很早设计的，许多协议的实现都是基于一种友好的、通信双方充分信任的基础之上的。因此，通常用户的所有信息都是以明文的方式在网上传输的，这就为攻击者使用诸如 Sniffer 之类的监听工具，对网络进行监听，进而获得用户的一些信息提供了方便。Sniffer 可实施消极的安全攻击，它极其安静地躲在某个主机上偷听别人的通信，具有极好的隐蔽性。由此可见，Sniffer 是把"双刃剑"，既可为管理员所用，也可能被攻击者利用。

### 10.2.6 入侵检测技术

入侵检测技术是 20 世纪 80 年代提出来的一种新的网络安全防护技术。相对静态、被动的防火墙来讲，入侵检测技术可以说是一种动态、主动的网络安全防御技术。据此技术研发的入侵检测系统（Intrusing Detection System，IDS）能对网络中的可疑行为做出策略反应，及时切断连接，记录并报警，从而扩展了系统管理员的安全管理能力。

目前，入侵检测技术发展很快，已成为研究热点之一。入侵检测系统 IDS 主要分为基于主机的和基于网络的两大类。

1．基于主机的入侵检测系统

基于主机的 IDS 是早期的入侵检测系统结构，其检测的目标主要是主机系统和系统本地用户，检测原理是根据主机的审计数据和系统日志发现可疑事件。某些 IDS 也会主动与主机系统进行交互，以获得没有记录在系统日志中的信息，其所收集的信息集中在系统调用和应用层审计上，以从日志判断滥用和入侵事件的线索，检测系统可以运行在被检测的主机或单独的主机上。系统结构如图 10-9 所示。

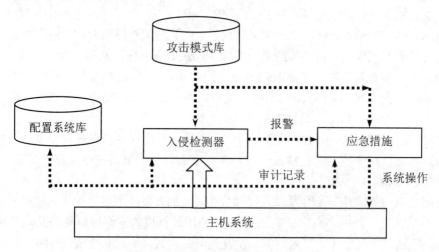

图 10-9　基于主机的 IDS 的系统结构

　　从上述可知，基于主机的 IDS 依赖于审计数据或系统日志的准确性、完整性以及安全事件的定义，因此，若入侵者设法逃避审计或进行合作入侵，则该系统的弱点就暴露出来了。特别是在现代的网络环境下，单独地依靠主机审计信息进行入侵检测已难以适应网络安全的需要，这主要体现在以下两个方面：一是主机的审计信息弱点，入侵者可通过使用某些系统特权或调用比审计本身更低级别的操作来逃避审计；二是基于主机的 IDS 只能对服务器的特定用户、应用程序执行动作、日志进行检测，所能检测到的攻击类型有限。但基于主机的 IDS 对于保护重要服务器的安全还是有用的。

　　2. 基于网络的入侵检测系统

　　随着计算机网络技术的发展，仅依靠主机审计信息进行入侵检测难以适应网络安全的需要。而基于网络的 IDS 根据网络流量及单台或多台主机的审计数据检测入侵，通过在计算机网络中的某些点，被动地监听网络上传输的原始流量，对获取的网络数据进行处理，从中提取有用的信息，再通过与已知攻击特征相匹配或与正常网络行为原型相比较来识别攻击事件。其结构如图 10-10 所示。

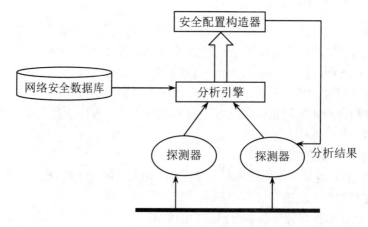

图 10-10　基于网络的 IDS 的系统结构

探测器是按一定的规则从网络上获取与安全事件相关的数据包，然后传给分析引擎进行安全分析判断。分析引擎利用从探测器上接收到的数据包结合网络安全数据库进行分析，把分析的结果传递给配置构造器，配置构造器按分析引擎的结果构造出探测器所需要的配置规则。

基于网络的 IDS 具有以下优点：

（1）服务器平台独立。基于网络的 IDS 监视通信流量而不影响服务器平台的变化和更新。

（2）配置简单。基于网络的 IDS 环境只需要一个普通的网络访问接口。

（3）可检测多种攻击。基于网络的 IDS 探测器可以监视多种多样的攻击，包括协议攻击和特定环境的攻击，常用于识别与网络低层操作有关的攻击。

大多数 IDS 是基于网络开发的，并且有一些已商业化，如 Snort、瑞星的 RIDS-100、金诺公司的 KIDS 等。如图 10-11 所示是瑞星公司的一款 RIDS-100 入侵检测系统产品，图 10-12 所示是金诺公司的 IDS 控制台界面。

图 10-11　瑞星公司的 RIDS-100

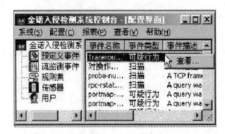

图 10-12　金诺公司的 IDS 控制台界面

# 本章小结

面对规模越来越大、功能越来越复杂的网络，必须配备功能强大且简单易于管理的网络管理系统。网络管理系统一般采用网管—代理的管理模型，并具有五大功能：故障管理、配置管理、计费管理、性能管理和安全管理。

同时网络管理与网络的安全密切相关，计算机网络的安全一直是人们关注的热点。数据加密是保证网络中信息安全的基本措施，从传统的加密技术到对数字信息的加密，加密密钥的长度越来越长，加密方法越来越复杂。读者应通过本章的学习了解基本的加密方法和原理。

防火墙是架设在内外网之间的一道屏障，有效保护内网的安全，是内部网络的常用设备。目前防火墙技术已比较成熟，但它也有一定的局限性。

在安全性要求较高的网络中除了防火墙外，还需要构筑第二道防线即入侵检测系统（IDS）。

IDS 是主动的、动态的安全防御系统，能在一定范围内自动分析和检测入侵。

# 习题 10

1. 网络管理系统有哪些管理功能？网络管理的基本模型是怎样的？
2. 网络管理系统与网络管理平台有什么区别？
3. 网络系统本身存在哪些安全漏洞？
4. 什么叫漏洞？漏洞与后门是一回事吗？
5. 可用于数字签名的加密机制是单钥体制还是双钥体制？
6. 简述 DES 和 RSA 的含义，并简要说明对称密钥体制与非对称密钥体制的区别。
7. 网络病毒有哪些特点？如何查杀？
8. 黑客攻击通常分为哪几个阶段？实际中如何发现有黑客在进行网络监听？

# 参考文献

[1] [美] Andrew S.Tanenbaum 著. 计算机网络. 熊桂喜, 王小虎等译. 北京: 清华大学出版社, 1998.

[2] [美] Ata Elahi 著. 网络通信技术. 影印版. 北京: 科学出版社, 1998.

[3] 谢钧, 谢希仁编著. 计算机网络教程. 4版. 北京: 人民邮电出版社, 2014.

[4] 张基温, 张展赫编著. 计算机网络技术与应用教程. 2版. 北京: 人民邮电出版社, 2016.

[5] 王新兵编著. 移动互联网导论. 北京: 清华大学出版社, 2017.

[6] 陈应明编著. 计算机网络与应用. 北京: 冶金工业出版社, 2007.

[7] 李刚编著. 最新网络组建、布线和调试实务. 北京: 电子工业出版社, 2004.

[8] 安淑芝等编著. 计算机网络. 2版. 北京: 中国铁道出版社, 2005.

[9] 史秀璋编著. 计算机网络工程. 北京: 中国铁道出版社, 2003.

[10] 尚晓航主编. 计算机网络技术基础. 2版. 北京: 高等教育出版社, 2004.

[11] 于锋主编. 计算机网络与数据通信. 北京: 中国水利水电出版社, 2003.